의류소재

의류소재

박정희 · 윤창상 · 김주연 · 박소현 · 이수현 지음

TEXTILES

교문사

천연섬유는 인류의 문명이 발달하기 시작하면서부터 사용되어 왔으나, 인조섬유는 19세기에 이르러 본격적으로 개발되기 시작하여 그 역사가 매우 짧다고 볼 수 있다. 그럼에도 21세기에는 급속한 첨단과학의 발달과 사회적 변화로 상상을 초월한 첨단 기능을 가지는 다양한 소재들이 개발되고 있다. 따라서 의류소재를 정확하게 이해하여 적절하게 기획하고 사용하거나 새로운 소재를 개발하려면, 더욱더 소재에 대한 정확하고 깊은 이해와 지식을 필요로 하게 된다.

이 책은 의류소재에 대한 정보나 지식을 원리 위주로 설명하려고 하였다. 기존 소재나 신소재가 가지는 특성을 초래하는 복합적이고 심오한 과학적 원리를 쉬운 용어로 이해시키고자 노력하였다. 단편적인 정보를 나열하기보다는 옷감을 구성하고 있는 섬유, 실, 직물이나 편성물의 특성이 어떠한 근거로 생겨났는지를 학습함으로써 의류소재에 대한 정확한 지식을 함양시키고자 하였다. 또한 옷감은 섬유 재료로부터 직물이 되고 염색이나 가공 과정을 거치면서 단계별로 특성이 변하고 성능이 향상되므로, 고분자 재료에서 기인한 특성, 섬유가 가지는 고유한 특성과, 실이나 직물이 되면서 생겨난 특성을 구별하여 설명하고자 하였다.

이를 위해 제1장에서는 의류소재의 특성을 의복이 가져야 할 성능의 관점에서 소개하였다. 각각의 성질이 섬유 고유의 특성, 실이나 직물의 구조나 가공 등에서 기인하는지 구분하여 이해시키고자 하였다. 제2장에서는 의류소재의 특성 및 성능에 대한 이해를 돕기 위해, 실에 대한 이해와 함께 직물의 구조에 대한 이해를 도모하고자 하였다. 제3장에서는 고분자가 섬유 형태를 이루기 위한 요건을 살펴보았다. 제4장과 5장에서는 식물이나 동물로부터 얻을 수 있는 천연섬유와 인간이 인위적으로 재료를 조작하거나 합성하여 만든 인조섬유를 주제로 화학적 조성과 제조 방법, 섬유의 특성 및 용도 등을 면밀하게 살펴보았다.

제6장에서는 기존 섬유의 단점을 보완하거나 새로운 기능이 기대되는 가공의 종류와 신소재에 대해 살펴보았다. 제7장에서는 의류소재의 지속가능성에 대해 살펴봄으로써, 의류소재의 미래 발전 방향에 대한 고민을 함께하고자 하였다.

이 책은 의류학을 전공하는 학생들이나 의류산업 현장의 전문가들을 대상으로 집필하였다. 의류소재에 대한 흥미와 관심을 유도하여 읽기 쉬운 책을 만들기를 희망하였으나, 담고 싶은 내용이 많다 보니 간결하고 이해하기 쉬운 책이 되는 데에는 부족하였다는 아쉬움이 있다. 그러나 앞으로 독자들의 피드백을 지속적으로 받으며, 소재개발 정보를 신속하게 업데이트하여 미흡한 점을 계속 개선하고자 한다. 무엇보다도 의류소재를 정확하고 알기 쉽게 소개하는 책이 되기를 희망한다. 마지막으로 사진이나 자료 사용을 허락해 주신 기관에 감사드리며, 이 책을 발간하기까지 번거로운 많은 일들을 도와주신 송한미 선생님께 감사의 마음을 전한다. 그리고 부족한 내용을 멋진 책으로 만들어 주신 (주)교문사 가족 여러분께도 진심으로 감사드린다.

2022년 2월
저자 일동

차례

TEXTILE

CHAPTER 1

의류소재의 성능

CHAPTER 1   의류소재의 성능

의류에는 직물, 편성물, 부직포, 레이스, 가죽, 필름 등 다양한 소재가 사용된다. 이들 중 옷감으로 많이 쓰이는 직물과 편성물, 레이스 등은 실로 짜며, 실은 섬유로 구성되어 있다. 따라서 섬유의 형태나 조성, 실의 구조, 직물의 조직, 색, 가공 등은 옷감에 있어서 고려해야 하는 중요한 요소들이다. 이를 통해 옷감의 외관, 쾌적성, 내구성, 안전성, 관리편이성, 환경친화성 등의 성능이 결정되기 때문이다.

의류소재는 이러한 여러 가지 성능에 따라서 특성이 결정되고, 옷감의 용도와 의복의 스타일이 한정된다. 따라서 패션 트렌드나 의복의 용도에 맞는 소재를 기획하거나 선정할 때에는 착용자의 입장에서 소재의 성능을 우선적으로 고려해야 할 것이다.

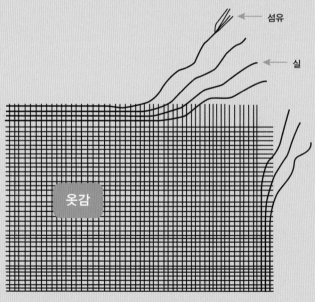

그림 1-1 옷감의 구성

1 내구성

내구성이란 외부의 힘에 견디고, 사용하는 동안 원래의 특성을 유지하는 성능으로 옷감의 수명을 결정하는 중요한 요인이라고 할 수 있다. 현대 사회는 기술과 산업의 발달로 다양한 옷감이 대량 생산되므로, 의복 구매가 쉬워지고 한 가지 의복에 기대하는 수명은 크게 짧아졌다. 반면 사용 중에도 새것과 같은 외관이나 성능을 오래 유지하는 것이 더욱 중요해졌다고 볼 수 있다. 이러한 내구성은 여러 가지 요인에 의해 결정되며, 소비자는 의복 용도와 기호에 따라 상대적인 중요성을 판단하여 선택한다.

내구성은 우선 섬유 특성에 따라 결정된다. 예를 들면 나일론 섬유는 인장 강도, 마모 강도, 굴곡 강도 등이 매우 커서 내구성이 좋은 섬유이다. 다만 일광에 노출되면 쉽게 약해지는 단점이 있다. 아세테이트 섬유는 강도가 작고 광택과 촉감이 손상되기 쉬우므로 내구성이 우수하지 못한 편이다. 또한 직물의 조직에 따라서도 옷감이 가지는 본래의 성능이나 외관을 유지할 수 있는 기간이 달라진다. 주자직에 비해 평직이나 능직은 상대적으로 내구성이 좋은데, 경·위사 교차점이 많아 표면에 실이 길게 노출되지 않으므로 실이 걸리거나 파손되고, 밀리는 등 외관의 변화가 잘 일어나지 않기 때문이다. 위편성물은 한 올의 실이 반복적으로 고리를 만들면서 형성되므로 실이 한 가닥이라도 끊어지면 연속된 줄 모양의 흠이 생기게 된다. 특히 필라멘트사를 사용한 경우에는 표면의 흠이 더욱 쉽게 생기고 잘 보이는데, 여성용 나일론 스타킹에서 이러한 현상을 흔히 볼 수 있다.

의복의 외관이나 기능을 향상시키기 위해서 직물이나 옷의 상태로 가공을 하기도 하는데, 이러한 가공도 내구성에 영향을 미칠 수 있다. 예를 들면, 광택을 자연스럽게 하기 위해 소광제를 사용하면 내일광성이 감소하고, 옷의 수명은 짧아질 것이다. 옷감의 구김이나 수축을 방지하기 위해 수지 가공한 옷들이 쉽게 찢어지거나 약해지는 것을 경험하는데, 이는 수지 가공을 하면 섬유의 인장 강도가 감소하고, 인열 강도와 마모 강도 등이 감소하기 때문이다.

1.1 인장 강신도

일반적으로 직물이 튼튼하다는 것은 강도가 큰 것을 의미하는데, 그중에서도 인장에 대해 견디는 성질이 가장 대표적이라고 할 수 있다. 직물이나 실, 또는 섬유를 길이 방향으로 잡아당기는 힘에 견디는 능력을 인장 강력이라 한다. 섬유를 한끝에 고정시키고 다른 끝에 하중을 가하면서 끊어질 때까지 가한 힘을 절단 하중(gf 또는 N)이라 하고, 절단 하중을 단위 섬도로 나눈 값을 인장 강도(gf/den 또는 g/d, N/tex)라 한다. 이때 단위 섬도를 나타내는 방법으로 데니어denier나 텍스tex를 사용하는데, 데니어는 9,000m의 섬유의 무게를 g수로 나타내고 텍스는 1,000m의 섬유 무게를 g수로 표시한다.

또한, 끊어질 때까지 늘어난 길이를 원래 길이로 나눈 값을 백분율로 나타낸 것을 신도라 한다. 예를 들어, 10데니어의 나일론 필라멘트 섬유 5cm가 35gf의 하중에 6cm까지 늘어나고 절단된 경우, 이 섬유의 인장 강도는 35gf/10d = 3.5gf/d이고, 신도는 (6cm−5cm)/5cm × 100% = 20%가 된다. 직물의 인장 강력은 주로 구성 섬유의 인장 성질에 의해 영향을 받으며 그 외에 실의 굵기와 꼬임, 직물의 밀도나 조직, 두께 등에 의해서도 달라진다. 그림 1-2 에 대표적인 몇 가지 섬유의 인장 강신도 곡선이 나타나 있다.

표 1-1 에 나타난 강도와 신도는 표준 상태(20±2°C, 65±4% RH)에서 측정한 값이다. 섬유의 인장 강도와 신도는 온도와 습도 등의 환경에 의해 영향을 받으므로, 섬유 간의 성질을 비교할 때에는 일정한 환경에서 측정을 하게 된다. 또한 섬유가 물에 젖은 상태에서 측정한 값을 습윤 강도와 습윤 신도라 한다. 섬유는 대부분 습윤된 상태에서 강도가 줄어들고 신도는 증가

한다. 그러나 합성섬유는 수분에 의해 크게 영향을 받지 않으며, 특히 폴리에스터나 폴리프로필렌과 같이 분자구조에 친수기를 함유하지 않는 섬유들

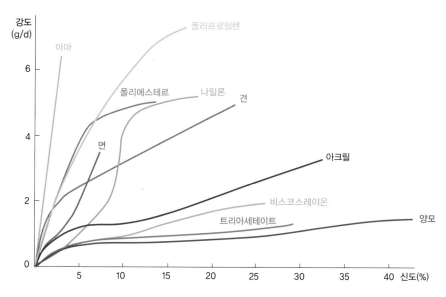

그림 **1-2** 섬유의 인장 강신도

표 **1-1** 주요 섬유의 강도와 신도

섬유	강도(gf/d)	습윤 강도(gf/d)	신도(%)	습윤 신도(%)
면(육지면)	3.0~4.9	3.3~6.4	3~7	–
아마	5.6~6.3	5.8~6.6	1.5~2.3	2.0~2.3
견	3.0~4.0	2.1~2.8	15~25	27~33
양모(메리노)	1.0~1.7	0.8~1.6	25~35	25~50
레이온(보통, F)	1.7~2.3	0.8~1.2	18~24	24~35
아세테이트(보통, F)	1.2~1.4	0.7~0.9	25~35	30~45
나일론(보통, F)	4.8~6.4	4.2~5.9	28~45	36~52
폴리에스테르(보통, F)	4.3~6.0	4.3~6.0	20~40	20~40
아크릴(S)	2.5~5.0	2.0~4.5	25~50	25~60
폴리프로필렌(보통, F)	4.5~7.5	4.5~7.5	25~60	25~60
폴리우레탄(스판덱스)	0.6~1.2	0.6~1.2	450~800	450~800
아라미드(케블라)	22	–	2.1~4.0	–

주) F : 필라멘트, S : 스테이플

은 강도와 신도가 크게 변하지 않는다. 예외적으로 마 섬유와 면 섬유는 습윤 시에 강도가 증가하는 특성을 가지고 있다.

1.2 강인성

그림 1-3 에서와 같이 강인성이란 섬유를 절단하는 데 필요한 에너지로, 섬유의 내구성을 객관적으로 잘 나타낼 수 있는 성질이다. 예를 들면, 나일론과 같이 강도와 신도가 모두 큰 섬유는 강인성이 커서 질긴 섬유이다 **그림 1-4** . 나일론 섬유를 절단하려면 큰 힘을 주어서 길게 늘려야 하므로, 절단하기 위해 한 일 또는 절단에 필요한 에너지가 크다고 볼 수 있다. 견섬유도 강도와 신도가 비교적 커서 강인성이 꽤 큰 편이다. 반면, 마 섬유는 인장 강도는 크지만 하중을 받으면 잘 늘어나지 않고 끊어지므로, 강인성은 매우 작다. 양모 섬유와 같이 인장 강도는 매우 작지만 신도가 큰 섬유는 강인성이 작지 않아서 실제로 사용할 때에는 내구성이 크게 문제되지 않는다. **표 1-2** 에서 주요 섬유의 강인성을 비교해볼 수 있다.

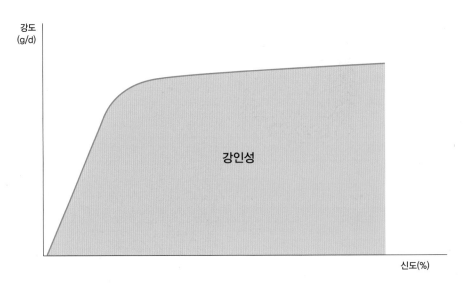

그림 **1-3** 섬유의 강인성

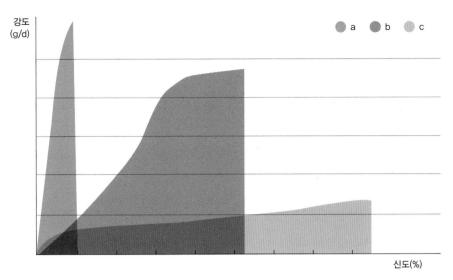

그림 1-4 아마(a), 나일론(b), 양모(c) 섬유의 강인성

주) (a) 강도는 크나 신도가 작아서 강인성 작음
  (b) 강도와 신도가 모두 커서 강인성 매우 큼
  (c) 강도는 작으나, 신도가 커서 강인성이 작지 않음

표 1-2 섬유의 강인성

섬유	강인성(g/d)	섬유	강인성(g/d)
면	0.17	아세테이트	0.24
아마	0.04	나일론-6	0.86
견	0.69	폴리에스터	0.60
양모	0.36	아크릴	0.53
레이온	0.21	올레핀	0.22

1.3 마모 강도

의복을 오랫동안 착용하면 마찰, 굴곡 등의 힘을 받으면서 해어지게 되는
데, 이러한 현상은 셔츠의 칼라나 커프스, 팔꿈치 등과 같이 접히거나 신체
나 다른 물체와 쉽게 접촉하는 부분에서 흔히 볼 수 있다. 마모 강도란 이
와 같이 다양한 외력에 견디는 정도를 말하며 여러 가지 외력 중 마찰에 의

한 섬유의 손상이 가장 흔하게 나타나므로, 주로 마찰 강도를 측정하여 마모 강도를 평가한다.

표 1-3 에서 볼 수 있듯이 마모 강도는 직물을 구성하는 섬유의 종류에 따라 크게 달라진다. 일반적으로 나일론이나 올레핀 등과 같이 강인성이 크고 섬유를 이루는 중합체의 분자쇄가 유연한 합성섬유는 마모 강도가 크다. 특히, 나일론 섬유는 마모 강도가 아주 뛰어나서 브러시나 카펫 등에 많이 사용되고 있다. 반면, 양모, 레이온, 아세테이트 등의 섬유는 마모 강도가 비교적 작아 약간의 마찰에도 섬유가 손상된다. 섬유의 구성 성분뿐만 아니라 단면 모양에 따라서도 마찰력이 달라져, 마모 강도에 영향을 주게 된다.

구성 섬유의 특성 외에도 실이나 직물의 구조가 달라지면 마모에 의해 손상받는 정도가 달라진다. 일반적으로 가는 실로 짠 직물, 실의 굵기가 균일하지 않은 직물, 주자직과 같이 교차 수가 적어 표면에 실이 길게 노출된 직물은 마찰에 의해 손상을 잘 받는다. 특히, 표면에 다양한 효과를 낸 장식사로 짠 직물이나 노출된 섬유가 많은 파일직 등은 마찰에 의해 쉽게 손상을 받는다. 반면, 직물의 표면이 매끈하고, 실 사이의 간격이 적당하며 치밀한 직물은 마찰에 의해 손상을 덜 받는다.

표 1-3 섬유 마모 강도

섬유	섬도(d)	마모 강도(회)*
면	1.37	39
양모	7.53	3
견	14.30	7
레이온(비스코스)	3.01	20
아세테이트	3.89	3
나일론	2.37	> 70,000
폴리에스터	2.84	11,770
아크릴(캐시밀론)	3.52	15
폴리비닐알코올	1.07	14,637

* 섬유가 끊어지기 시작할 때까지 직물을 마찰시킨 횟수

1.4 파열 강도

파열 강도란 옷감이 특정한 방향의 힘에 견디는 정도가 아니라, 모든 방향으로 작용하는 힘에 대해 견디는 정도를 나타낸다 그림 1-5 . 섬유의 강인성이 클수록 우수하고, 편성물이 직물보다 우수하다. 또한 실의 굵기, 직물의 밀도나 두께, 조직의 종류에 따라서도 달라진다. 예를 들어, 자루에 물건을 가득 담

그림 1-5 파열된 직물 사진

았을 때 물건의 하중에 의한 압력이 너무 크면 자루는 터지게 될 것이다. 이때 직물의 경사나 위사 방향의 강인성이 비슷할 경우는 양방향으로 찢어진다. 직물의 경·위 방향의 강인성이 크게 차이가 난다면, 강인성이 작은 실이 끊어지므로 강인성이 큰 실의 방향으로 찢어질 것이다.

1.5 인열 강도

인열 강도란 직물을 찢는 데 필요한 힘을 말하며, 옷감의 수명과 관련이 크다 그림 1-6 . 실제로 옷감이 극단적으로 큰 힘에 의해 잡아당겨 끊어지는 경우보다 못이나 송곳 등 뾰족한 것에 의해 찢어져서 사용을 하지 못하게 되는 경우가 많다. 옷감이 찢어질 때는 단지

그림 1-6 직물의 인열 강도 측정 사진

1~2올의 실에 급격한 힘이 집중되므로, 섬유의 인장 강도나 신도가 크면 인열 강도가 크다. 그리고 옷감 내에서의 실의 유동성과 밀접한 관련이 있다. 같은 실로 짠 경우에도 직물에 비해 편성물은 실의 움직임이 자유로워 인열 강도가 커서 쉽게 찢어지지 않는다는 장점이 있다.

직물의 경우, 평직과 같이 교차점이 많을수록 움직임이 자유롭지 못하여 인열 강도는 작아진다. 또한, 풀을 먹이거나 수지 가공을 하면 직물 내에서 실의 움직임이 방해를 받으므로 인열 강도가 감소하게 된다. 그러나 유연제를 처리하면 실의 유동성이 증가하여 인열 강도가 증가한다.

1.6 내일광성

직물은 일광, 바람, 눈이나 비 등에 오랜 시간 동안 노출되면 점차로 약해지는데, 특히 자외선으로부터 나온 에너지는 섬유의 화학적 구조를 손상시켜 점차적으로 섬유를 약하게 만든다. 이러한 내일광성은 실이나 직물의 구조보다는 섬유의 구성 성분에 의해 가장 영향을 많이 받는다 그림 1-7 . 섬유 중에서 견 섬유와 나일론 섬유는 일광에 의해 퇴화되는 속도가 가장 크고,

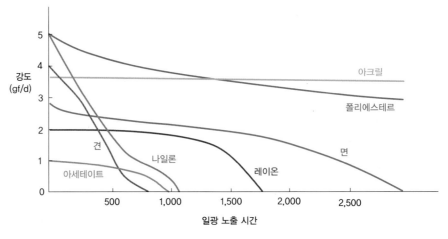

그림 1-7 섬유의 내일광성

같은 셀룰로오스계 섬유인 면, 레이온, 아세테이트 섬유는 중간 정도의 퇴화 속도를 가진다. 폴리에스터 섬유는 내일광성이 비교적 우수하고, 유리창을 통과한 자외선에 의해서는 거의 손상을 받지 않는다. 특히 아크릴 섬유는 내일광성이 매우 우수하여 오랜 시간 동안 일광에 노출이 되어도 강도의 변화가 거의 없다. 그 밖에 가공에 의해서도 달라지는데 인조섬유의 경우 광택을 조절하기 위해 소광제를 첨가하면 내일광성이 감소한다.

2 외관

직물의 외관은 디자인과 함께 의복의 이미지와 용도를 결정짓는 중요한 요인으로, 착용자의 기호에 부합하고 용도에 맞는 외관을 가지고 있어야 한다. 직물을 선택할 때 주로 시각적인 효과로 결정하나, 소재를 더 잘 이해하기 위하여 촉감을 동원하기도 한다. 이러한 직물의 외관은 섬유의 종류, 굵기, 길이, 단면 형태, 광택 등 다양한 요인이 결정한다. 꼬임 수나 크림프 crimp 등 실의 구조에 따라서도 다양한 효과를 나타낼 수 있으며, 직물의 조직 또한 큰 영향을 미친다. 옷감의 색은 외관을 결정하는 중요한 요인이며, 가공에 의해서도 많은 변화가 생긴다.

이들 요소의 다양한 조합에 의해 옷감이 유연하거나 뻣뻣한 느낌을 낼 수도 있고, 매끄럽거나 거친 표면을 가지기도 하며, 광택이 없거나 강한 직물, 치밀하거나 성근 직물 등이 되며, 선명하거나 칙칙하고, 밝거나 어두운 색상을 나타내게 된다.

2.1 염색성

옷감의 색상은 의복의 외관을 좌우하는 중요한 인자이므로, 아름다운 색상을 표현하기 위한 다양한 염색은 옷감의 필수조건이다. 일반적으로 염색성은 섬유의 화학적 조성과 내부구조에 의존한다. 첫째는 화학적으로 섬유가 염료와 반응할 수 있는 원자단을 가지고 있어야 한다. 일반적으로 수분을 잘 흡수하는 친수기가 염료와도 반응을 잘 하므로 친수성의 섬유가 염색성이 좋다 그림 1-8 . 둘째는 섬유의 내부에 염료를 흡착할 수 있는 공간을 가지고 있어야 한다. 그림 1-9 에서 볼 수 있듯이 섬유 내부에는 결정과 비결정 영역

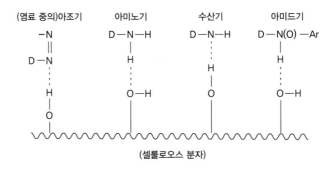

그림 1-8 염료 중의 각종 작용기와 셀룰로오스의 수소결합

그림 1-9 섬유 내부의 결정 구조

표 1-4 섬유의 종류와 염색성

섬유 \ 염색법	직접염법			매염염법		환원염법		발색염법		분산염법	반응염법
면	O	X	△	△	X	O	O	O	O	X	O
레이온	O	X	△	△	X	O	O	O	O	X	O
양모	△	O	O	△	O	△	X	△	△	X	△
견	△	O	O	△	O	△	△	△	△	X	△
아세테이트	X	X	X	X	X	X	X	△	X	O	X
나일론	△	O	△	X	△	△	X	△	△	△	△
폴리비닐알코올	△	X	△	X	△	△	△	△	X	△	△
폴리에스터	X	X	X	X	X	X	X	X	X	O	X
아크릴(캐시밀론)	X	△	O	X	X	△	X	△	X	O	△

주) O 최적, △ 염색 가능, X 부적

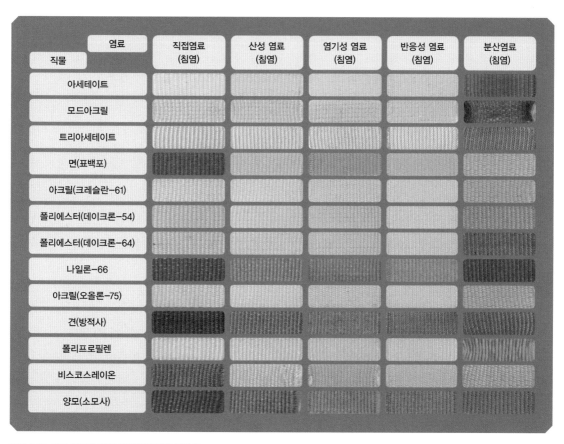

그림 1-10 염료 종류에 따른 표준 염색포의 염색성

이 혼재하는데, 비결정 영역이 많을수록 섬유 내부에 수분이나 염료가 차지할 수 있는 공간이 생긴다. 그러므로 결정과 배향이 발달한 섬유들은 염색이 어렵다. 예를 들어 아세테이트 섬유와 폴리에스터 섬유는 염료와 반응할 수 있는 원자단을 많이 가지고 있지 않아 분산 염료를 주로 사용하는데, 결정성이 높은 폴리에스터 섬유는 분산 염색이 상대적으로 더 어려워 온도나 압력을 높이거나 섬유 내부의 미세 공간을 확장시키는 보조제를 사용해야 한다.

그리고 같은 색의 염료라도 염료의 종류가 다를 때 서로 다른 색으로 보일 수 있으며, 같은 염료도 섬유에 따라서 다른 색으로 표현되기도 한다. 이와 같이, 섬유의 종류별로 염료와의 친화성이나 발색성이 다르므로, 소재에 적합한 염료를 잘 선택하는 것이 중요하다. 표 1-4 와 그림 1-10 은 섬유 종류에 따른 염색성을 보여 주고 있다.

2.2 염색견뢰도

염색한 직물은 일광, 세탁이나 마찰 등에 의해 퇴색하거나 변색하게 되는데 이때 원래의 색상을 유지하는 정도를 염색견뢰도라 한다. 염료의 종류나 염색 방법에 따라 색상뿐만 아니라 염색견뢰도도 달라지므로, 이를 고려하여 염료를 선택해야 한다. 예를 들면, 자주 세탁을 요구하는 운동복이나 속옷의 경우에는 세탁견뢰도가 중요하지만, 옥외용 직물이나 커튼감은 일광견뢰도가 우수한 직물이 좋다.

일반적으로 직접 염료 등과 같이 친수기를 가지고 있어 수용성이 좋은 염료는 염색하기에는 편리하지만 사용 중에 여러 번의 세탁 과정을 거치면서 퇴색하는 단점이 있다. 그러나 분산 염료와 같이 수용성이 좋지 않은 염료는 물에 용해되기 어려워서 염색 과정은 복잡하지만 세탁을 반복해도 퇴색하지 않는다. 이러한 염색견뢰도는 외관 면에서도 중요하지만, 내구성이나 관리 편이성에도 크게 영향을 미친다.

2.3 광택

옷감의 광택은 표면에서 반사되는 빛의 양에 따라 결정되며, 섬유의 단면과 측면에 따라 달라진다 그림 1-11 . 아름답고 우아한 광택이 특징인 견 섬유는 삼각형의 단면을 가지고 있다. 이에 반해 면이나 양모와 같은 천연섬유는 꼬임이 있거나 스케일이 있어서 빛이 산란되어 광택이 적은 편이다. 면 섬유에도 알칼리를 처리하면 리본 모양으로 납작한 단면이 둥글게 변하면서 광택이 적당히 증가하는데, 이를 실켓 면이라 한다. 반면, 나일론, 폴리에스터, 폴리프로필렌 등과 같이 단면이 둥글고 측면이 매끄럽고 균일한 섬유들은 빛을 집중적으로 정반사하기 때문에 광택이 지나쳐 우아하지 않은 느낌을 주는 경우가 많다. 따라서 인조섬유는 제조 과정에서 단면의 모양을 바꾸거나 이산화티타늄(TiO₂)과 같은 소광제를 처리하여 광택을 조절하는 경우가 많다 그림 1-12 . 특히 폴리에스터 섬유에 알칼리 처리를 하여 표면을 부분적으로 용해시키면 섬유 표면에 미세한 홈들이 파이면서 광택이 자연스러워지므로 이 공정을 많이 활용하고 있다. 그 외에 실의 구조나 꼬임의 정도, 가공, 직물 조직 등에 의해서도 광택이 달라진다. 필라멘트사로 짠 직물은

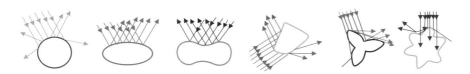

그림 **1-11** 섬유의 단면 형태에 따른 빛의 반사

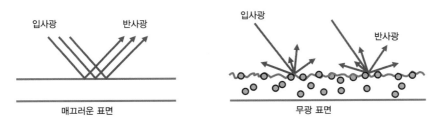

그림 **1-12** 실리카 계열 소광제 처리에 의한 빛의 반사

방적사로 짠 직물보다 광택이 좋으며, 주자직은 경위사 교차 수가 적어 평직이나 능직보다 광택이 우수하다.

2.4 초기탄성률

그림 1-13 에서 보면 섬유의 인장 강신도 곡선이 원점 부근에서 직선에 가까운 모양을 하고 있는데, 이때의 기울기가 초기탄성률이다. 초기탄성률은 아래의 식으로 나타내며, 그림 1-13 에서는 $p(\text{gf/d})/\ell$ 가 된다.

$$\text{초기탄성률(gf/d)} = \tan\theta = \text{초기강도(gf/d)} \,/\, \text{초기신도}$$

일반적으로 탄성체의 신장은 인장력에 비례하여 직선적으로 증가하는데, 대부분의 섬유들은 인장 초기에만 하중과 신장이 직선적으로 비례하는 탄성체의 거동을 보이므로 이 부분의 기울기를 초기탄성률이라 한다. 초기탄성률은 옷맵시에 크게 관련이 되는데, 그 값이 크다는 것은 작은 인장력에서 섬유의 변형이 어려워 섬유가 강직한 것을 의미한다. 이러한 섬유로 만든

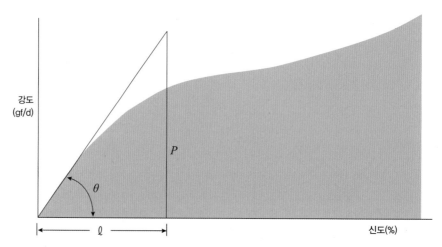

그림 1-13 섬유의 강신도 곡선과 초기탄성률

표 1-5 섬유의 초기탄성률

섬유	초기탄성률(gf/d)	섬유	초기탄성률(gf/d)
면	42~82	레이온	48~68
저마	180~400	폴리프로필렌	45~100
양모	24~34	아세테이트	26~41
견	76~117	나일론	15~30
폴리에스터	50~100	아크릴	40~60

직물은 뻣뻣하고 드레이프성이 작다. 표 1-5 에서 보면 마 섬유는 대표적으로 초기탄성률이 큰 섬유이다. 이에 반해 나일론과 같이 초기탄성률이 너무 작으면 지나치게 유연하여 옷으로 만들었을 때 의복의 형태를 유지하기가 어려우므로 나일론은 란제리, 스타킹 등에 많이 사용된다. 단백질을 주성분으로 하는 공통점을 가진 견 섬유와 양모 섬유를 비교해 보면 견섬유가 초기탄성률이 크다. 그러나 실생활에서의 느낌은 이와는 다소 다른데, 그 이유는 견 섬유는 주로 블라우스나 스카프처럼 얇은 직물로 사용되어 유연하게 느껴지고, 양모 섬유는 외투나 모포 등 두꺼운 직물로 사용되어 다소 강직한 것으로 여겨지기 때문이다.

2.5 드레이프성

드레이프성drapability이란 직물이 인체나 물체를 덮었을 때 3차원적으로 늘어지는 형상을 말하며, 직물의 강연성에 의해서 영향을 받는다 그림 1-14 . 예를 들면, 삼베 직물은 뻣뻣하여 잘 늘어지지 않을 것이고, 견 시폰과 같이 유연한 직물은 잘 늘어지면서 부드러운 곡선 모양의 주름이 만들어질 것이다. 섬유의 초기탄성률, 굵기와 길이, 단면형 등에 따라서도 드레이프성이 달라지지만, 실의 굵기, 꼬임 등의 구조나 직물의 조직, 방향, 두께 등도 상당한 영향을 미친다. 실이나 직물의 두께가 얇을수록 드레이프성이 우수

시험편의 투영 면적

R_1 R_2

그림 **1-14** 드레이프 계수 측정

$$\text{드레이프 계수}(D) = \frac{A - \pi R_2^2}{\pi(R_1^2 - R_2^2)} \times 100\%$$

여기서, A = 시험편의 투영 면적

R_1 = 시험편의 반지름

R_2 = 원통의 반지름

하며, 경사나 위사 방향보다 바이어스 방향이 드레이프성이 커진다. 그 외에 축융가공이나 샌포라이징 등에 의해서도 직물의 강연성이나 드레이프성이 달라진다.

2.6 태

태hand란 직물에서 느끼는 촉감이나 모양을 종합적으로 표현한 것이다. 직물을 잡아당기거나 굽히고 또는 누르면서 받는 느낌, 문지르거나 쥐면서 받는 느낌을 평가할 수도 있고, 피부 표면에 대고 비비면서 느끼는 감각으로도 평가한다 그림 1-15 . 직물의 태는 외관이나 용도를 결정짓는 중요한 요인이지만, 주관적인 감각이므로 이를 정량화하기가 매우 어렵다. 그러나 이러한 감각은 직물의 물리적 성질에서 비롯된 것이므로, 직물의 물성과 주관적 감성 사이의 관계를 규명하고 물성을 측정하여 이를 소비자가 느끼는 감성으로 표현할 수 있다.

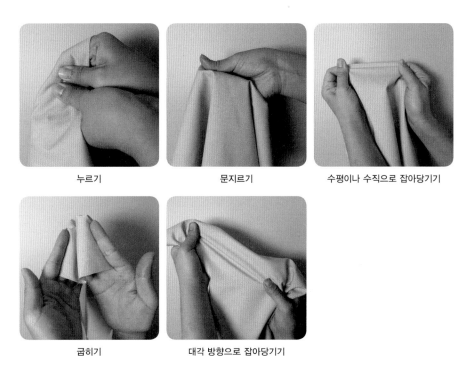

| 누르기 | 문지르기 | 수평이나 수직으로 잡아당기기 |

| 굽히기 | 대각 방향으로 잡아당기기 |

그림 1-15 직물의 주관적 감각 평가 방법

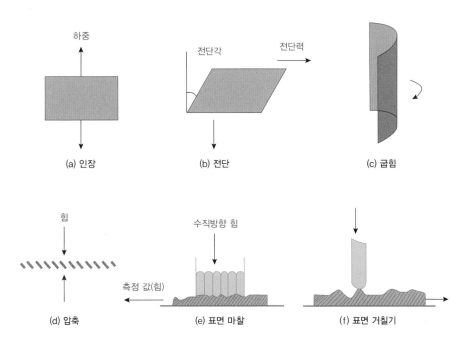

(a) 인장

(b) 전단

(c) 굽힘

(d) 압축

(e) 표면 마찰

(f) 표면 거칠기

그림 1-16 KES-F 시스템의 객관적 성질

표 1-6 가와바타 시스템(kawabata system)의 주요 감각 표현 용어와 정의

감각 표현 용어		정의
일본어	영어	
NUMERI	smoothness	표면이 매끄럽고 유연한 느낌으로부터 나오는 혼합된 느낌
SHARI	crispness	직물 표면이 파삭파삭하고 거칠 때 오는 느낌
KOSHI	stiffness	굽힘성과 관련된 뻣뻣한 느낌. 제직밀도를 높게 하고 탄성률이 높은 실로 제직한 직물은 이 느낌이 강함
HARI	anti-drape stiffness	직물이 드레이프성이 없는 뻣뻣함을 의미
FUKURAMI	fullness and softness	부피감이 있고 부드럽고 풍부한 느낌. 압축할 때의 탄력성과 따뜻함이 혼합된 느낌(fukurami는 '부풀어오름(swelling)'을 의미)

태를 객관적으로 평가하는 방법으로 가장 널리 사용되고 있는 방법은 KES-FKawabata Evaluation System for Fabrics이다. 직물을 실제 사용할 때와 같이 작은 힘을 받았을 때의 인장·굽힘·전단·압축·표면 특성과 무게 및 두께와 같은 역학적 성질을 측정하고 그림 1-16 , 이를 주관적 평가 값으로 바꾸어 나타낸다. 이때 주관적 평가 값은 전문가에 의해 선정된 감각 표현 용어로 평가된 주관적 평가 값과 역학적 성질과의 상관관계를 통해 얻는 다. 예를 들어 가공이나 물리화학적 처리 과정으로 직물 감성이 어떻게 달라졌는지를 보기 위해서 수많은 평가자를 동원하여 주관적 감각을 평가 하기는 어려울 것이다. 이러한 경우 간단하게 KES-F를 통해 물성을 측정 하고 이를 감성 용어로 전환하여 평가할 수 있다. 표 1-6 은 KES의 주요 감각 용어에 대한 의미를 보여 주고 있다.

그림 1-17 은 신사용이나 숙녀용 의복에서 공통적으로 중요한 감각으 로 나타나는 KOSHI, NUMERI, FUKURAMI와 역학적 성질 간의 관계를 나타낸 것이다. 이 그림을 보면 KOSHI는 NUMERI나 FUKURAMI와 역 학적 성질이 전혀 달라서 한 소재가 이러한 감각을 동시에 나타낼 수 없 다는 것을 알 수 있다. 즉, KOSHI 값이 높아 뻣뻣한 느낌을 가지는 소재 는 부드럽고 표면이 매끄럽거나 푹신한 느낌을 줄 수 없다. 반면, NUMERI 와 FUKURAMI는 같은 소재에서 두 감각이 모두 나타날 수 있다. 예를

의류소재

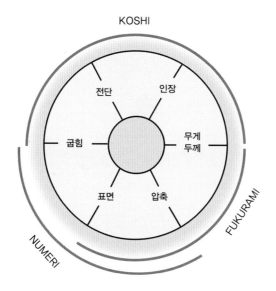

KOSHI

전단   인장

굽힘   무게
두께

표면   압축

NUMERI

FUKURAMI

그림 1-17 감각 표현 용어와 역학적 성질들 간의 관계

들어 표면이 매끄러우면서 부피감이 있고 부드러운 소재는 NUMERI와 FUKURAMI 값이 동시에 높게 나타날 수 있다.

2.7 필링

의복을 오랜 기간 동안 착용하면, 마찰로 인하여 섬유가 직물 표면에 구슬 모양으로 뭉쳐서 외관을 해치는데, 이러한 현상을 필링pilling이라 한다. 이것은 나일론 섬유와 같이 강인한 합성섬유에서 잘 생긴다. 일반적으로 섬유는 마찰에 의하여 필pill을 만드나 약한 섬유는 떨어져 나가고, 강한 섬유는 남아서 뭉쳐져 동그랗게 매달려 있기 때문이다 그림 1-18 . 또한 섬유의 단면과도 밀접한 관련이 있어서 섬유의 단면이 원형이면 필링이 잘 생기고, 단면이 타원형이나 길쭉한 모양이면 필링이 감소한다. 필링은 섬유가 가늘거나 짧을 때, 실의 꼬임이 적을 때, 조직이 성글 때, 또는 표면에 섬유가 길게 늘어질 때에도 많이 일어난다. 직물에 생성된 필은 깎거나, 태우는 등의 방법으

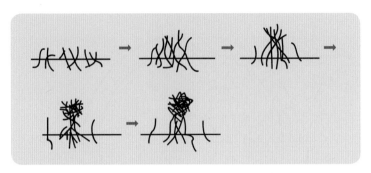

그림 1-18 필링의 형성 과정

로 제거할 수 있고, 열처리, 수지나 효소 처리, 대전방지제 사용 등에 의해서 개선될 수 있다.

2.8 피복성

피복성covering property이란 옷감이 불투명하여 비치지 않는 성질로서, 옷감을 투과하는 빛의 양으로 결정된다. 인체를 가리는 것이 옷을 입는 목적의 하나이지만, 유행이나 계절, 개인의 기호, 용도에 따라 적당히 비치는 옷감을 선택하기도 한다. 이러한 피복성은 섬유의 내부구조와 단면 형태에 따라 크게 달라진다. 일반적으로 천연섬유는 피복성이 우수하고, 원형 단면을 가진 인조섬유는 투명하여 내부까지 비쳐 보이므로 단면을 삼각형으로 변형시키거나 텍스처사textured yarn 등으로 만들어 피복성을 향상시킬 수 있다. 그 밖에 직물의 밀도, 그리고 실의 굵기에 의해서도 크게 달라진다.

$$피복도(cover\ factor) = K_{wa} + K_{we} - \frac{K_{wa} \times K_{we}}{28}$$

여기서, $K = t/\sqrt{N}$

K_{wa}, K_{we} = 경사 방향과 위사 방향의 K값

t = 1 인치당 실의 올 수

N = 실의 번수(Ne)

3 쾌적성

옷감의 쾌적성은 의복의 용도나 환경에 따라 요구되는 정도가 다르며, 개인의 특성에 따라서도 달라진다. 쾌적감에 영향을 미치는 요인으로는 보온성, 흡습성, 흡수성, 투습성, 통기성, 무게, 촉감, 그리고 옷감의 신축성 등이 있다. 이러한 물리적 특성은 객관적 측정에 의해 정확하게 평가될 수 있지만, 실제로 인체가 느끼는 쾌적감은 훨씬 복잡하여 물리적 특성과 쾌적성의 관련성을 간단하게 규명하기는 쉽지 않다. 궁극적으로 쾌적감이란 환경에 따라 개인의 생리적·심리적인 성향에 의해 크게 좌우되는 주관적인 느낌이기 때문이다.

3.1 보온성

의복의 쾌적감을 결정짓는 요인으로 우선 보온성을 들 수 있다. 보온성은 인체의 열이 외부로 전달되는 것을 의복이 차단하여 체온을 유지하는 성능을 의미하며, 일차적으로는 섬유의 열전도율에 의해 영향을 받는다. **표 1-7** 은 주요 섬유의 열전도율을 나타낸 것이다. 견 섬유나 양모 섬유는 열전도율이 낮아서 외부 기온이 낮을 때에도 따뜻한 느낌을 유지할 수 있고, 합성섬유는 열전도율이 높아서 찬 느낌을 준다. 특히 폴리에틸렌이나 나일론 섬유는 열전도율이 매우 높은 편이다.

보온성은 섬유의 열전도율과도 관련이 크지만 옷감의 함기량에 의해 크게 영향을 받는다. **표 1-7** 에서 보듯이 정지된 공기층은 모든 섬유보다 열전도율이 낮기 때문에, 공기를 많이 함유하는 옷감일수록 보온성이 커진다. 즉, 필라멘트사로 짠 직물보다는 방적사로 짠 직물이, 치밀한 조직보다는 적당히 느슨한 조직의 직물이 함기량이 많아서 보온성이 크다. 또한 섬유에 권축을 만들어 주거나, 직물 표면을 긁어주거나 섬유를 첨부하여 표면에 잔털을 많이 만들어주면 함기량이 증가한다. 예를 들어, 양모 섬유는 소재 자체의 열전도율이 낮을 뿐만 아니라 방적사이고, 또한 3차원적인 권축을 가지므로 함기량이 커서 단열력이 뛰어나다. 열전도율은 견 섬유에 비해 다소 높지만 양모 직물이 더 따뜻하게 느껴지는 건 이러한 구조적 특성 때문이다. 게다가 양모 섬유는 대기 중의 수분을 흡수하는 성능이 뛰어난데, 수증기를 흡수할 때 발생하는 열로 인해 갑자기 차고 습한 대기 중에 노출될 때 흡습열을 발생하면서 체온의 급격한 하강을 막아 주는 역할을 하기도 한다. 그 외에 중공섬유나 극세섬유로 제직된 직물은 공기를 많이 포함하므로 단열력이 크고, 부직포는 직물에 비해 많은 공기층을 함유하여 단열 성능이 우수하므로 겨울용 의복이나 침구류의 충진재나 담요로 많이 사용된다. 치밀한 직물 사이에 오리나 거위의 다운down이나 솜털을 채워 만든 패딩 의류는 직물에 비해 상당히 많은 양의 공기를 함유하므로 가벼우면서도 보온성이 뛰어난 성능을 가지고 있다. 그림 1-19 는 다운 1oz를 24시간 압축한 후에 복원시켜 충진력을 비교한 사진이다. 충진성이 크면 적은 양으로도 많은 공기층을 형성할 수 있어 보온성이 커지게 된다.

표 1-7 주요 섬유의 열전도율

섬유	열전도율($mWm^{-1}K^{-1}$)
공기(정지)	25
견	50
양모	54
면	71
폴리프로필렌	120
폴리에스터	140
PVC	160
아세테이트	230
나일론	250
폴리에틸렌	340

의류소재

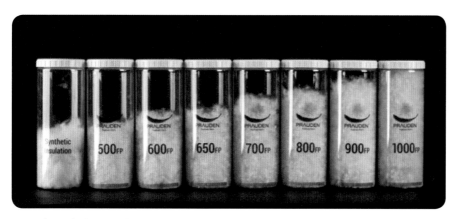

그림 **1-19** 다운(1oz)의 충진성(fill power, FP)

　직물의 색이나 표면 질감도 단열 성능에 영향을 미칠 수 있다. 검은색이나 어두운 색은 복사 에너지를 흡수하고, 흰색이나 밝은색은 반사한다. 또한, 표면 질감에 따라서도 정지 공기량이 달라지므로 대류열 전달에 영향을 미친다. 필름 등의 매끄러운 면은 복사 에너지를 직접 다시 환경으로 반사하지만, 직물은 실 단면의 불균일성이나 직물 표면의 윤곽에 따라 여러 방향으로 반사하여 열전달이 적어지게 된다. 이를 접촉냉온감이라 하며 추운 날 매끄러운 표면이 거친 표면보다 찬 느낌을 더 주는 것도 이 때문이다.

　이처럼 의복의 보온성은 옷감의 보온성이 좌우하지만 그 밖에 의복의 디자인이나 착용 방법에 의해서도 달라질 수 있다.

3.2 흡습성

섬유는 대기 중의 수분을 흡수하는 성질이 있는데, 이러한 성질을 흡습성(吸濕性)이라 하며, **그림 1-20** 에서와 같이 섬유의 종류와 대기 중의 습도에 따라 달라진다. 섬유의 흡습량은 수분율로 표시하며, 건조 섬유의 무게에 대해 섬유가 흡수하고 있는 물의 양을 백분율로 나타낸다. 이러한 섬유의 흡습성은 의복을 착용했을 때 느끼는 쾌적감과 밀접한 관련이 있다. 덥

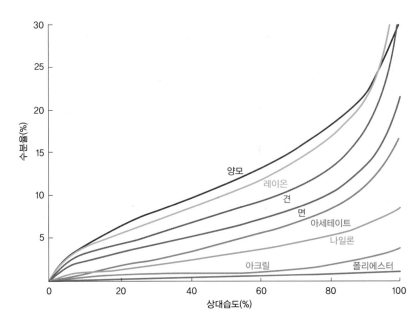

그림 **1-20** 상대습도에 따른 섬유의 수분율 변화

고 습한 날에는 흡습성이 큰 섬유로 짠 옷감이 피부가 보송보송하고 쾌적하
게 느껴지는 것도 이 때문이다.

섬유의 흡습성은 주로 화학적 조성과 내부구조에 의해 좌우된다. 화학적
으로는 분자구조에 친수기를 많이 가지고 있어서 수분과 결합할 수 있어야
한다. 물리적으로는 섬유 내부에 분자가 불규칙적이고 엉성하게 자리 잡고

표 1-8 주요 섬유의 수분율 (단위 : %)

섬유	표준 수분율	섬유	표준 수분율
면	7	나일론	3.5~5.0
아마	7~10	폴리에스테르	0.4~0.5
양모	16	아크릴	1.2~2.0
견(생견)	11	폴리우레탄	0.4~1.3
견(정련견)	9	폴리비닐알코올	4.5~5.0
비스코스레이온	12~14	올레핀	0.0
아세테이트	6~7	유리	0.0
트리아세테이트	3.0~4.0		

의류소재

있는 비결정 영역이 많아 수분이 자리 잡을 수 있는 공간이 있어야 한다. 따라서 분자구조에 친수기를 많이 가지며, 비결정 영역이 많은 양모나 레이온 섬유가 흡습성이 뛰어나다. 반면, 친수기를 가지지 못하며, 내부구조가 치밀하고 결정성이 높은 합성섬유들은 흡습성이 매우 낮다. 표 1-8 은 주요 섬유의 표준 상태(20°C, 65% RH)에서의 수분율을 나타낸 것이다.

3.3 흡수성

직물이 액체 상태의 물을 흡수하는 성질을 흡수성(吸水性)이라 한다. 일반적으로 친수성 섬유가 소수성 섬유보다 물 분자를 잘 흡착하여 흡수성이 크다. 그러나 수증기를 흡수(吸收)하는 성질인 흡습성이 주로 섬유의 성질에 의해 좌우되는 데 반해, 흡수성은 섬유의 친수성 외에도 실이나 직물의 기하학적인 구조에 의해 크게 영향을 받는다. 소수성의 필라멘트 섬유들은 수분을 섬유 내부에 흡수하기보다는 표면에 흡착한 상태로 있다가 수분의 양이 많을 때는 모세관 현상에 의하여 심지와 같이 흡수력을 발휘하게 된다. 필라멘트사는 물을 흡수할 수 있는 모세관 길이가 길어서 짧은 섬유를 꼬아서 만든 방적사에 비해 수분을 흡수하는 데 훨씬 효과적이다. 게다

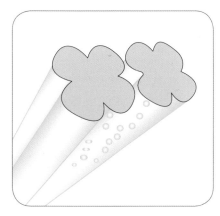

그림 **1-21** 흡한 속건 소재의 단면 및 측면

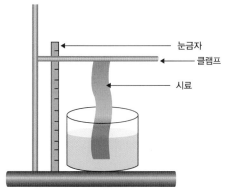

그림 **1-22** 직물의 심지흡수력 측정을 통한 흡수성 평가

가 극세 필라멘트 섬유로 실을 만들어 모세관 개수를 많게 하거나 필라멘트 섬유 단면을 십자 모양 등으로 하여 모세관 개수를 더욱 증가시키면 흡수성이 크게 향상된다 그림 1-21 . 이들 합성섬유 필라멘트사는 수분을 모세관에 의해 효과적으로 전달하면서, 수분이 섬유 내부에 존재하지 않고 표면에 있다가 증발하므로 세탁 후에 쉽게 마른다는 장점이 있어 흡한 속건 섬유를 만드는 데 이용된다. 그림 1-22 는 모세관 현상에 의한 심지 흡수력을 측정하는 예를 보여 주고 있다.

3.4 투습성

투습성은 직물을 통하여 수증기를 투과시키는 성능으로, 직물 양면에 일정한 수증기 농도의 차이가 있을 때 단위 시간에 단위 면적의 직물을 통과하는 수분의 양으로 표시된다. 의복을 착용하였을 때 신체에서 수분 발산이 이루어지지 않으면 불쾌감이 생기므로 투습성은 쾌적감을 결정하는 매우 중요한 요인 중 하나이다.

일반적으로 투습성은 섬유의 특성과 직물 구조에 의해 영향을 받는다. 직물의 통기성과 밀접한 관련이 있어 밀도가 작고 느슨한 조직일수록 기공을 통한 수증기의 투과가 쉬워진다. 그러나 조밀한 직물은 실과 실 사이의 공간이 작아지므로 섬유 내부를 통한 수분 전달도 점차 중요해져서 섬유의 친수성이 미치는 영향이 커진다. 따라서 이러한 경우에는 친수성 섬유가 투습성이 크다. 또는 가공에 의해 섬유의 표면과 내부의 친수성을 달리하여 수분 농도의 구배를 증가시켜 수증기의 확산 속도를 빠르게 만들기도 한다. 또한 고어텍스와 같은 투습 방수 소재는 소수성의 표면에 기공을 형성하되, 기공의 크기를 빗방울의 크기보다 작게 하여 방수 기능을 부여하고 수증기보다는 크게 하여 피부 표면에서 증발하는 땀방울만 선택적으로 투과시키는 원리를 이용하여 개발한 것이다 그림 1-23 .

의류소재

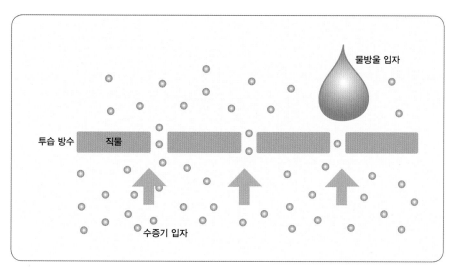

그림 **1-23** 투습 방수 소재의 선택적 투과

3.5 통기성

통기성은 직물의 기공을 통해 공기가 투과할 수 있는 성능을 말하며, 보온성이나 투습성에 큰 영향을 미친다. 직물의 밀도와 두께는 공기의 통과 경로를 결정짓는 중요한 요인으로, 일반적으로 경위사 밀도와 두께가 작을수록 통기성이 좋다. 실의 잔털은 공기의 투과에 장애가 되며, 섬유의 화학적 특성에 의해서는 영향을 받지 않는다.

통기성은 대류나 증발에 의한 열의 발산과 방풍성에 영향을 미치기 때문에, 기온이 낮고 바람이 불 때는 통기성이 낮은 의복을 제일 바깥에 착용하면 방풍 효과에 의해 보온성이 향상되면서 쾌적성이 증진될 수 있다. 패딩 의류는 통기성이 매우 낮은 치밀한 직물 사이에 다운이나 솜털을 채워 정지된 공기층을 많이 만들고 공기의 흐름이 생기지 않도록 가두어서 보온성을 최대한 높인 것이다.

3.6 비중

의복의 무게는 기본적으로 옷감을 구성하고 있는 섬유의 비중에 의해 좌우되며, 쾌적성이나 외관에 영향을 미치게 된다. 일반적으로 가벼운 옷은 오랜 시간 동안 착용하여도 피로를 덜 느끼게 하지만, 지나치게 가벼우면 원하는 의복의 형태를 유지하기가 어려워진다.

표 1-9에 제시된 섬유의 비중은 섬유에 함유된 기공 부분을 제외한 재료 고유의 비중을 나타낸 것이다. 따라서 실제 사용할 때 느끼는 무게는 함기량이나 직물의 두께 등에 의해 달라질 수 있다. 의류용으로 많이 사용하는 섬유의 비중은 대부분이 1보다 크며, 섬유 중에서는 면이나 마 등의 섬유소 섬유가 가장 무거운 섬유이다. 레이온 섬유를 얇은 직물로 짜도 드레이프성이 좋은 이유는 비중이 큰 편이기 때문이다. 한편, 양모 섬유는 비중이 크지 않고 함기량이 커서 외투나 담요 등 두꺼운 직물로 사용하여도 너무 무겁지 않아 피로감을 느끼게 하지 않는다. 나일론 등의 합성섬유는 비중이 매우 낮은 가벼운 섬유에 속한다. 특히 폴리프로필렌 섬유는 비중이 1보다 작아 물에 뜨며, 중공 섬유로 만들면 구명복의 충진재 등의 용도로 활용할 수 있다.

표 1-9 섬유의 비중

섬유	비중	섬유	비중
면	1.54	아크릴	1.14∼1.17
아마	1.5	모드아크릴	1.30∼1.37
양모	1.32	폴리비닐알코올	1.26∼1.30
견	1.33∼1.45	폴리프로필렌	0.91
비스코스 레이온	1.50∼1.52	폴리우레탄(스판덱스)	1.0∼1.3
아세테이트	1.32	폴리비닐리덴	1.70
나일론	1.14	폴리염화비닐	1.39
폴리에스터	1.38	유리	2.55

4 안전성

최근에는 자연환경의 변화와 위협이 심각해지면서 인체의 건강과 안전에 관해 더욱 관심을 가지게 되었다. 따라서 의류소재는 인체의 생명이나 생리작용에 미치는 영향뿐만 아니라 화재나 충격 등의 외부적 위험 요소와 극단적인 환경에서 인체를 보호할 수 있는 안전성이 요구되기도 한다. 안전성은 극한 환경에서 착용하는 특수 기능복의 경우에는 매우 중요한 성능이 된다.

4.1 대전성

건조한 계절에는 옷이 몸에 자꾸 부착되거나 옷감끼리 달라붙어서 불편을 겪고 옷의 매무새가 흐트러지는데, 이는 옷감이 서로 마찰하여 정전기가 발생하기 때문이다. 그림 1-24 는 마찰에 의해 직물 표면에 전기가 발생하는 것을 보여 준다. 이러한 성질을 대전성이라 하며, 안전성이나 외관에도 영향을 미친다. 표 1-10 에서와 같이 섬유가 마찰할 때 발생하는 전기의 종류와 대전압은 서로 마찰하는 상대편 섬유의 종류에 따라 달라진다. 위쪽에 위

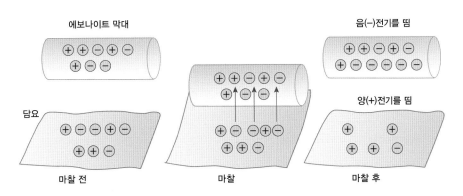

그림 1-24 마찰에 의한 직물 표면의 전기 발생

표 1-10 섬유의 대전 계열(Ballou)

| 양(+) |
| 양모 |
| 나일론 |
| 견 |
| 비스코스 레이온 |
| 피부(사람) |
| 유리섬유 |
| 면 |
| 폴리에스테르(데이크론) |
| 아크릴(오올론) |
| 올레핀(폴리에틸렌) |
| 음(−) |

치할수록 마찰할 때 양(+)의 전기를 띠고 아래쪽에 위치하면 음(−)의 전기를 띠게 되며, 서로 위치가 먼 것끼리 마찰할수록 발생하는 대전압이 커진다. 양모 섬유는 어느 섬유와 마찰하여도 양의 전기를 띠며 올레핀 섬유와 마찰하면 대전압이 최대가 된다.

그러나 실제로 착용 시에 느끼는 대전성은 이와는 크게 차이가 나는데, 이는 섬유에 존재하는 수분의 양이 대전성에 영향을 주기 때문이다. 표 1-11 을 보면 친수성 섬유는 수분을 보유하고 있으므로 마찰전기가 수분에 의해 방전되어 표면에 발생한 전기가 빠르게 감소하게 된다. 반면, 흡습성이 낮은

표 1-11 섬유의 표면전기저항과 대전 전하의 반감기*

섬유	수분율(%)	표면전기저항(Ω)	반감기(초)*
면	8	1.2×10^9	0.025
양모	16	5.0×10	3
견	9	4×10	6×10^2
레이온	12	7×10^9	0.05
아세테이트	6	2×10	4×10^2
나일론	4	1×10	1.2×10^3
폴리에스터	0.4	$> 1 \times 10$	2.6×10^3
아크릴	1~2	1×10	4×10^3

* 표면 대전 전하가 반으로 감소하는 시간

합성섬유는 표면 전기저항이 커서 전기가 잘 전도되지 않으므로 수분에 의한 방전이 어려워 발생된 전기가 섬유 표면에 오래 축적되어 있게 된다. 실제로 합성섬유들은 대전된 전하의 반감기가 매우 커서 계속 정전기 발생을 느끼게 된다. 그리고 대기 중의 수분에도 민감하여 습도가 높은 날보다는 건조한 날에 정전기가 많이 발생하게 된다.

정전기 발생에 의한 문제점은 여러 가지를 들 수가 있는데, 같은 전하를 띤 섬유끼리는 반발하고 다른 전하를 띤 섬유끼리는 잘 달라붙어 착용할 때 불편하고 옷감의 태를 변형시키거나 먼지가 잘 부착하여 쉽게 더러워진다. 그 밖에 직물 제조 공정에서 섬유와 기계의 마찰에 의한 정전기 발생은 작업에 큰 지장을 주고 효율을 저하시킬 수 있다. 또는 카펫 위에서 미끄러질 때와 같이 섬유와 인체가 강한 마찰을 하면 전기가 발생하여 인체에 쇼크를 줄 수도 있다.

4.2 내연성

현대사회에는 과학의 발달과 경제성장으로 생활환경이나 작업환경이 변화하면서 대형 화재의 위험에 많이 노출되고, 이와 함께 생명을 중시하는 경향이 두드러지면서 섬유의 내연성에 대한 관심이 더욱 커지고 있다. 특히, 아동복, 특수 작업복, 실험복 그리고 카펫이나 커튼과 같은 실내장식용 직물 등은 불연성이거나 내연성 소재를 사용하여 화재로부터의 피해를 줄일 수 있어야 한다. 최근에는 가연성 섬유에도 난연가공을 하여 사용함으로써 화재 발생률을 줄이거나 인명의 피해를 줄이도록 하고 있다.

섬유가 연소되는 특성은 우선 화학적 조성에 의해 크게 영향을 받는데, 섬유의 종류에 따라서는 CO나 HCN 등의 독성가스를 발생하는 경우가 있어 화재가 발생했을 때 질식사의 원인이 되기도 한다. 표 1-12 는 섬유가 연소할 때 필요로 하는 산소의 양Limiting Oxygen Index, LOI을 기준으로 하여

표 1-12 섬유의 한계산소지수

이연성 섬유	LOI*	난연성 섬유	LOI	내연성 섬유	LOI	불연성 섬유	LOI
면	18.4	견	23.6	모드아크릴	27.0	석면	–
레이온	18.2	나일론	21.2	비니온	35.0	유리섬유	–
아세테이트	18.0	폴리에스터	20.8	아라미드 (노멕스)	29.0	금속섬유	–
아크릴	18.2	양모	23.8	카이놀	32.0		
비닐론	19.0			PBI	41.0		
폴리프로필렌	18.6						

* LOI(Limiting Oxygen Index, 한계산소지수) : 섬유가 연소되기 시작하는 공기 중의 산소 농도(%)

섬유의 내연성을 구분한 것이다. 면이나 레이온 등의 섬유소 섬유나 폴리프로필렌과 같이 탄화수소를 주성분으로 하는 섬유들은 쉽게 연소한다. 그러나 모드아크릴이나 비니온 등 연소작용을 억제하는 염소를 포함하는 섬유들은 내연성의 섬유에 속한다. 석면이나 유리, 금속 섬유 등 무기 섬유는 연소하지 않는다. 그 밖에 연소성은 실이나 직물의 구조에 따라서도 달라진다. 표면적이 넓어 공기에 많이 노출될수록 산소를 원활하게 공급받을 수 있기 때문이다.

그림 1-25 는 섬유의 연소에 필요한 요소들과 그 과정을 나타낸 것이다.

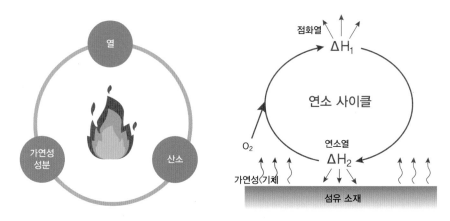

그림 **1-25** 연소의 3요소 및 섬유의 연소 사이클

우선 가연성 물체와 열과 산소가 있어야 연소가 발생한다. 점화열(ΔH_1)에 의해 섬유가 열분해되어 가연성 기체를 생성하면, 생성된 가연성 기체가 산소와 반응하여 연소열(ΔH_2)이 발생하고 발생한 열로 인해 연소가 계속적으로 진행된다.

4.3 방호성

인체는 외부의 열이나 충격, 자외선, 화학 약품, 방사능, 전자파, 세균 등으로부터 위협을 받기도 하고, 그 외에 별로 감지되지 않는 위험에도 노출될 수 있다. 옷감이 이로부터 신체를 보호해 줄 수 있는 성능을 방호성이라 한다.

1) 열차단성

의류소재는 인체와 환경 사이에서 열의 흐름을 차단하기도 하고 통풍을 돕기도 함으로써 인체로부터 환경으로, 또는 환경으로부터 인체로 열흐름을 조절할 수 있다. 소재가 열을 전도하는 능력을 열전도성thermal conductivity이라고 하며, 열을 차단하는 값을 열저항thermal resistance이라고 한다.

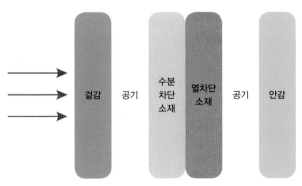

그림 1-26 소방복 소재의 다층 구조

열전도율이 낮은 섬유를 사용하면 그 직물의 단열력은 상대적으로 높아진다. 또한 섬유나 직물의 함기량이 단열력에 큰 영향을 미치는데, 이는 밀폐된 공기의 열전도성은 모든 섬유보다도 낮으므로 그 내부에 갇혀 있는 공기의 비율이 클수록 열전도성이 낮아지기 때문이다. 소방복이나 고열 환경에서 작업하는 작업복의 경우에는 매우 높은 열차단 성능이 요구되므로, 열전도율이 낮은 소재를 사용하고 극한 환경에서 공기의 함량을 최대한 늘이는 것도 중요하다. **그림 1-26** 은 한 겹 이상의 공기층을 포함하는 소방복 소재를 보여 주고 있다.

2) 충격 방호

충격으로부터 보호하는 것도 섬유제품이 가질 수 있는 특성 중 하나로 군사, 스포츠, 산업 및 서비스 직종에서 많은 의류품목들이 이러한 목적으로 사용되고 있다. 충격 방호 소재는 돌, 공, 탄환 등과 같은 충격물체의 압력이 신체의 한 부위에 집중되지 않도록 충격력을 확산시킬 수 있어야 한다. 충돌 직후에 충돌물체의 운동량이 서서히 변화하도록 하고, 충격이 점차 감소될 수 있도록 하여 충격물체가 체내로 들어가거나 피부 표면을 손상시키는 것을 막을 수 있어야 한다.

충격 에너지를 흡수하기 위하여 가장 널리 사용되는 소재로 폼foam과 같이 탄성률이 낮은 것을 들 수 있다. 폼은 밀폐된 기포를 함유하므로 압축이 가능하고 충격물체의 운동에너지를 위치에너지나 열 등 인체에 상해가 덜한 다른 형태의 에너지로 바꾸어 준다. 폼이 충격을 흡수하는 역할을 하는 데 비하여 금속, 세라믹, 섬유강화수지 등의 견고한 소재는 충격을 좀 더 넓은 표면으로 확산시킴으로써 압력이 집중되는 것을 방지하여 상해를 덜 받도록 하고, 날카로운 형태를 가지거나 운동량이 큰 충격체가 피부를 관통하거나 손상시키는 것을 방지한다.

의류소재

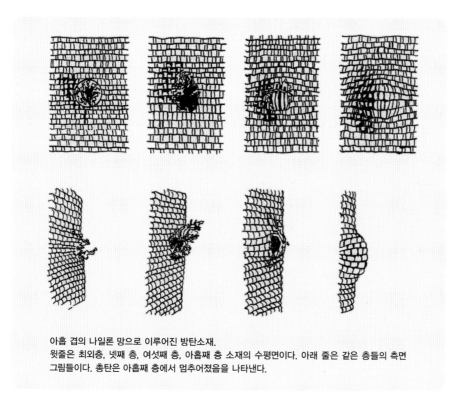

아홉 겹의 나일론 망으로 이루어진 방탄소재.
윗줄은 최외층, 넷째 층, 여섯째 층, 아홉째 층 소재의 수평면이다. 아래 줄은 같은 층들의 측면
그림들이다. 총탄은 아홉째 층에서 멈추어졌음을 나타낸다.

그림 1-27 총탄이 방탄 나일론망에 미치는 영향

그림 1-27 에서 보듯이 방탄복의 경우 강인성이 큰 여러 겹의 나일론 망
으로 구성되기도 한다. 고속의 탄환이 날아올 때 최외층은 손상되나 탄환
이 에너지 일부를 상실하여 후속 충돌이 거듭될수록 충돌에너지가 작아
진다. 이 탄환이 인체에 도달할 때는 훨씬 작은 잔여 에너지로 인체와 충
돌하여 크게 상해를 받지 않게 된다. 섬유의 인장 강도, 탄성률modulus, 또
는 절단 신도가 클수록 물리적인 충격을 방호하는 성능이 커진다. 예를 들
면, 방탄복에 이용되는 나일론, 케블라DuPont™ Kevlar®, 스펙트라Spectra®,
PBOpolybenzoxazole 등이 그 예이다. 이와 같이 충격을 흡수하거나 확산시
킴으로써 방호하는 소재는 그 부피가 클수록 유리해진다.

5 관리편이성

관리편이성이란 섬유 재료를 세탁하거나 보관하는 중에 성질이나 형태의 변화가 적게 일어나서 관리가 용이함을 말한다. 의복이 쉽게 더러워지는지, 드라이클리닝이나 다림질을 필요로 하는지 등의 문제는 실용적인 면에서 볼 때 옷감의 성능을 결정짓는 아주 중요한 요인 중 하나가 된다. 의복을 항상 깨끗하게 관리하기 위해 시간, 노력이나 경비를 많이 들여야 하거나, 단 몇 번의 세탁에 의해 색이 변하거나 형태가 변해서 폐기하게 되면 불편을 초래할 뿐만 아니라 환경에도 좋지 않은 영향을 미칠 것이다. 이러한 관리 편이성은 섬유의 종류, 실과 직물의 구조, 염색과 가공 방법 등에 의해서 영향을 받게 된다.

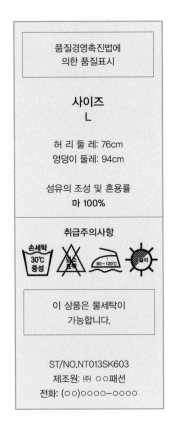

**품질경영촉진법에
의한 품질표시**

**사이즈
L**

허 리 둘 레: 76cm
엉덩이 둘레: 94cm

섬유의 조성 및 혼용률
마 100%

취급주의사항

손세탁
30℃
중성

80~120℃

이 상품은 물세탁이
가능합니다.

ST/NO.NT013SK603
제조원: ㈜ ○○패션
전화: (○○)○○○○-○○○○

그림 **1-28** 취급주의 표시 예

의류제품에는 제도적으로 취급주의 표시를 붙이도록 하여, 소비자가 적절한 관리 방법을 알 수 있게 되어 있다. 그림 1-28 에서와 같이 취급주의 표시에는 섬유의 혼용률과 세탁 및 건조 방법 등이 표시되어 있다. 소재별로 관리 방법이 다른데, 이것은 섬유의 종류, 실의 구조, 직물 조직, 염색 조건, 염료의 종류, 가공 방법 등에 따라 물이나 세제 등과 반응하는 직물의 특성이 달라지기 때문이다. 이러한 내세탁성은 섬유의 방오성, 내수성이나 유기용제에 대한 내성, 세제나 표백제 등과의 작용, 형태안정성 그리고 변퇴색 등과 관련이 있다.

의류소재

5.1 방오성

섬유의 방오성은 크게 두 가지에 의해 영향을 받는데, 섬유의 표면 에너지와 표면 거칠기에 따라 달라진다. 친수성이 큰 섬유는 부착에너지 **그림 1-29** 가 크므로 오구soil가 부착되면 잘 제거되지 않는다. 실제로 면 섬유는 다른 섬유에 비해 때가 잘 탄다. 또한, 정련·표백 등의 화학적 처리를 거치면 표면 활성이 커져서 더욱 쉽게 오구를 흡착하게 된다. 반면 소수성 섬유는 표면 에너지가 낮으므로 오구와의 부착력이 약해 공기 중에서 오구가 잘 부착되지 않는다. 합성섬유도 쉽게 더러워질 때가 많은데, 이는 사용 중 정전기가 잘 생겨 오구가 잘 부착되고 기름이 부착되면 쉽게 제거되지 않기 때문이다. 그러나 물속에서 세탁할 때는 상황이 달라지는데 **그림 1-30** , 소수성 섬유는 오구와의 부착력이 커서 오염된 오구를 제거하기 어려우며, 친수성 섬유는 부착에너지가 작아 쉽게 오구가 제거된다.

표면 거칠기도 영향을 미치는데, 직물의 표면이 거칠거나 불균일할 때는 오구가 물리적으로 끼이거나 정착하기가 쉬워 오염되기 쉽고 제거도 어려워

한걸음 더

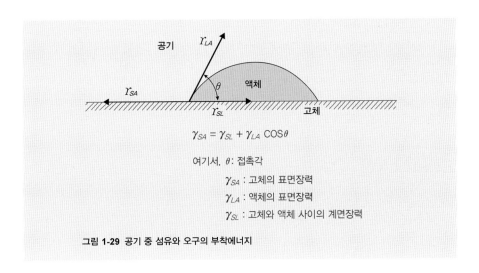

$$\gamma_{SA} = \gamma_{SL} + \gamma_{LA} \cos\theta$$

여기서, θ: 접촉각

γ_{SA}: 고체의 표면장력

γ_{LA}: 액체의 표면장력

γ_{SL}: 고체와 액체 사이의 계면장력

그림 **1-29** 공기 중 섬유와 오구의 부착에너지

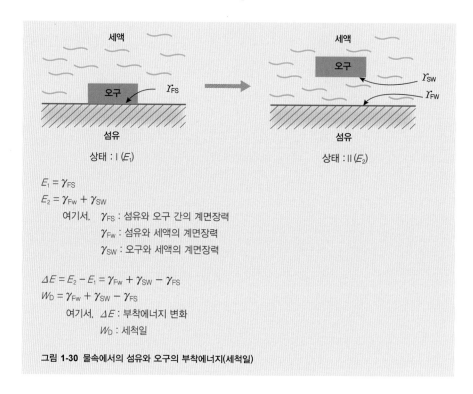

$E_1 = \gamma_{FS}$

$E_2 = \gamma_{Fw} + \gamma_{SW}$

여기서, γ_{FS} : 섬유와 오구 간의 계면장력

γ_{Fw} : 섬유와 세액의 계면장력

γ_{SW} : 오구와 세액의 계면장력

$\Delta E = E_2 - E_1 = \gamma_{Fw} + \gamma_{SW} - \gamma_{FS}$

$W_D = \gamma_{Fw} + \gamma_{SW} - \gamma_{FS}$

여기서, ΔE : 부착에너지 변화

W_D : 세척일

그림 1-30 물속에서의 섬유와 오구의 부착에너지(세척일)

진다. 습식 방사를 한 섬유는 주로 단면이 불균일해서 용융 방사를 한 섬유보다 오염이 잘 되는 경향이 있다. 또한 방적사가 필라멘트사에 비해 오구가 잘 부착되고 제거하기 어렵다. 그 밖에 수지 가공 등으로 섬유의 표면 에너지가 낮아져 정전기에 의해 공기 중 먼지를 흡착해서 쉽게 더러워지면 세탁에 의한 제거가 어려워진다.

5.2 내세탁성

면 섬유는 습윤 상태에서 강도가 증가하고, 알칼리에 잘 견디므로 알칼리성 세제로 반복하여 세탁하여도 약해지지 않는 실용적인 섬유에 속한다.

그러나 세탁 후에는 수축하는 경향이 있어 수지를 이용한 방축가공을 많이 한다. 마 섬유도 마찬가지로 습윤하면 강도가 증가하지만 세탁을 반복하면 수축하고, 펙틴질이 줄어들면서 섬유 다발로 이루어진 장섬유가 단섬유로 해리되어 뻣뻣한 특성이 줄어들고 변형이 쉽게 일어나므로 의류용 마 섬유 소재는 드라이클리닝을 하는 것이 바람직하다.

양모 섬유제품은 물속에서 섬유 표면의 스케일이 서로 엉켜 축융이 일어나 심하게 수축하는 성질이 있어 드라이클리닝을 주로 하지만, 최근에는 방축가공이 발달하여 물세탁을 하여도 수축하지 않는 세탁 가능한 양모 제품이 나와 관리가 간편해졌다. 견 섬유는 특유의 우아한 광택과 촉감을 가지는 고급 의류소재인데 물에 의해 광택과 촉감이 변하므로, 물세탁보다는 드라이클리닝을 하는 것이 바람직하다.

레이온 섬유는 물속이나 알칼리 용액에서 현저하게 팽윤되어 강도가 감소하기 때문에 세탁에 아주 약한 단점이 있다. 이는 같은 섬유소 섬유이지만 면이나 마 섬유에 비하여 비결정 부분이 많고, 피브릴 구조를 가지지 않기 때문이다. 이에 반해 같은 재생 섬유소 섬유인 라이오셀은 용매에 의해 화학적인 변화 과정을 일으키지 않고 만들어졌기 때문에, 레이온 섬유에 비해서 습윤 강도가 크고 팽윤 현상이 훨씬 덜 심각하다. 아세테이트 섬유는 친수성이 감소하여 습윤에 의한 강도 감소율은 레이온 섬유보다 덜 하지만, 본래 섬유가 약하므로 세탁 후에는 강도가 너무 낮아진다는 단점이 있다. 특히, 아세테이트 섬유의 광택은 물에 민감하여 물세탁에 의해서 고유의 광택을 잃어버리는 경우가 많으므로 섬세한 관리가 필요하다.

나일론과 폴리에스터는 결정이 잘 발달한 강인한 섬유로 물세탁에 의해 강도가 줄어들지 않으며, 세탁 후 빨리 건조되어 세탁이 간편하다. 단, 열가소성이 있어서 높은 온도에서 세탁하면, 세탁할 때 생긴 구김이 고정되는 경우가 있으므로 열세탁은 피하는 것이 좋다. 그 밖에 나일론 직물을 다른 직물과 함께 세탁할 때는 다른 직물의 염료가 쉽게 이염된다는 점에 주의해야 한다.

직물의 구조에 따라서도 관리 방법이 달라지는데, 평직이나 능직으로 짠 직물은 특별한 주의를 필요로 하지 않으나, 수자직이나 자카드 직물과 같이 표면에 노출된 실이 긴 경우에는 세탁 과정이나 사용 도중에 쉽게 손상을 입어 외관을 해치게 된다. 편성물은 다림질을 별로 필요로 하지 않으나, 수축 등의 변형이 쉽게 일어나므로 주의해야 한다. 부직포는 물세탁에 의해 접착제가 녹아 나오거나 섬유가 빠져나오게 되는 경우가 있으므로 주의를 필요로 한다.

꼬임 수나 단사, 합사, 복합사, 코드사 등 실의 구조나 종류에 따라서도 달라지는데, 예를 들어 강연사는 수분을 흡수하면 긴장이 이완되면서 많은 수축이 일어나고 복합사는 사용 중에 기계나 다른 물질과의 마찰에 의해 쉽게 손상된다. 합성섬유는 세탁 시간이 지나치게 길면 재오염이 되어 옷의 색이 탁해지는 현상이 생긴다. 직물이 염색된 방법에 따라서도 세탁 과정에서 탈색되는 경우가 있으며, 가공된 직물도 관리 방법이 달라지므로 이에 따른 주의를 필요로 한다.

5.3 내열성

내열성은 섬유의 공정, 용도나 관리 방법을 결정짓는 중요한 요건이 된다. 표 1-13 에서 볼 수 있듯이 대부분의 합성섬유들은 열을 가하면 섬유를 이루고 있는 고분자 사슬이 움직이면서 분자쇄 사이가 들뜨기 시작하고, 계속 가열하면 연화되다가 용융하는 특징이 있다. 융점 이하의 특정 온도 이상에서 급속히 변형되는데, 이때의 온도를 연화점이라고 한다. 또한, 계속 가열하면 특정 온도에서 액체가 되는데 이 온도를 융점이라고 한다. 아세테이트나 트리아세테이트 등 소수성의 재생 섬유소 섬유는 합성섬유처럼 연화점과 용융점을 가진다. 그림 1-31 은 비결정성 고분자 물질의 온도 상승에 따른 탄성률 변화를 보여 주며, 유리전이 온도Tg와 융점을 나타내고 있다.

표 1-13 섬유의 연화점과 융점

섬유	연화점(℃)	융점(℃)
면	–	150분해
아마	–	200분해
양모	–	130분해
견	–	235분해
비스코스 레이온	–	260~300분해
아세테이트	200~230	260
트리아세테이트	250	300
나일론-66	230~235	250~260
나일론-6	180	215~220
폴리에스테르	238~240	255~260
스판덱스	–	200~230
아크릴	190~240	불명확
모드아크릴(SEF)	115	불명확
폴리비닐알코올	220~230	불명확
폴리프로필렌	140~160	165~173
아라미드(노멕스)	–	370분해
아라미드(케블라)	–	498분해

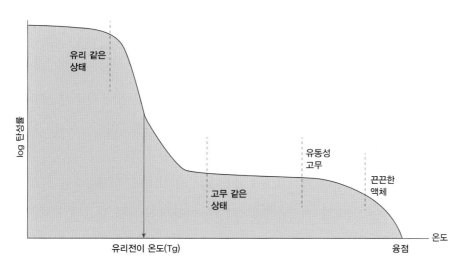

그림 1-31 비결정 선형 고분자의 온도 상승에 따른 탄성률 변화

이에 반해 면이나 마 등의 천연섬유들은 대체로 열에 안정하여, 가열하면 연화되지 않고 비교적 높은 온도에서 분해되므로, 다림질 온도가 높은 편이다. 재생 섬유소 섬유인 레이온도 천연섬유와 같이 연화되지 않고 높은 온도에서 분해된다. 케블라와 나일론 섬유는 화학적 구조가 유사하나, 나일론은 긴 지방족 분자쇄로 이루어져 있어 열에 약한 데 반해 케블라는 방향족 화합물로 구성되어 있어 열을 가하여도 분자쇄가 쉽게 연화되지 않고 고온에서 분해된다.

5.4 내약품성

내약품성이란 옷감이 화학약품에 견디는 정도를 말하는 것으로, 섬유나 직물을 염색하거나 가공하고, 의복을 세탁하는 등의 과정에서 내약품성을 필요로 하게 된다. 염료, 표백제나 세제 등을 선정할 때에도 섬유에 적합한 것을 잘 선택해야 옷감의 고유한 특성을 오래 보존할 수 있다.

표 1-14 에서 보듯이 섬유의 내약품성은 화학적 조성에 따라 크게 달라지는데, 일반적으로 식물성 섬유는 산에 약하나 알칼리에 비교적 강하고, 동물성 섬유는 알칼리에는 약하나 산에는 강한 편이다. 인조섬유 중 재생 섬유소 섬유는 산과 알칼리에 모두 약하고 합성섬유는 약품에 대한 저항성이 비교적 강하다. 섬유소 섬유는 염소계 표백제를 사용할 수 있으나 단백질 섬유, 나일론이나 폴리우레탄 등의 합성섬유, 요소계 수지로 가공된 섬유나 제품들은 염소계 표백제를 사용할 수 없고 과산화수소, 하이드로설파이트 hydrosulfite 등을 사용한다.

천연섬유와 레이온은 유기용제에 대한 내성이 강하며, 합성섬유와 아세테이트 섬유들은 특정한 유기용제에 녹는다. 따라서 주의를 필요로 하며, 이러한 현상을 이용해 합성섬유를 감별할 때 특정 용매에 대한 용해성을 통해 섬유를 감별하기도 한다.

표 1-14 섬유의 내약품성

섬유	산	알칼리	표백제	유기용제
면	약함	견딤	견딤	강함
마	약함	견딤	견딤	강함
양모	대개 견딤	약함	염소계에 약함	강함
견	대개 견딤	약함	염소계에 약함	강함
레이온	약함	농 · 열 알칼리에 약함	면보다 약함	강함
아세테이트	농 · 열산에 약함	약함	레이온보다 약함	아세톤, 빙초산, 페놀, DMF*에 녹음
나일론	농 · 열산 및 염산에 약함	강함	염소계에 약함	페놀, 농개미산에 녹음
폴리에스테르	강함	견딤	강함	견딤
아크릴	강함	강함	강함	아세톤에 약함, DMF에 녹음
폴리비닐알코올	농 · 열산에 약함	강함	강함	페놀, 크레졸, 개미산에 녹음
사란	강함	강함	강함	견딤
폴리프로필렌	강함	강함	강함	퍼클로로에틸렌 (드라이클리닝)에 약함
폴리우레탄	강함	강함	염소계에 약함	DMF에 녹음

* DMF : dimethylformamide

5.5 열가소성

가소성이란 물리적인 힘이나 수분, 열 등 외력에 의해 물체에 생긴 변형이 외력이 제거되어도 변형된 상태가 영구적으로 남아 있는 것을 의미한다. 열 가소성은 외부에서 열을 가하여 변형시키고 냉각시켰을 때 변형된 상태를 그대로 유지하는 성질을 말하며, 섬유를 구성하는 성분의 분자구조에 의해 결정된다.

트리아세테이트, 나일론, 폴리에스터, 폴리프로필렌 등의 소수성 섬유는 좋은 열가소성을 가졌다. 이들 소수성 섬유는 융점보다 약간 낮은 온도에

그림 1-32 열가소성을 이용해 주름 가공된 의복

서 힘과 열을 가하면 변형이 쉽게 일어나고 그대로 고정된다. 이 상태는 변형시킨 온도 이상으로 높이지 않는 한 원래의 형태로 돌아오지 않는다. 따라서 섬유의 융점보다 조금 낮은 온도에서 형체를 잡아 주면, 그 형체는 거의 영구적이어서 세탁이나 다림질에 의해 변하지 않는다. 이러한 열처리에 의한 형체 고정을 열고정heat set이라고 한다. 물세탁에 의해서도 변하지 않는 의복 주름이나, 나일론 스타킹 등은 열가소성을 이용한 대표적인 예라고 볼 수 있다. 그림 1-32 는 열가소성을 이용하여 규칙적인 잔주름을 넣어 특수한 효과를 나타낸 소재를 이용한 작품을 보여 주고 있다.

5.6 항미생물성

섬유에 따라서는 미생물이나 해충의 성장을 도와주어 섬유가 침해를 받아 취화되기도 하고, 미생물이 서식하여도 섬유가 손상을 받지 않는 경우가 있

의류소재

는가 하면 박테리아가 자랄 수 있는 환경을 전혀 제공하지 않는 섬유도 있다. 양모나 견 섬유의 성분은 단백질이므로 해충이나 균이 자라는 데 필요한 영양분이 되어 가장 침해를 많이 받는다. 면이나 마 등의 섬유소 섬유도 단백질 섬유보다는 침해가 덜하지만 반대좀 등에 의해 침해를 받으며, 합성섬유는 해충이나 미생물의 침해를 받지 않는 편이다. 또한 일반적으로 가늘고 부드러운 섬유나 실의 꼬임이 적은 직물이나 편물에 충해가 많은 것으로 알려져 있다.

섬유의 구성 성분뿐만 아니라 가공제나 불순물에 의해서도 영향을 받게된다. 풀과 같은 첨가물 또는 땀이나 피지, 음식물 등의 오구가 섬유에 부착되어 있으면 이를 영양분으로 해서 해충이나 균이 번식하는 경우가 있다. 따라서 모든 의류제품을 보관할 때에는 깨끗하게 세탁하여 온도와 습도가 낮은 곳에 흡습제와 함께 넣어 보관하는 것이 바람직하다.

5.7 탄성회복률

섬유를 잡아당겼다가 놓으면 회복되지만 섬유의 종류와 하중, 신장의 정도에 따라서 본래의 길이로 돌아가는 정도가 다르다. 이와 같이 섬유가 힘을 받아서 늘어났다가 힘을 제거하면 본래의 길이로 돌아가려고 하는 성질을 탄성이라고 하며, 이러한 섬유의 탄성은 섬유의 레질리언스, 섬유제품의 방추성 등에 크게 영향을 미친다.

그림 1-33 에서 보듯이 섬유에 F만한 하중이 가해지면 섬유는 강신도 곡선 a를 따라 늘어난다. OL만큼 늘어났을 때 하중을 제거하면 곡선 b에서 보는 바와 같이 수축하여 L'까지 곧 회복한다. 그러나 시간이 지나면서 섬유가 자발적으로 더 수축하여 OL''라는 영구변형이 남게 된다. 이때 늘어난 길이에 대한 회복된 길이의 백분율을 탄성회복률로 정의한다.

즉시 탄성회복률(%) = $LL'/OL \times 100$

지연 탄성회복률(%) = $LL''/OL \times 100$

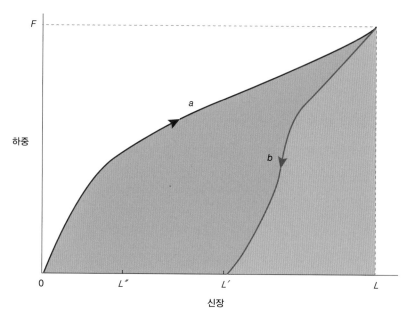

그림 1-33 섬유의 신장과 회복 곡선

표 1-15 는 주요 섬유의 탄성회복률을 보여 주는데, 섬유 본래 길이의 2%를 30초 동안 신장한 후, 하중을 제거하고 1분 후의 탄성회복률을 표시한 것이다. 합성섬유가 천연섬유보다 우수하며, 천연섬유 중에서는 양모가 가장 좋다. 양모 섬유는 분자구조가 나선형으로 되어 있고 분자 간 가교를 적당히 가지고 있을 뿐 아니라 섬유가 권축을 형성하므로 탄성회복률이 크다. 면이나 마 섬유와 같이 분자 간에 수소결합을 많이 형성하는 섬유들은 신장되면서 늘어난 위치에서 인접한 분자끼리 새로운 수소결합을 형성하여 고정되므로 원래의 길이로 회복이 어렵다. 이에 반해 합성섬유들은 대부분 100%에 가까운 좋은 탄성회복률을 가지고 있어 구김이 잘 생기지 않아 다림질을 거의 필요로 하지 않으며 관리가 간편하다.

표 **1-15** 섬유의 탄성회복률(2% 신장)

섬유	탄성회복률(%)	섬유	탄성회복률(%)
면	75	나일론	100
아마	65	폴리에스테르	85~100
견	92	아크릴	80~99
양모	99	올레핀	100
레이온	82~95	폴리우레탄(스판덱스)	100
아세테이트	94	아라미드(케블라)	100

　　탄성회복률은 가하는 하중이나 신장의 크기에 따라서 그 값이 달라지는데, **그림 1-34** 는 여러 섬유의 신장률 증가에 따른 탄성회복률의 변화를 보인 것이다. 나일론은 탄성회복이 가장 우수하며 절단 시에도 회복이 거의 70%에 가깝다. 이러한 이유로 나일론은 고신장을 필요로 하는 스타킹이나 수영복 등에 사용된다. 폴리에스터 섬유는 신장이 커질수록 회복률이 나일론에 비해 크게 떨어지지만, 작은 신장에서는 즉시 탄성회복률이 우수하

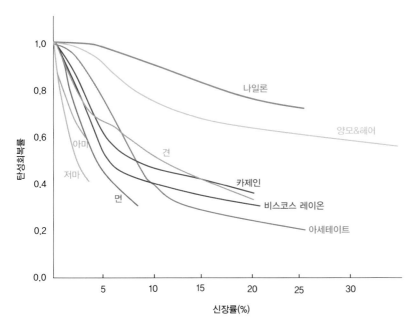

그림 **1-34** 섬유의 신장률에 따른 탄성회복률

여 착용할 때 구김이 잘 생기지 않아 관리가 매우 편하다. 양모 섬유는 어느 변형률에서나 회복이 상당히 좋으며 절단되기 직전까지도 탄성회복률은 60% 정도로 크다. 면 섬유는 다른 섬유에 비해서 빠른 속도로 탄성 회복이 감소하며 약 30%까지 떨어진다. 즉, 조금만 늘어나도 탄성 회복이 잘 안 되고 영구 변형을 남긴다. 레이온과 아세테이트 섬유는 변형률 5% 이상에서는 회복이 나쁘지만 그 이상의 변형률에서는 회복률이 크게 감소하지 않는다.

5.8 형태안정성

1) 수축

의복을 사용할 때는 형태가 변하지 않는 것이 바람직하지만, 수축하거나 늘어나서 형태가 변하는 경우가 자주 있다. 섬유의 수축은 길이가 감소하는 현상으로 직물 폭의 증가를 초래하기도 한다. 섬유들만 수축하는 것이 아니라 옷감도 수축하는데, 직물보다는 편성물이 더 크게 수축하는 경향이 있다.

수축의 원인은 여러 가지가 있는데, 첫째는 이완 수축으로 제조 공정 중 장력을 받아 늘어난 경사가 사용하는 도중 서서히 이완되어 원상태로 줄어드는 것이다. 직물을 물에 담그기만 해도 이완되는 경우도 있으며, 주로 첫 세탁에서 가장 뚜렷하게 나타난다. 면직물을 처음 세탁할 때 나타나는 수축이 이에 속한다. 편성물의 경우에는 그림 1-35 에서처럼 장력을 받아 길이 방향으로 늘어났던 고리 모양이 이완되면서 원래의 곡률을 되찾고 짧아지는 과정에서 수축을 하게 된다.

둘째는 팽윤 수축인데, 섬유가 물을 흡수하여 팽윤되었다가 탈수함에 따라 수축되어 나타나는 것이다. 그림 1-36 에서와 같이 세탁할 때 팽윤에 의해 실이 굵어지면, 그 실과 직각으로 교차하여 지나가는 실의 굴곡이 커지

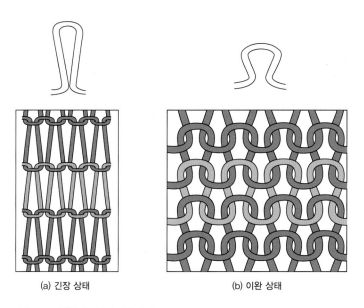

(a) 긴장 상태　　　　　　　(b) 이완 상태

그림 **1-35** 편성물의 긴장과 이완 상태

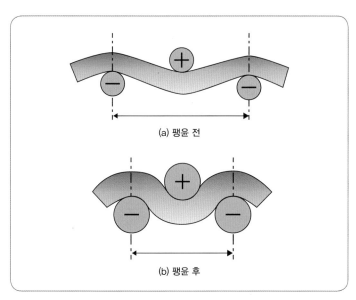

(a) 팽윤 전

(b) 팽윤 후

그림 **1-36** 실의 팽윤에 의한 직물 수축

므로 수축이 일어나게 된다. 밀도가 낮은 직물에서 수축이 잘 일어나고, 직물의 밀도가 높으면 실과 실 사이의 간격이 좁아지므로 팽윤에 의해 실 사이의 간격이 좁아져도 그 이상 접근할 수가 없어서 수축률이 낮아진다. 또한 편성물에서 수축이 잘 일어난다. 그림 1-37 에서 볼 수 있듯이, 고리 모양을 형성하고 있던 실이 팽윤에 의해 곡률이 변화하고 이에 따라 인접한 실이 이동하면서 실 사이의 간격이 좁아지는데, 이 상태로 건조되면서 수축과 형태 변형을 초래하게 된다.

셋째는 축융 수축으로 양모 섬유와 같이 표면에 스케일이 있는 경우 축융현상에 의해 일어나는 수축을 말한다. 특히, 앙고라 섬유의 경우 축융 수축이 심하게 일어난다. 축융 수축은 세탁 과정에서 심하게 문지르거나, 높은 온도에서 기계 건조할 때에 더욱 심해진다 그림 1-38 .

넷째는 열 수축으로, 친수성 섬유가 수분의 존재에 민감한 것에 반하여 소

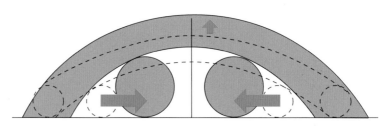

그림 **1-37** 팽윤된 편성물이 건조될 때 고리 모양 변화에 의한 실의 이동

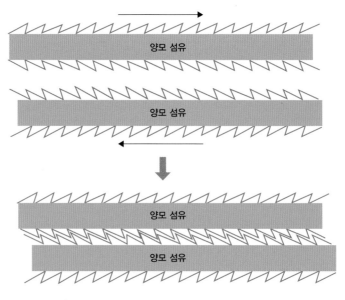

그림 **1-38** 양모 섬유의 축융 메커니즘

의류소재

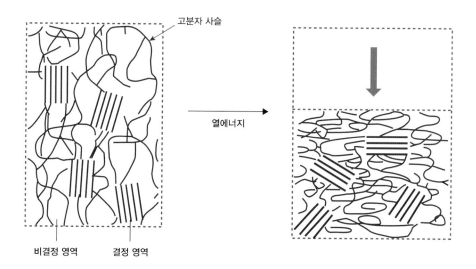

열에너지

비결정 영역   결정 영역

그림 **1-39** 열에 의한 섬유 내부 구조 변화

수성 섬유들은 열에 의해 물리적 성질이 변하여 수축한다. 유리전이온도$_{Tg}$ 이하의 온도에서 섬유 고분자의 움직임은 극히 제한을 받지만, Tg보다 높은 온도에서는 열에너지에 의해 분자쇄의 부분적인 움직임이 활발해지면서 내부구조의 변화가 일어나게 된다 **그림 1-39** .

　그 외에 진행성 수축을 들 수 있는데, 섬유가 사용 중에 계속 수축하는 현상을 말한다. 1~2회의 세탁에서 이완 수축이나 팽윤 수축에 의해 현저하게 줄어든 후에도 완전하게 수축이 끝나지 않고 계속적으로 수축이 조금씩 진행되는데, 이를 진행성 수축이라 한다.

2) 늘어짐

의류제품을 가공하거나 세탁하는 등 사용 중에 일어나는 형태의 변화는 주로 수축현상이지만, 가끔 길이가 늘어나는 현상이 생긴다. 이러한 현상은 아크릴 섬유를 사용하여 만든 편성물에서 자주 볼 수 있다. 편성물에 사용하는 합성섬유로는 아크릴 섬유가 많이 쓰이는데, 아크릴 섬유는 열에 대해 준안정성을 가지므로 건조나 가공 등의 과정에서 열을 받으면 쉽게 수축하거나 늘어난다. 또한 니트 제품 등을 오래 착용하면 무릎이나 팔꿈치 부분 등이 늘어나 배깅bagging 현상이 생기며, 젖은 옷을 옷걸이에 걸어 말리면 늘어나서 형태가 변형되는 것을 볼 수 있다. 이러한 변형은 섬유의 탄성 한도 이상으로 늘어나서 원래의 길이로 다 회복하지 않고, 소성 신장(영구 신장)이 남아 있기 때문이다. 이는 구성 섬유의 탄성회복률 및 탄성계수, 실의 굵기나 꼬임, 직물의 밀도나 두께 등에 따라 달라진다. 특히, 편성물은 직물에 비해 실의 움직임이 자유로워 외부에서 힘을 받으면 훨씬 늘어나기 쉽고 변형되기 쉽기 때문에 취급상 주의가 필요하다.

5.9 방추성

의복을 세탁하거나 오래 착용하면 외부의 힘에 의해서 구김이 생기면서 외관을 해치게 된다. 면이나 레이온 등의 친수성 섬유는 분자 간에 수소결합을 형성하고 있어, 외력을 받아 구김이 생겼을 때 새로운 수소결합을 형성하여 주름진 상태를 유지하는 경향이 있다. 특히 수분이 존재할 때 구김이 잘 생긴다. 이는 물에 의해 분자 간에 이루고 있던 수소결합력이 이완되고, 이 상태에서 외부로부터 힘을 받으면 분자들이 쉽게 미끄러져 구김이 형성된 새 위치에 수소결합을 형성하기 때문이다 그림 1-40 . 반면, 합성섬유와 같은 소수성의 섬유는 수소결합을 거의 형성하지 않아 구김이 덜 생기지만, 열가소성이 있으므로 가열하면서 구김이 고정된다.

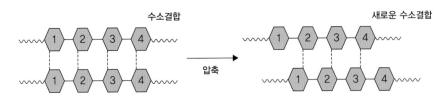

그림 1-40 구김 형성에 의한 셀룰로오스 분자쇄 수소결합의 위치 변화

방추성은 섬유의 탄성회복률과도 관련이 있는데, 양모 섬유나 폴리에스터 섬유 등과 같이 탄성회복률이 큰 섬유는 구김이 생기기 어렵고, 반면에 면, 마, 레이온 섬유 등은 구김 발생이 쉽다. 구김은 섬유의 형태와도 관련이 있는데, 굵고 원형 단면을 가지는 섬유는 구김이 잘 생기지 않는다. 또한, 직물의 구조상 실의 움직임이 자유롭지 못한 경우에는 변형을 회복하기가 어려우므로 구김이 잘 생긴다. 편성물은 직물에 비해 구김이 잘 생기지 않고, 부분적으로 구겨져도 쉽게 눈에 띄지 않는다. 직물의 경우, 교차도가 적고 실 밀도가 비교적 낮을 때, 두께가 두꺼울 때 구김이 잘 생기지 않는다.

5.10 레질리언스

레질리언스란 직물이 굴곡, 비틀림, 압축 등의 힘을 받은 후에 원래의 상태로 회복되는 성질을 말한다. 정량적으로 평가하려면 **그림 1-41** 에서와 같이 인장 강신도 곡선에서 인장 시에 한 일에 대한 회복 시에 한 일의 비율로 나타낸다. 간단하게 시각적으로 측정할 수 있는 방법으로는 한 손으로 직물을 힘껏 구긴 후에, 손을 펴서 구김이 회복되는 상태를 살펴보는 것이다. 이때, 레질리언스가 우수한 직물은 즉시 펼쳐지며 구김이 잘 생기지 않는다. 카펫의 경우에는 우수한 레질리언스가 요구되는데, 특히 압축에 대한 회복 성능이 중요하다. 이러한 레질리언스는 구성 섬유의 탄성회복률과 밀접한 관련이 있다. 그 밖에 수지가공 등에 의해서도 레질리언스가 향상된다.

$$회복 일(recovery\ work) = \frac{회복\ 시에\ 한\ 일}{인장\ 시에\ 한\ 모든\ 일} \times 100$$

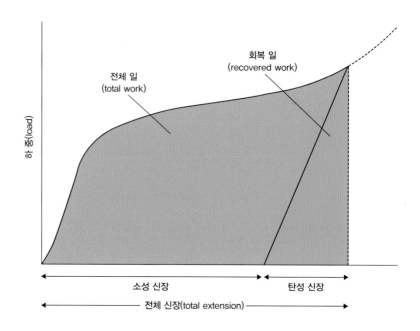

그림 **1-41** 섬유의 레질리언스

6 환경친화성

지속가능성sustainability이란 미래세대의 필요를 충족시킬 수 있는 가능성을 보존하면서 현세대의 필요를 충족시키는 개발을 의미하며 환경적, 사회적, 경제적인 관점에서 고려한다. 이 중 환경적(또는 생태적) 관점에서의 지속가능성을 환경친화성으로 일컬으며, 미래 세대의 발전을 위해 현재의 환경이나 생태계를 보존하면서 필요 충족을 위한 개발을 한다는 뜻으로 해석된다.

이전에는 섬유제품의 성능을 향상시키기 위한 개발에만 중점을 두고 노력해 왔으나, 최근에는 환경의 변화와 생태계에 대한 소비자의 관심이 고조되고 있다. 이에 쾌적한 환경을 만들기 위한 소재의 개발이나 섬유제품이 환경이나 인체에 미치는 영향 평가 등이 중요한 문제로 대두되고 있다 그림 **1-42** . 섬유제품의 생산 과정이나 사용과 관련된 환경문제는 크게 소비

생산	재배, 사육 중합체 합성 방사	섬유 실	살충제, 비료, 분뇨 화석원료 유기 용매
	직조 정련, 염색, 가공	직물	공정 폐기물 염색/가공 폐수
	재단	옷	작업 쓰레기
사용, 폐기	습식세탁 드라이클리닝 건조 다림질	사용 재활용	세제의 독성, 부영영화 드라이클리닝 용매 미세섬유
	쓰레기 매립 소각	폐기	토양 오염 대기 오염

그림 **1-42** 섬유제품의 전 생애주기별로 환경에 미치는 요인

자에게 도달하기 전pre-consumer과 후post-consumer의 두 단계로 나누어 볼 수 있다. 먼저 pre-consumer 단계는 주로 생산이나 유통과 관련되며, 합성 섬유 생산으로 인한 화석 원료의 고갈, 천연섬유의 재배나 동물 사육 과정 에서 일어나는 환경 파괴, 섬유제품의 생산 과정에서 사용되는 에너지 문제 나 배출되는 여러 가지 부산물로 인한 대기나 수질의 오염에 관한 문제 등 이 있다. Post-consumer 단계에서는 의류제품을 가정에서 사용하고 관리 하면서 에너지와 물을 소모하거나, 수질오염의 원인을 제공하는 합성세제와 비누의 사용, 드라이클리닝에 사용되는 유기 용제 등이 많은 논란의 대상이 되고 있다. 또한 섬유제품에 의한 인체 유해성도 중요한 문제가 된다. 그뿐 만 아니라, 사용하고 난 섬유제품의 폐기 또한 중대한 관심사가 되고 있다. **표 1-16**은 이러한 환경 영향을 종합적으로 고려하여 섬유 종류별로 평가한 예를 보여 주고 있다.

　일반적으로 환경친화성 섬유Environmentally Improved Textile Products, EITP 란 생산, 제조, 사용 및 폐기 과정에서 환경에 유해한 물질을 줄이거나, 천 연자원을 보존하며, 인체에 유해한 성분을 줄인 섬유를 의미한다. 합성섬유

표 1-16 섬유의 환경영향 평가표(나이키 제공 MSI)

구분	화학약품	에너지/온실가스	물/토양오염	폐기물	점수 합계
실크	6.7	1.7	6.9	15.4	30.7
면	3.4	6.3	3.4	13.7	26.8
리오셀	4.7	5	5.6	10	25.3
폴리에스터	3.2	4.3	5.2	10.6	23.3
비스코오스 레이온	2.4	2.7	5.6	7.2	18.9
나일론-66	3.1	2.9	1.6	11.1	18.6
나일론-6	3.2	3	4	6.2	16.3

주) 값이 클수록 환경에 유리함.

는 석탄이나 석유 자원을 고갈시키고 분해가 어렵다는 점에서 천연섬유에 비해 환경에 미치는 영향이 큰 것으로 알려져 있다. 그러나 천연섬유도 재배나 동물 사육 과정, 직물 가공, 제품 사용 및 관리 등의 과정에서 많은 문제점을 가지고 있어서 합성섬유와 천연섬유 사이의 직접적인 비교는 간단하지 않다. 따라서 현재로는 기존 섬유제품에 비해 한 단계라도 환경친화성이 향상된 것을 환경친화성 섬유제품으로 간주한다. 예를 들면, 비스코스 레이온에 비해 환경친화적인 용매를 사용한 리오셀lyocell이나, 농약을 사용하지 않고 재배한 유기재배 면, 염색 공정을 생략한 천연착색 면, 재활용한 플라스틱으로 만든 섬유 등을 들 수 있다. 그 밖에 폐기되었을 때 환경의 신진 대사 사이클에 따라 분해되어 자연에 환원됨으로써 환경을 오염시키지 않는 환경분해성 섬유, 환경오염원을 감소시키거나 오염된 환경을 정화할 수 있는 기능을 가진 섬유 등을 들 수 있다.

6.1 생분해성

의복을 사용한 후 폐기할 때에는 주로 매립하거나 소각하고 있는데, 천연섬유로 만든 의류는 매립하면 분해되어 자연으로 돌아가지만 합성섬유로 만든 의류는 자연계에서 쉽게 분해되지 않고 그대로 남아 환경을 오염시키고 있다. 분해 메커니즘에는 여러 가지가 있는데, 이 중에서 생분해는 박테리아나 균류 같은 미생물에 의해 자연적으로 분해되는 현상으로 매립지나 하천에서 가장 흔히 일어나는 분해 메커니즘이다. 최근에는 바다에 버려지는 플라스틱 쓰레기에 의해서 해양생태계의 파괴가 논란이 되고 있는데, 이 중 세탁으로 인해 탈락하여 하천이나 강을 통해 바다로 배출되는 섬유들도 상당한 비중을 차지하고 있다. 바닷속에서의 분해 과정은 해수의 온도가 낮고 햇빛이나 산소의 공급이 제한되므로 토양 환경에 비해 분해 속도가 느려진다는 점에서 그 문제가 심각해진다. 이와 같이 섬유제품의 분해 과정이 환경에 미치는 영향을 정확하게 인식하려면 섬유제품의 생분해성 평가를 통하여 그 제품이 실제 자연환경에서 어느 정도 분해가 되는지를 살펴보아야 한다.

분해 속도는 섬유를 이루는 고분자의 화학적 조성, 분자량, 분자형태, 섬유의 결정성이나 배향성 등의 물리적 구조에 따라 크게 영향을 받는다. 양모나 견 등의 천연단백질 고분자는 친수기가 많고, 펩티드 결합의 반복 단위가 불규칙적으로 배열되어 있어 결정성이 비교적 낮아 생분해가 잘 된다. 이에 반해 나일론과 같은 폴리아미드계의 합성고분자는 친수기가 많지 않고, 반복 단위가 짧고 규칙적이어서 결정화도가 크므로 생분해가 상당히 어렵다.

이상과 같이, 섬유 재료의 생분해성은 주로 고분자의 특성 위주로 알려져 있으며 섬유나 직물은 필름 등의 고분자 재료보다 일반적으로 결정성이 커서 생분해가 더욱 늦게 일어날 것으로 예상되지만 이에 관해서는 아직 구체적으로 보고된 바가 많지 않다 **표 1-17** . 천연섬유도 발수가공이나 방추, 방축 가공 등을 하면 생분해 속도가 느려진다. **그림 1-43** 에서는 셀룰로오스 계열의 면, 레이온, 아세테이트 섬유가 토양에서 분해되는 현상을 보여 주고 있다. 수분의 양에 따라 분해 속도가 달라지고, 섬유의 결정성, 친수성에 따라 분해성이 차이가 남을 알 수 있다.

표 1-17 폐기물의 분해 기간

폐기물	분해 기간	폐기물	분해 기간
종이	2~5개월	우유 팩	5년
담배 필터	10~12년	플라스틱 백	10~12년
가죽구두	25~40년	나일론	30~40년
일회용 기저귀	100년 이상		

구분	면	레이온	아세테이트
4일 후	(a) (b) (c) 	(a) (b) (c) 	(a) (b) (c) 
28일 후	(a) (b) (c) 	(a) (b) (c) 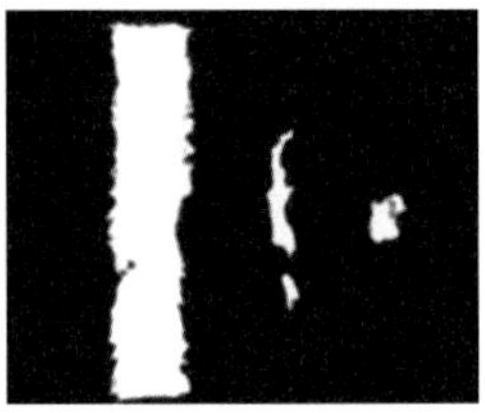	(a) (b) (c) 

주) 수분공급량 : (a) 0mL/일, (b) 100mL/일, (c) 300mL/일

그림 1-43 토양매립에 의해 분해된 셀룰로오스계 섬유

6.2 재활용 및 재사용

천연섬유는 일반적으로 잘 분해되지만, 합성섬유는 분해가 어려워 상당히 오랜 기간에 걸쳐 분해되면서 중간 분해물에 의한 환경에 미치는 영향이 심각한 문제를 일으키고 있다. 따라서 이들의 재활용이나 재사용에 관한 관심이 높아지고 있다. 특히, 일회용품이나 포장재 등의 사용이 증가하면서 폐기물 처리가 사회적으로 큰 문제가 되고 있다. 그림 1-44 는 섬유제품의 생산, 사용과 폐기에 이르는 생애 전 주기life cycle를 나타낸 것이다.

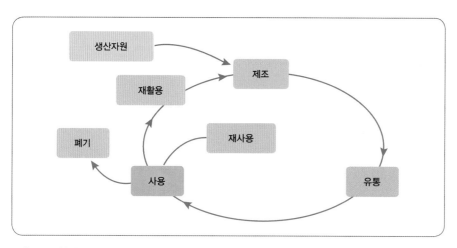

그림 **1-44** 섬유제품의 생애주기와 자원순환

한 번 사용하였던 의류제품은 여러 가지 방법으로 다시 사용할 수 있는 데, 즉 재사용하거나 재활용하는 것이다. 재사용이란 원래의 제품 형태를 손상 또는 변화시키지 않고 다시 사용하는 것을 의미하며 의복을 남에게 물려주거나 공공단체에 기증하고, 또는 중고제품으로 다시 판매하여 사용하는 등의 경우이다. 재활용이란 방사 및 제직 과정, 옷감 재단 등의 과정에서 생긴 부스러기 섬유제품preconsumer waste을 다시 가공하여 충진재, 일회용품, 보강재 등으로 사용하는 것이다. 또는 소비자가 이미 사용하였던 폐기물postconsumer waste을 다시 감별하고 분류하여 새로운 제품으로 제조하는 것이다. 최근에는 상당한 양의 폴리에스터 섬유들이 음료수 용기로 많이 사용되는 PET병을 용융시켜 방사하여 생산되고 있으며 **그림 1-45** , 대규모 의류 생산 기업들이 자사 제품의 100%를 재활용 폴리에스터 섬유로 사용할 것을 선언하고 있다. 또는 열가소성을 가진 합성섬유들을 아주 잘게 잘라 용해시킨 후 다시 과립상의 폴리머 칩chip으로 만들어 문구용품이나 가정용품 같은 생활용품의 플라스틱 성형 제품을 제조하기도 한다. 그리고 중합체인 섬유를 분해하여 중합 이전의 단량체로 되돌아가게 하는 방법도 있다. 나일론-6 섬유는 오래전부터 제조 과정 중에 발생되는 고분자 폐기물을 단량체로 분해하는 공정이 시행되고 있다. 그 밖에 천연섬유로는 재

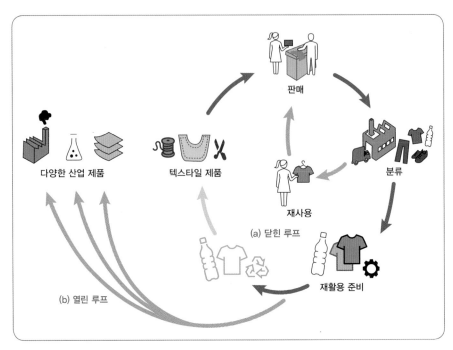

그림 **1-45** PET 병 등을 재활용한 폴리에스터 의류 생산 과정

생 양모가 대표적인 예이고, 면, 마, 레이온 섬유 등이 충진재 등으로 활용된다.

제조 과정에서 발생하는 폐기물의 재생 이용에 비해 최종 소비 섬유 폐기물의 재생 이용은 회수, 분류 및 분리 과정에서의 여러 문제점으로 인해 많은 어려움을 안고 있다. 최종 소비 섬유 폐기물은 항상 다른 재료와 섞여 있을 뿐 아니라 여러 물질로 오염되어 있다. 이러한 것들은 제조 과정에서 생긴 섬유 폐기물처럼 비교적 간단하고 용이한 방법으로는 처리되지 않으므로, 문제점들을 해결하고 개선하기 위한 노력이 필요하다.

이처럼 섬유들의 재활용은 환경적으로 매우 중요하지만, 그 과정이 간단하지 않고 비용이 많이 들기 때문에 비경제적인 경우가 많아 제한적으로 실현되고 있다. **표 1-18** 은 고분자 재료의 재활용 가능성 지수를 나타낸 것이다. 이를 보면 폴리에스터와 폴리프로필렌이 환경적인 면과 경제적인 면을 고려했을 때 가장 우수한 것을 알 수 있다.

표 1-18 섬유 및 플라스틱 제품의 재활용 지수

섬유	EGI_1	EGI_2	RPI	재활용성 순위
폴리프로필렌	19	2	21	1
폴리에스터	20	1	21	1
고밀도 폴리에틸렌	20	2	22	2
저밀도 폴리에틸렌	21	2	23	3
아크릴	24	3	27	4
면	25	4	29	5
모	27	5	32	6
나일론-6	30	2	32	7
비스코스레이온	29	4	33	8
나일론-66	33	4	37	9

$RPI = EGI_1 + EGI_2$

　　EGI_1 : 환경적 이득 지표

　　EGI_2 : 경제적 이득 지표

$EGI_1 = X_1 + X_2 + X_3 + X_4$

　　X_1 : 절약되는 잠재 에너지(물과 에너지 사용량)

　　X_2 : 섬유 생산으로 인한 환경적 영향

　　X_3 : 섬유 매립으로 인한 환경적 영향

　　X_4 : 소각하지 않고 재활용했을 경우의 환경적 이득

$EGI_2 = \dfrac{x_1}{x_2}$

　　x_1 : 재활용 섬유의 가격

　　x_2 : 재활용 이전 섬유의 가격

참고문헌

- 김성련(2009). 피복재료학. 교문사.

- 김정규, 박정희(2011). 패션소재기획. 교문사.

- 강연경, 박정희(2005). 환경 조건에 따른 셀룰로스계 섬유의 생분해성-토양 수분율을 중심으로. 한국의류학회지. 29(7), 1,027-1,036.

- KOTITI 시험연구원 소비재인증&품질검사 사업본부. [섬유시험법_일반] 07. 파열강도.(2018.6.1). https://m.blog.naver.com/2201kim/221289174425

- Textopia 섬유정보센터(2000). 섬유기초기술. 기초이론. http://super.textopia.or.kr:8090/resources/book/base_01_01.htm

- Textopia 섬유정보센터(2000). 섬유기초기술. 기초이론. http://super.textopia.or.kr:8090/resources/book/book.htm

- B.G. Gabr, A.A. Salem, and Y.E. Hassan.(2009). Thermo-Physiological Comfort of Printed CoolMax Fabrics. International Conference of Textile Research Division, 6(TC), 302-308.

- COOLMAX® fresh FX™.(2004.11). http://www.lavtecfabrics.com/pdf/coolmaxfresh.pdf

- CORROSIONPEDIA. Glass Transition Temperature (Tg).(2021.03.15.). https://www.corrosionpedia.com/definition/593/glass-transition-temperature-tg

- Gohl, E. P. G., & Vilensky, L. D.(1983). Textile science. https://nptel.ac.in/courses/116/102/116102026/

- HYOSUNG TNC. Polyester Yarn. aerocool. (n.d.). http://www.hyosungtnc.com/resources/front/en/files/fiber/polyester/aerocool.pdf

- Hassan, M. M., & Carr, C. M.(2019). A review of the sustainable methods in imparting shrink resistance to wool fabrics. Journal of advanced research, 18, 39-60.

- INSTRON.(n.d.). https://www.instron.co.kr/ko-kr/testing-solutions/by-standard/iso/iso-9073-4

- Kawabatra, S.(1980). "The Standardization and Analysis of Hand Evaluation." The Textile Machinery Society of Japan. 2nd edition.

- Kyatuheire, S., Wei, L., and Mwasiagi, J. I.(2014). Investigation of moisture transportation properties of knitted fabrics made from viscose vortex spun yarns. Journal of Engineered Fibers and Fabrics, 9(3), 155892501400900318.

- Lyons, W. J.(1963). Physical Properties of Textile Fibers. WE Morton and JWS Hearle. Manchester and London, the Textile Institute and Butterworths, 1962. xxi+ 608 pp. Price 105s ($14.70). Textile Research Journal, 33(7), 580–581.

- Ma, H., Liu, Y., Guo, J., Chai, T., Suming, J., Zhou, Y., Zhong, L., Deng, J.(2020). Synthesis of a novel silica modified environmentally friendly waterborne polyurethane matting coating. Progress in Organic Coatings, 139, 105441.

- Meredith, R.(1946). The elastic properties of textile fibres. Journal of the Textile Institute Proceedings, 37(10), 469–480.

- Muthu, S. S., Li, Y., Hu, J.-Y., Mok, P.-Y.(2012). Recyclability Potential Index(RPI): The concept and quantification of RPI for textile fibres. Ecological indication 18, 58–62.

- Pratihar, P.(2016). Study on Handle Characteristics of Fabric. [Doctoral dissertion, Maharaja Sayajirao University of Baroda(India)].

- PRAUDEN. JOURNAL OF PRAUDEN.(2018.07.05.).
  http://prauden.co.kr/en/vol-9_3/

- PDF4PRO. COOLMAX®–Jingletex. (n.d.).
  https://pdf4pro.com/view/coolmax-174-jingletex-21e29d.html

- Suh, M. W.(1967). A Study of the shrinkage of plain knitted cotton fabric, based on the structural changes of the loop geometry due to yarn swelling and deswelling. Textile Research Journal, 37(5), 417–431.

- Textile Care.(2012.12.20).
  http://textilecare.kr/textile/list.asp?pageNo=3&code=CHILD1375518900&searchfield=&searchvalue=&searchfield2=&searchvalue2=

자료 출처

표 1–1	김성련(2009). 피복재료학. 교문사.
표 1–2	김성련(2009). 피복재료학. 교문사.
표 1–3	김성련(2009). 피복재료학. 교문사.
표 1–5	http://super.textopia.or.kr
그림 1–6	Photo courtesy of Instron®
그림 1–7	김성련(2009). 피복재료학. 교문사.
그림 1–9	조길수 외(2007). 새로운 의류소재학. 동서문화원.
그림 1–14	Pratihar,p(2016). Study on handle characteristics of fabric p.22–23(Oder No. 27670089). Available from ProQuest Dissertations & Theses Global. (2354343626).
그림 1–19	태평양물산(주) 프라우덴
그림 1–21	효성티앤씨
그림 1–32 (우)	FashionStock.com / Shutterstock.com
그림 1–34	R. Meredith(1946). THE ELASTIC PROPERTIES OF TEXTILE FIBRES. Journal of the Textile Institute Proceedings, 37(10), 469–480.
그림 1–43	강연경 외(2005). 환경 조건에 따른 셀룰로스계 섬유의 생분해성-토양 수분율을 중심으로. 한국의류학회지, 29(7), 1,027–1,036.

TEXTILE

CHAPTER 2

실과 옷감

CHAPTER 2

실과 옷감

본 장에서는 옷감의 재료가 되는 실과 함께 옷감을 구성하는 방법에 대해서 살펴보고 자 한다. 실이란 짧은 섬유를 꼬아서 만들거나 여러 개의 장섬유를 합쳐서 만든 것으 로, 옷을 구성하는 가장 기본이 되는 재료이다. 직물에서 경사와 위사 또는 편성물에 서 연속적인 루프를 만드는 데 사용되는 것이 실이다. 하지만 부직포나 펠트, 가죽과 모피처럼 모든 옷감이 실을 이용하여 만든 것은 아니다. 그렇더라도 가장 널리 사용되 는 옷감은 실로 구성된 것이 많기 때문에, 옷의 최종적인 성질을 이해하기 위해서는, 실에 대한 이해와 더불어 옷감의 구조에 대한 이해가 필요하다.

1 실

1.1 실의 제조

실을 제조하는 과정에서 섬유의 조성, 무게, 꼬임의 정도를 달리함으로써 여러 가지 실을 만들 수 있는데, 실을 제조하는 방식은 크게 방적과 방사로 구분할 수 있다. 면이나 모처럼 짧은 섬유를 이용하여 가늘고 긴 형태의 실을 만드는 것을 방적이라 하고, 인조섬유처럼 방사액을 만들어 방사구를 통과시켜 다양한 길이와 형태를 만드는 과정을 방사라고 한다. 인조섬유의 경우 용도에 따라, 방사구를 통과하여 나온 한 가닥의 섬유를 이용하여 실을 만들기도 하고 여러 가닥을 합쳐 실을 만들기도 한다. 누에고치로부터 견사를 만드는 과정을 조사라고 한다. 조사에 관한 내용은 견 섬유에 관한 부분에서, 그리고 방사는 인조섬유에 관한 부분에서 자세히 설명될 것이다.

1) 방적

짧은 섬유를 이용하여 실을 만드는 방적의 경우 기본적으로 세 가지 공정으로 이루어져 있다. 첫 번째 공정은 원료 상태에서 서로 얽혀 덩어리 형태로 되어 있는 섬유를 직선상으로 평행하게 배치하는 것으로, 섬유에 빗질을 하는 공정으로 이해될 수 있다. 이 과정에서 섬유 집합체에 포함되어 있는 불순물 또한 제거된다. 면이나 양모와 같이 천연에서 유래한 섬유를 수확 또는 수집하는 과정에서 불순물이 섞여, 추후 공정을 방해하고 섬유 강도의 저하를 초래할 수 있기 때문에 불순물의 제거는 필수적이다. 다만, 합성섬유를 이용한 방적에서는 불순물이 많지 않기 때문에 별도의 불순물 제거 공정을 필요로 하지 않는다. 두 번째 공정은 직선상으로 배열된 섬유를 잡아당겨 가늘게 만드는 공정으로 합성섬유에서의 연신과 흡사하다. 이러한 공정을 통해 만들어진 섬유 집합체를 슬라이버라고 한다. 이후 여러 개의 슬라이버를 합쳐서 다시 잡아당기는 공정을 하게 되는데, 이를 반복할수록 섬유의 배향이 좋아지고 완성된 실의 균질성 또한 높일 수 있다. 마지막 공정은 슬라이버를 다시 가늘게 뽑아오면서 꼬임을 주어 실을 만드는 것이다. 이는 실을 이루는 섬유 사이의 결속력을 높임으로써 실의 형태를 유지하면서 끊어지지 않도록 강도를 부여하는 것을 목적으로 한다.

2) 면의 방적

면을 이용하여 실을 만들기 위한 방적은 다음과 같은 순서로 진행된다.

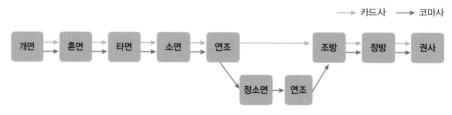

그림 2-1 면의 방적 순서

(1) 개면과 혼면

실을 만들기 위해 공장으로 들어오는 면의 뭉치는 압축된 상태이기 때문에 이를 느슨하게 하여 섬유를 부드러운 상태로 만들어 주어 이후 공정에 섬

그림 2-2 개면

유 뭉치가 투입될 수 있도록 하는 공정을 개면opening이라고 한다. 이후 서로 다른 뭉치에서 꺼낸 섬유를 혼합하여 품질을 일정하게 조절하는 공정을 혼면blending이라고 한다.

(2) 타면

타면cleaning은 섬유 뭉치를 두드리는 공정으로 면의 뭉치를 부드럽게 하고 불순물을 제거해 주는 역할을 한다. 기술의 발달로 앞서 설명한 개면과 혼면 그리고 타면까지 하나의 공정으로 진행되기도 하며, 이를 혼타면이라고 한다.

그림 2-3 타면

(3) 소면과 정소면

소면carding은 느슨해진 섬유를 빗질하여 평행하게 만드는 과정으로, 섬유를 부드럽게 만들고 불순물을 제거하는 역할을 한다. 정소면combing은 소면을 거친 면 섬유에 추가적인 빗질을 하는 공정으로, 이 과정을 통해 불순물과 짧은 섬유들이 탈락하기 때문에 고급 실을 만들 수 있다. 정소면 공정은 소면 공정과 뒤에서 설명되는 연조 공정을 거친 다음 진행된다. 소면 공정만을 거쳐 만든 면사를 카드사carded yarn라 하고, 정소면 공정까지 거쳐 만든 면사를 코마사combed yarn라고 한다. 카드사는 코마사에 비해 거칠고 짧은 섬유가 더 많은 상태로 실이 완성되기 때문에 상대적으로 품질이 떨어지며, 코마사는 정소면 공정에서 상당량의 면이 탈락되기 때문에 가격이 비싸다.

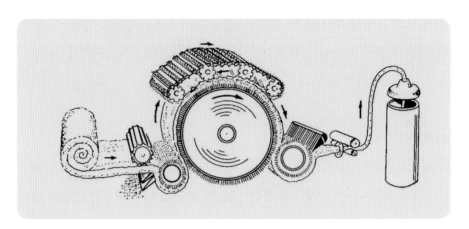

그림 2-4 소면

(4) 연조

소면 공정을 통해 얻어진 슬라이버는 굵기가 고르지 않아 이를 이용하여 실을 만들 경우 그 품질이 제각각이 된다. 따라서 소면을 거친 여러 개의 슬라이버를 섞어 잡아당김으로써 하나의 슬라이버를 만드는데 이를 연조 drawing라고 하며, 연조 과정 후 섬유는 균일해지고 길이방향으로 평행해지게 된다. 연조기는 여러 개의 롤러로 구성되어 있는데, 앞쪽에 위치한 롤러 대비 뒤쪽에 위치한 롤러의 속도를 빠르게 함으로써 연조의 효과를 낼 수

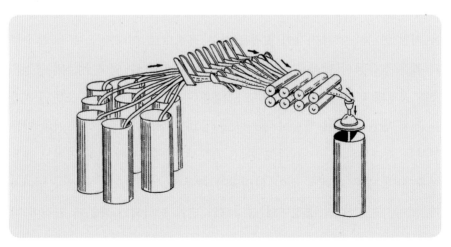

그림 2-5 연조

있다. 폴리에스터와 리오셀 등 다양한 섬유들이 면과 혼방되어 사용되는데, 이러한 혼방은 각 섬유의 슬라이버를 연조 과정에서 하나의 슬라이버로 합쳐 만들어진다.

(5) 조방

연조 과정을 통해 만들어진 슬라이버는 실을 만들기에는 굵기가 부적합한 상태이다. 따라서 슬라이버를 한번 더 늘이는 과정을 통해 가늘게 만들고 공정 중 끊어지지 않도록 약간의 꼬임을 가하게 되는데 이를 조방roving이라고 한다.

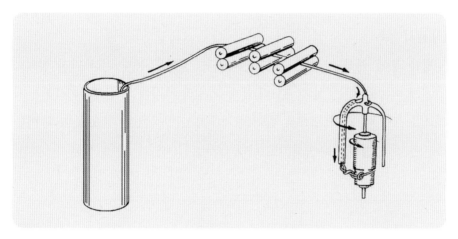

그림 2-6 조방

(6) 정방

정방spinning은 조방 공정을 통해 얻어진 가늘고 평행한 상태의 슬라이버를 용도에 맞게 굵기를 조절하고 꼬임을 주어 실을 완성하는 공정으로, 링 정방기를 통해 이루어진다. 하지만 생산비용 절감을 위해 연조나 조방의 공정 없이 정방을 바로 진행하는 오픈엔드 정방기도 많이 사용된다.

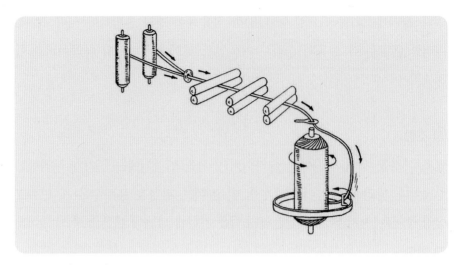

그림 2-7 정방(링 정방기)

(7) 권사

정방을 통해 완성된 실은 권사winding라는 공정을 통해 여러 가지 형태로 감기게 되는데, 이는 실의 용도나 운송 과정의 차이에 의한 경우가 많다. 치즈cheese나 콘cone의 형태로 감기는 경우가 일반적이며, 필요에 따라 타래hank와 같은 형태로 유통되기도 한다.

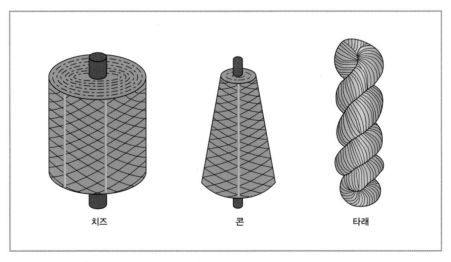

치즈   콘   타래

그림 2-8 실의 유통 형태

의류소재

3) 양모의 방적

양모의 방적은 다음과 같은 순서로 이루어진다. 양으로부터 얻은 플리스 fleece는 부위에 따라 품질 차이가 있기 때문에, 색상이나 길이를 기준으로 선별하는 과정이 필요하며 이를 선모라고 한다. 이후 정련 과정을 통해 원모에 섞여 있던 불순물과 함께 기름 성분인 그리스를 제거하여 정련 양모를 얻게 된다. 정련 양모에는 다시 약간의 기름을 가하게 되는데, 이는 원모의 마찰력을 줄여 이후 빗질 공정의 진행을 원활하게 하기 위함이다. 정련 후에도 양모에는 약간의 불순물이 남아 있고, 섬유들이 엉킨 상태이기 때문에 면 방적에서의 소면과 같은 카딩carding이 필요하다. 카딩 후 섬유는 평행으로 배열되고, 슬라이버 형태로 다음 공정으로 넘어가게 된다. 하지만 카딩이 끝난 슬라이버라고 하더라도 섬유의 배열이 완전한 평행을 이루지 못하고 굵기도 일정하지 않기 때문에, 면 방적에서의 연조와 같이 여러 개의 슬라이버를 합쳐 빗질함으로써 하나의 균일한 슬라이버를 만드는 공정을 거치게 되는데, 이를 길링gilling이라고 한다. 이후 코밍combing이라는 공정을 통해 빗질을 가해줌으로써 섬유의 배열을 더 평행하게 하고 짧은 섬유와 불순물 제거하게 되는데, 이렇게 코밍 공정까지 거친 슬라이버를 톱top이라고 한다. 백워싱은 정련양모에 가해진 기름과 이로 인해 부착된 오구들을 제거하는 과정으로 코밍 전에 하기도 하고, 코밍 후에 진행하기도 한다. 이후 실을 뽑기 직전 단계에서, 여러 개의 톱을 합쳐서 적당한 굵기가 되도록 하는 전방 단계를 거치게 된다. 이후 다시 잡아당기면서 꼬임을 주어 필요한 굵기에 맞추어 실을 완성하게 되며, 이 공정을 정방이라고 한다.

양모로 만든 실은 크게 소모사worsted yarn와 방모사woolen yarn, 준소모사semi-worsted yarn로 구분할 수 있다. 소모사는 가늘고 긴 양질의 양모사로 앞에서 기술한 모든 공정을 거쳐 만들어지기 때문에 매끄럽고 균일하여, 단가가 높고 고급소재에 사용된다. 반면 방모사는 길링과 코밍의 과정 없이 만들어진 양모사로, 상대적으로 굵기가 고르지 못하여 강도가 떨어지고 잔털이 많아 거친 느낌을 준다. 준소모사는 코밍을 제외한 공정을 거쳐 만든 것으로, 소모사와 방모사의 중간 정도의 특징을 갖는다.

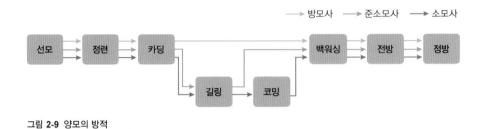

그림 2-9 양모의 방적

4) 기타 방적

마, 견, 인조섬유를 이용한 방적도 앞에서 살펴본 면이나 양모와 흡사한 과정에 따라 이루어진다. 마는 섬유장이 길기 때문에 적당한 길이로 잘라 방적을 진행한다. 마 섬유 방적에서 정방은 크게 습식과 건식으로 구분할 수 있는데, 천연의 접착물을 제거할 수 있는 습식 정방을 통하여 훨씬 가는 실을 만들 수 있다. 견 섬유는 일반적으로 필라멘트의 형태로 사용되지만, 조사 과정에서 탈락된 견 섬유를 회수하여 방적 공정을 거쳐 실을 만들기도 한다. 인조섬유도 용도나 혼방에 따라 방적사의 형태로 만들어지기도 하는데, 방사구로부터 나온 필라멘트 다발을 적당한 길이로 자른 후 방적 공정을 진행하게 된다. 인조섬유는 불순물이 적고 섬유의 길이도 일정하며, 섬유를 쉽게 서로 평행하게 배열할 수 있기 때문에 천연섬유 대비 훨씬 간단하게 방적 공정이 구성된다.

1.2 실의 특성

실의 특성은 실을 구성하는 섬유의 종류와, 실의 굵기, 꼬임, 그리고 균제도 등에 의해 특징지어진다.

1) 실의 굵기

실의 굵기는 단위 무게에 대한 길이를 표시하는 항중식과 단위 길이에 대한 무게를 표시하는 항장식이 있다. 일반적으로 방적사의 경우 항중식을 사용하는 경우가 많고, 필라멘트사의 경우 항장식을 사용하는 경우가 많다.

(1) 항중식(번수)

단위 무게에 대한 길이를 이용하여 표현하는 항중식에는 번수yarn number가 있다. 면, 마, 모 등과 같은 방적사에서 모두 번수를 사용하지만, 실의 종류에 따라 기준이 되는 무게와 길이가 다르기 때문에 각 번수가 의미하는 바가 달라지게 된다. 면의 경우 1파운드(약 0.4536kg)의 섬유를 이용하여 만들 수 있는 타래(1타래=840야드)의 수로, 20타래를 만들면 20번수, 40타래를 만들면 40번수가 된다. 마사의 경우 타래의 길이가 300야드, 소모사는 560야드, 방모사는 256야드를 이용하여 번수를 결정한다. 이러한 숫자는 관행적으로 사용되어 오던 것으로, 이들로 인한 혼돈을 피하기 위해 국제표준단위SI unit를 이용한 미터번수Nm가 사용된다. 미터번수는 단위 무게 1g에 대한 길이로, 예를 들어 50번수는 1g으로 50m 길이에 해당하는 실을 만들었을 때의 굵기를 의미한다. 번수는 수가 클수록 같은 양으로 더 길게 만들 수 있다는 것을 의미하기 때문에 가는 실을 의미하며, 고급 소재로 사용된다.

(2) 항장식(데니어와 텍스)

단위 길이에 대한 무게를 이용하여 표현하는 항장식에는 데니어denier와 텍스tex가 대표적이며, 필라멘트사를 표현하는 데 사용된다. 데니어는 단위길이 9,000m 실의 무게이며, 텍스는 국제표준단위를 이용하여 표현한 방식으로, 단위길이 1,000m 실의 무게이다. 따라서 데니어와 텍스 사이의 호환은 9배수에 해당한다. 국제표준단위인 텍스에 대한 사용이 권장되고 있지만,

여전히 데니어가 많은 곳에서 관습적으로 사용되고 있어, 비슷한 자릿수로 표현할 수 있는 dtex(decitex; 1dtex = 0.1tex)가 사용되기도 한다.

실의 굵기

- 데니어(denier) : 단위길이 9,000m당의 무게(g)로 표시
- 텍스(tex) : 단위길이 1,000m당의 무게(g)로 표시
- 데시텍스(dtex) : 단위길이 10,000m 당의 무게(g)로 표시

문제 1) 100m 길이의 실 무게가 1g인 경우, 이를 denier, tex, dtex로 나타내시오.

풀이)
데 니 어 : 100m = 1g → 9,000m = 90g ∴ 90denier
텍   스 : 100m = 1g → 1,000m = 10g ∴ 10tex
데시텍스 : 100m = 1g → 10,000m = 100g ∴ 100dtex

문제 2) 1tex는 몇 denier, dtex인가?

풀이) 위에서 모든 값에 10을 나누면 1tex = 9denier = 10dtex

---

2) 실의 꼬임

실의 꼬임은 실의 형태와 강도에 관여하는데, 방적사에서의 꼬임은 단섬유를 방적하기 위한 것을 가장 큰 목적으로 하는 반면, 필라멘트사는 합연을 통해 원하는 굵기를 얻고자 하는 것을 주된 목적으로 한다. 원하는 특성이나 효과를 갖는 실을 만들기 위해 꼬임을 가하는 경우도 있다. 꼬임의 방향은 왼쪽 위에서 오른쪽 아래로 사선을 만드는 S꼬임(우연)과 오른쪽 위에서 왼쪽 아래로 사선을 만드는 Z꼬임(좌연)으로 구분할 수 있다.

일반적으로 실에 꼬임을 주면 밀도가 증가하여 결집력이 좋아지면서 강도 또한 증가하게 된다. 표면도 매끄럽게 되어 광택이나 촉감 또한 좋아지게 된다. 하지만 일정 수준 이상으로 꼬임이 많아지게 되면 직선 형태에서의 변

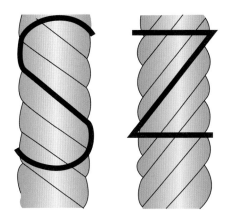

그림 2-10 S꼬임과 Z꼬임

형을 가져오기 때문에 강도와 광택이 저하되고 딱딱해진다. 꼬임 수가 적은 실을 약연사라고 하며, 꼬임 수가 많은 실을 강연사라고 한다. 실의 꼬임은 단위 길이당의 꼬임 수로 표시하는데, 면방적사의 경우 TPIturns per inch or twists per inch를 사용하고 모방적사나 필라멘트사의 경우 TPMturns per meter or twists per meter을 주로 사용한다. TPM 1,000 이상의 강연사는 조젯georgette이나 크레이프crepe처럼 까실까실한 느낌을 표현하는 데 주로 사용된다.

3) 균제도와 혼방률

실의 균제도는 굵기의 편차를 의미하는데, 실의 굵기는 길이와 무게의 비율로 표현되기 때문에 중량에 대한 편차로 균제도를 표현한다.

　실의 혼방률은 두 가지 이상의 섬유를 혼합하여 만든 경우 각 섬유 조성의 비율을 나타내는 것으로 무게를 이용하여 백분율을 나타낸다. 혼방으로 인해 수분율이나 강도와 같은 실의 성질이 달라질 수 있다.

1.3 실의 종류

1) 방적사와 필라멘트사

방적사는 천연섬유나 인조섬유의 단섬유를 재료로 만들어진 실이다. 짧은 섬유가 서로 엉킬 수 있도록 꼬아 만든 것이기 때문에 섬유의 끝단이 바깥을 향하게 되어 오톨도톨한 표면을 갖으며, 광택 또한 크지 않다. 방적사의 경우 공기를 많이 함유할 수 있기 때문에, 방적사로 만든 직물의 경우 보온성이 좋다. 면으로 된 방적사의 경우 제조 공정에 따라 카드사carded yarn와 코마사combed yarn로 구분되며, 한 번의 빗질을 한 카드사보다 두 번의 빗질을 한 코마사가 더 고급 소재에 사용된다. 양모로 만들어진 방적사의 경우 길이와 품질에 따라 소모사와 방모사로 구분할 수 있다. 소모사worsted yarn는 가늘고 긴 양질의 원모로 고급제품에 사용되며, 방모사woolen yarn는 상대적으로 짧고 낮은 품질의 원모를 사용하여 만들어진 방적사이다. 합성섬유를 이용하여 방적사를 만드는 경우는 천연섬유와 흡사한 외관과 성질을 갖게 하거나, 천연섬유와 혼방하기 위한 목적이다.

필라멘트사는 장섬유로 이루어진 실로, 견사와 인조섬유로 길게 만들어진 실이 여기에 속한다. 필라멘트사는 한 올이 실로 사용되는 경우도 있으며, 멀티필라멘트사처럼 여러 올로 만들어지는 경우도 있다. 필라멘트사는 매끈한 표면이 연속되어 있기 때문에 부드러운 촉감을 갖으며 광택과 차가운 질감을 갖고 있다. 합성섬유 필라멘트사의 경우 매끄러운 감촉과 광택이 좋지 않은 특성으로 받아들여지는 경우가 많다. 이러한 경우 합성섬유의 열가소성을 이용하여 양모 섬유의 크림프와 같은 구조를 갖도록 하

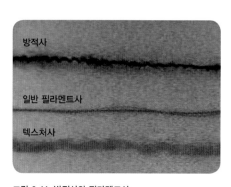

그림 2-11 방적사와 필라멘트사

여 신축성과 부피감을 부여하는 경우가 있는데 이를 텍스처사라고 한다. 텍스처사는 크림프 구조뿐 아니라, 코일이나 컬, 루프의 형태로도 만들어질 수 있으며, 보푸라기와 주름이 잘 생기지 않고, 신축성도 있어 형태의 변화가 많이 생기지 않는다는 장점을 갖는다. 필라멘트사는 연신의 정도에 따라 FDYfully drawn yarn와 POYpartially oriented yarn로 구분할 수 있으며, 텍스처링과 연신을 동시에 한 경우 DTYdrawn textured yarn라고 한다.

2) 단사와 합사

한 올의 실을 이용하여 만든 실을 단사라 하고, 단사 몇 가닥을 꼬아 만든 실을 합사라고 한다. 합사를 만드는 과정에서 합사의 꼬임은 일반적으로 단사 꼬임의 반대방향이며, 단사의 꼬임을 하연, 합사의 꼬임을 상연이라고 한다. 상연과 하연의 꼬임 방향을 반대로 하는 것은 실의 결집력을 좋게 함으로써 부드러운 촉감을 주기 위한 것으로 이를 순연사라 부른다. 그리고 상연과 하연의 꼬임 방향이 서로 같은 것을 역연사라고 하는데, 까칠까칠하면서 탄력적인 느낌을 준다. 단사 2개를 꼬아 만든 합연사의 강도는 단사 강도의 2배보다 더 커지게 되는데, 2합사의 경우 두 가닥의 단사가 결합하는 과정에서 최약점의 위치가 보완되어 균제도가 고르게 되기 때문에 더 큰 강도를 갖게 되는 것이다. 그리고 합사를 다시 몇 가닥 꼬아 만든 실을 코드cord라고 한다. 이후에도 합연의 과정

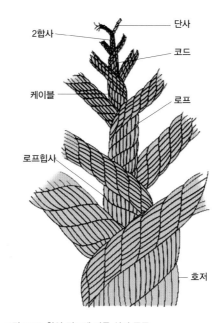

단사
2합사
코드
케이블
로프
로프힙사
호저

그림 2-12 합연 정도에 따른 실의 종류

을 거쳐 케이블, 로프, 호저 등의 실을 만들 수 있지만 의류제품보다는 주로 산업용으로 사용된다.

3) 코어사

코어사는 식사가 심사를 둘러싸고 있는 형태의 실을 지칭하며, 일반적으로 합성섬유인 필라멘트 섬유를 심core으로 넣고, 면이나 모 등으로 피복하여 만든다. 면이나 양모 단독의 방적사보다 강도와 신도가 커지면서도, 촉감은 바깥 쪽을 둘러싸고 있는 면과 양모의 특성을 나타낼 수 있다. 심사에 스판 텍스를 넣고 바깥 면을 커버하는 섬유로 폴리에스터 텍스처사를 사용하는 경우가 있는데, 이렇게 만들어진 코어사의 경우 폴리에스터 텍스처사의 표 면특성과 함께 고탄성을 갖게 된다. 심core으로 오는 섬유의 형태에 따라 심 방적사core spun yarn과 피복사covered yarn으로 구분하기도 하는데, 심방적 사의 경우 겉을 둘러싼 실과 함께 꼬임이 가해진 것을 의미하고, 피복사의 경우 심은 꼬임 없이 만들어진 실이다.

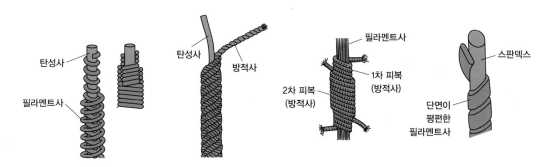

그림 2-13 여러 가지 코어사

4) 장식사

실의 종류, 굵기, 꼬임, 색과 같은 특성이 다른 다양한 실을 조합하여 장식 효과를 나타낼 수 있다. 또한 루프, 노트, 슬럽 등을 만들어 장식효과를 표

의류소재

현하기도 하는데, 외관과 촉감에서도 차별점을 갖게 된다. 전통적으로 사용
되어 왔던 금속사도 장식사의 일종이라 할 수 있는데, 이러한 장식사를 라

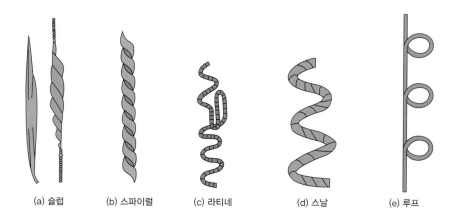

| (a) 슬럽 | (b) 스파이럴 | (c) 라티네 | (d) 스날 | (e) 루프 |

그림 **2-14** 여러 가지 장식사 구조

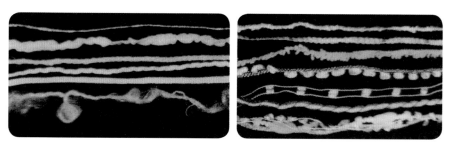

그림 **2-15** 여러 가지 장식사

그림 **2-16** 장식사를 이용한 옷감

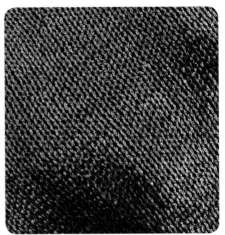

그림 2-17 금속사를 이용한 옷감

메라고 부르기도 한다. 금이나 은과 같은 금속을 박막으로 만들어 꼬아서 만들었으며, 근래 폴리에스터 필름에 알루미늄 박막을 부착 또는 증착시킨 후 색을 입혀 사용한다. 이렇게 만들어진 실을 직접 꼬아서 만들기도 하고, 금속의 양을 줄이기 위해 심사로 일반사를 사용하고 그 주위를 금속사로 감아서 사용하기도 한다. 금속 자체는 전도성이 있기 때문에 대전 방지용 소재로 사용되기도 하며, 특히 스마트 의류에 대한 관심으로 전기전도사로 활용되기도 한다.

2 직물

좁은 의미에서의 직물은 길이방향으로 경사를 위치시킨 후, 일정한 규칙을 가지고 경사와 경사 사이로 위사를 교차시켜 만들어지는 옷감을 의미한다. 하지만 넓은 의미에서 직물은, 좁은 의미에서의 직물뿐 아니라 편성물, 펠트, 부직포, 가죽, 모피 등의 재료들을 모두 포함하기 때문에 구분이 필요하다.

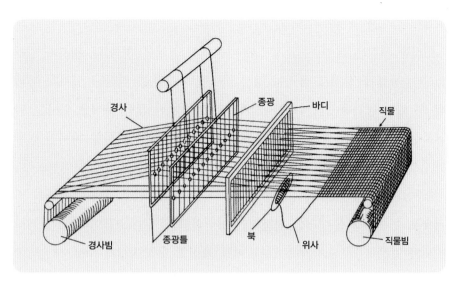

그림 2-18 직기의 구조

여기에서는 다루고자 하는 내용은 좁은 의미에서의 직물과 관련된 내용으로, **그림 2-18**은 제직을 위한 기본적인 직기의 구조를 보여 주고 있다.

2.1 제직

제직에 사용되는 직기는 가장 간단하게 경사빔, 직물빔, 종광, 북, 바디로 나누어볼 수 있다. 경사빔은 직물을 짜기 위해 일정한 길이의 경사를 감아두는 장치로써, 경사빔에 감긴 올수에 의해 직물의 폭이 결정된다. 직물빔은 짜여진 직물을 감기 위한 장치이다. 종광은 중앙에 구멍이 뚫어져 있어 경사의 움직임을 조절하는 역할을 한다. 여러 개의 종광이 종광틀에 끼워져 있으며, 종광틀의 움직임에 따라 경사를 위아래로 움직이게 할 수 있다. 위사를 감은 실패인 북은 종광틀의 상하운동으로 만들어진 개구부를 통해 위사가 통과할 수 있도록 하고, 이를 통해 경사와 위사 사이의 짜임을 만들어준다. 바디는 경사의 간격을 조절하는 역할과 북이 통과하는 길을 유도하는 역할을 한다. 또한 통과한 위사를 직물 쪽으로 밀어붙이는 과정을 통해 직물의 밀도를 조절할 수도 있다.

이러한 제직은 몇 가지 과정으로 나누어서 살펴볼 수 있다. 경사가 걸려 있는 종광틀을 상하로 움직여 경사 사이에 개구부를 만들어 위사가 통과할 수 있는 공간을 만든다. 다음 과정은 만들어진 개구 사이를 위사를 공급하는 북이 통과하는 북침과 경사 사이에 자리 잡은 위사를 짜여진 직물까지 밀쳐 주는 바디침 운동으로 이루어진다. 이후 사용된 경사만큼을 다시 풀어 주는 경사 송출 과정과 완성된 직물을 직물빔에 감아주는 권취 과정으로 이루어진다. 이러한 전통적인 방식의 북직기는 소음이나 느린 제직 속도와 같은 단점을 가지고 있어, 이를 개선한 무북직기가 주로 사용되고 있다. 무북직기는 북 없이 위사를 공급할 수 있는 장치로, 에어젯 직기, 래피어 직기, 워터젯 직기 등이 있다. 이외에도 다양한 형태의 직물을 얻어내기 위해, 원형 직기, 광폭직기, 삼축직기 등이 고안되어 사용되고 있다.

2.2 직물의 구분

1) 경사와 위사 방향

경사는 직물의 폭방향으로 한 올씩 나타나고, 위사는 직물의 길이방향으로 한 올씩 나타나게 되는데, 이러한 경사와 위사의 방향은 옷을 만들 때 매우 중요하다. 제직 과정에 있어 위사보다는 경사가 더 강한 실을 사용하는 게 일반적인데, 이는 경사가 직기에 걸려 있는 동안 큰 장력을 받음과 동시에 북의 이동에서 많은 마찰을 받기 때문이다. 따라서 일반적으로 더 강한 실을 찾아 경사의 방향을 판단할 수 있다. 경사에는 위사보다 꼬임이 많고 강한 실이 사용되며, 가호 공정을 통해 풀을 먹여 사용하는 게 일반적이다. 반대로 위사에는 꼬임이 적은 굵은 실을 사용하고, 장식사를 포함하는 경우에도 위사에 위치하게 된다. 밀도를 통해서도 경위사의 방향을 판단할 수 있는데, 일반적으로 위사방향이 성글게 짜여진 경우가 많다. 이로 인해 옷감은 직물의 방향에 따라 특징이 달라지게 되는데, 위사방향이 강도는 약하지만 신축성은 더 크게 나타난다. 드레이프성 또한 직물의 방향에 따라 달라지게 되며, 옷의 세탁이나 건조 과정에서는 제직 과정에서 많은 스트레스를 받았던 경사방향으로 수축이 일어나는게 일반적이라 할 수 있다. 일반적으로 몸판의 경우 경사방향을 위아래로 재단하며, 소매나 깃 등과 같은 특정 부위는 경사방향을 좌우로 하여 재단한다.

2) 폭과 식서

직물의 폭은 위사의 방향과 같이 나타나며, 직기의 종류에 따라 결정된다. 예를 들어 수직기를 사용하는 경우, 사람의 팔을 움직일 수 있는 범위에서 폭이 결정된다. 폭의 크기에 따라 광폭직물, 대폭직물, 소폭직물, 세폭직물 등으로 구분되며, 직물의 용도에 따라 그 폭이 선택된다. 길이는 SI 단위인 cm로 표시되는 게 일반적이지만, 폭은 관습적으로 inch를 이용하여 표시하고 있으며, 그 범위 또한 관습적으로 정해졌을 뿐 명확한 구분의 근거는 없다. 기존에는 36~40inch와 같은 폭이 주로 사용되었지만, 경제적인 이유로 56~60inch 사이의 직물도 많이 사용되고 있다. 60inch 이상의 광폭직물이나 15inch 또는 22inch의 세폭직물은 특정 용도로 만들어진다.

직물의 식서는 경사의 방향과 나란히 나타나게 되는데, 직물의 양 끝단에 1/2inch 정도의 폭으로 다른 위치보다 단단하게 짜인 부분을 지칭하며, 변 selvage이라고 부르기도 한다. 직물은 제직뿐 아니라 염색 및 가공 공정에서 식서 부분이 텐터tenter에 걸려 강한 힘을 받는 경우가 많기 때문에 이 부분이 다른 위치보다 강하게 짜여지게 되며, 상품명이나 제조회사명, 혼용률 등이 표시되기도 한다.

3) 표면과 이면

표면과 이면이 같은 직물도 많지만, 실제 둘 사이에 차이가 나는 경우도 많기 때문에 이에 대한 구분이 필요하다. 일반적으로 직물에 나타난 무늬, 장식, 가공, 염색이 더 선명한 쪽이 표면인 경우가 많다. 그리고 식서에 있어 상품명이나 혼용률 등의 표시가 나타난 쪽이 표면이다.

4) 밀도와 무게

직물에서의 밀도는 단위길이(1inch 또는 5cm)당 몇 올의 실로 이루어져 있느냐를 지칭한다. 직물은 밀도에 따라 강도와 드레이프성, 통기성 등 여러 특징이 달라지기 때문에 이에 대한 표기가 중요하다. 경사와 위사의 밀도가 다른 경우가 일반적이기 때문에, 경위사의 밀도를 모두 표시해 주어야 한다.

직물의 무게는 단위면적에 대한 상대적 개념으로 사용될 때가 많다. 즉, 단위면적당 무게를 g/m^2로 표시하는 게 일반적이다. 하지만 관습적으로 직물의 폭이 정해진 상태에서 g/yd 또는 oz/yd의 단위가 사용되기도 한다.

5) 조직도

경사와 위사의 교차에 의해 짜여진 직물은, 경사와 위사가 어떻게 짜여졌는지, 즉 조직에 따라 성질이 달라지게 된다. 이처럼 직물에서 경사와 위사가 교차하는 지점을 표시하는 그림을 조직도라고 한다. 일반적으로 의장지라고 하는 눈금종이를 이용하여 경사와 위사의 교차를 표시하는데, 경사가 위사 위쪽으로 나타나는 경우 표시하게 되고 이를 업up이라고 읽는다. 반대로 경사가 위사의 아래, 즉 위사가 경사 위에 위치하는 경우 백색으로 남겨두고 다운down이라고 읽는다. 조직도에서는 왼쪽 하단에서 업으로 시

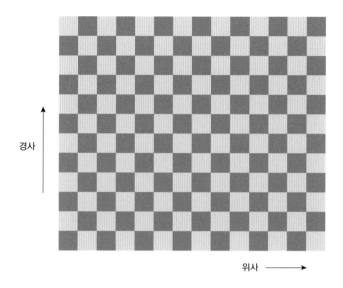

경사

위사 ——→

그림 **2-19** 조직도의 예시

작하는 것이 일반적이며, 세로 방향이 경사를 가로방향이 위사의 방향을 나타낸다.

2.3 직물의 조직

직물은 크게 평직, 능직, 수자직으로 구분할 수 있으며, 이를 세 가지 기본이 되는 삼원조직이라 일컫는다. 기술의 발전과 함께 이러한 삼원조직을 근간으로 여러 가지의 변화된 형태를 갖게 되었으며, 각 직물을 구성하는 반복단위를 완전조직이라고 한다.

1) 평직

평직plain weave은 직물의 조직 중에서 가장 간단한 것으로, 경사와 위사가 순차적으로 한 올씩 오르내리며 만들어진 조직이다. 평직으로 짜여진 직물의 특징은 경사와 위사 사이의 교차점이 다른 직물 대비 많다는 부분에서 기인한다. 여기에서 교차점이 많다는 의미는 업 주변의 네 가지 방향 위, 아래, 오른쪽, 왼쪽이 모두 다운으로 되어 있다는 것을 의미한다. 이처럼 경사와 위사가 서로 잡아주는 구조를 가지고 있기 때문에 실용적이고 튼튼하다는 장점을 갖는다. 예를 들어 평직의 구조는 성글게 짜더라도 상대적으로 강한 옷감을 만들 수 있어 여름용 옷감에 사용될 수 있다. 하지만 이러한 많은 교차점은 실의 자유도를 떨어뜨리기 때문에 구김이 쉽게 생기고 광택이 떨어지며 표면의 요철이 심하며 신도 또한 떨어진다. 이처럼 단순한 구조를 나타내는 평직은 실의 굵기, 색사, 밀도 등의 조합을 통해 다양한 형태를 나타낼 수 있다. 대표적인 평직물로는 니농ninon, 조젯georgette, 시폰chiffon, 보일voile, 오건디organdy, 로온lawn, 배티스트batiste, 머슬린muslin, 깅엄gingham, 샴브레이chambray, 거즈gauze, 트로피칼tropical, 홈스펀homespun 등이 있다.

평직을 변화시켜 만든 변화 평직은 크게 두둑직과 바스켓직으로 구분할 수 있으며, 경사와 위사의 올 수 변화를 통해 나타낸다. 두둑직은 한 올의

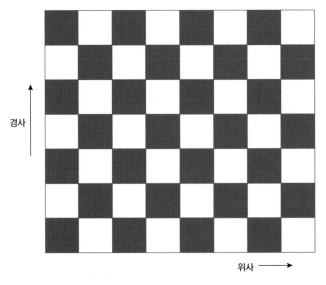

그림 2-20 평직의 조직도 예시

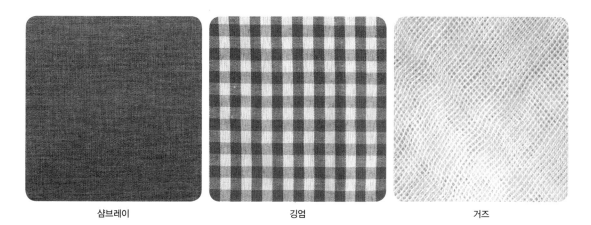

| 샴브레이 | 깅엄 | 거즈 |

그림 **2-21** 대표적 평직물

경사 또는 위사에 대해 여러 올의 위사 또는 경사를 교차시켜 만든 조직으로, 경사나 위사방향으로 두둑 모양의 줄무늬 효과가 나타난다. 바스켓 조직은 두 올 이상의 경사 또는 위사를 교차시켜 만든 조직으로, 바구니와 같은 느낌이 나타난다. 이러한 두둑직과 바스켓직이 섞여서 나타나는 경우도 많이 있다. 대표적인 변화 평직물로는 브로드클로스broadcloth, 태피터taffeta, 샨퉁shantung, 파일fille, 오토만ottoman, 그로그랑grosgrain, 베드포드 코드bedford cord, 옥스퍼드oxford cloth, 덕duck, 캔버스canvas, 홉색hopsacking, 몽크스 클로스monk's cloth, 포플린poplin 등이 있다.

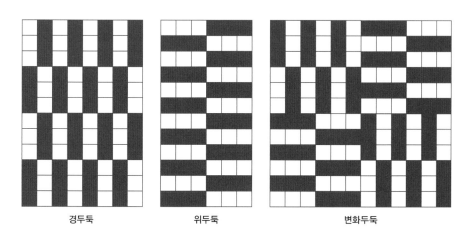

| 경두둑 | 위두둑 | 변화두둑 |

그림 **2-22** 두둑 조직

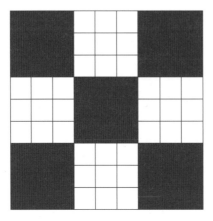

그림 **2-23** 일반 바스켓 조직(3×3)과 변화 바스켓 조직

| 캔버스 | 옥스퍼드 |

그림 **2-24** 대표적 변화 평직 소재

2) 능직

능직twill weave은 경사와 위사 사이의 조직점이 능선 방향으로 연결되어 나타나는 것으로, 사문직이라고도 한다. 평직은 경사와 위사가 한 올씩 교대로 업과 다운으로 교차하면서 직물이 짜여지는 반면, 능직에서는 경사 또는 위사가 두 올 이상의 업을 나타내면서 반복되어 직물이 짜여진다. 예를 들어 그림 2-25 와 같이 2/1("two up, one down"이라 읽고, 앞 부분이 경

의류소재

사가 올라간 교차점, 뒷 부분이 위사가 올라간 교차점을 의미 : 왼쪽 아래에서 시작하여 위로 올라가면서 경사와 위사의 교차에 따라 읽음)으로 표시하는 경우 경사가 두 올 올라오고 위사가 한 올 올라오는 조직이 반복되면서 사선을 나타내게 된다. 표면과 이면이 동일하게 나타나는 경우 양면능직이라고 하고, 다르게 나타나는 경우 단면능직이라고 한다. 단면능직은 2/1처럼 표면에 경사가 더 많이 부출되는 경우 경능이라고 하고, 1/2처럼 표면에 위사가 더 많이 부출되는 경우 위능이라고 한다. 또한 능선의 방향에 따라 구분하기도 하는데, 왼쪽 아래에서 오른쪽 위를 향해 능선이 나타나는 경우를 우능(／), 오른쪽 아래에서 왼쪽 위를 향해 능선이 나타나는 경우를 좌능(＼)이라고 한다. 실의 꼬임 방향과 능선의 방향을 같게 하였을 때 능선의 형태가 명확하게 보이지만, 독특한 효과를 내기 위해 반대의 조합을 사용하기도 한다. 능직은 평직과 수자직의 중간 정도의 특징을 갖는다. 변화능직은 다양한 표현이 가능한데, 조직에서 능선이 연속되지 않게 하여 산이나 다이아몬드와 같은 모양을 표현할 수 있다. 조직의 변화뿐 아니라 실의 번수나 굵기, 색사를 이용해서도 다양한 변화 능직을 만들어 낼 수 있다. 대표적인 능직물로는 수라surah, 서지serge, 플란넬twill flannel, 샤

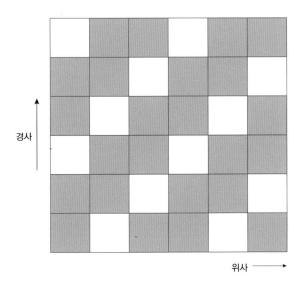

그림 2-25 능직(2/1)의 조직도 예시

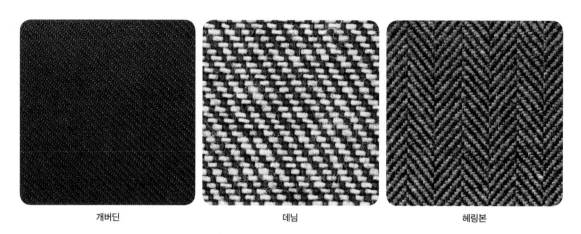

| 개버딘 | 데님 | 헤링본 |

그림 2-26 능직의 대표적 소재

크스킨sharkskin, 하운즈투스houndstooth, 데님denim, 진jean, 드릴drill, 코버트covert, 치노chino, 개버딘gabardine, 캐벌리 능직cavalry twill, 트위드tweed, 헤링본herringbone 등이 있다.

3) 수자직

수자직satin weave은 경사와 위사 사이의 교차점을 분산시킴으로써, 경사 또는 위사가 길게 부출되도록 한 조직으로, 주자직이라고도 한다. 직물의 표면에서 경사가 길게 부출된 경우 경수자라고 하며, 위사가 많이 부출되는 것을 위수자라고 한다. 수자직은 표면에 부출된 길이가 평직과 능직 대비 길기 때문에, 매끄럽고 광택이 크고, 구김이 잘 생기지 않는다. 하지만 이로 인해 강도가 좋지 않다는 단점 또한 가지고 있으며, 이를.보완하기 위해 상대적으로 조밀한 밀도를 갖는 경우가 많다. 매끄럽고 광택이 크다는 장점을 부각시킬 수 있도록 필라멘트 섬유로 제직되는 경우가 많으며, 필요에 따라 스테이플 섬유를 사용하기도 한다. 대표적인 수자직으로는 크레이프 백 새틴crepe-back satin, 샤무즈sharmeuse, 도스킨doskin, 공단, 비니션venetian 등이 있다.

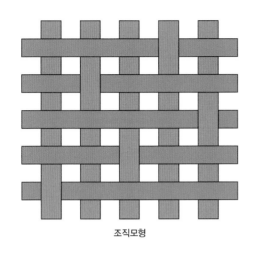
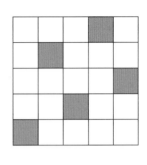

조직모형   조직도

그림 **2-27** 수자직의 조직도(5매 수자조직)

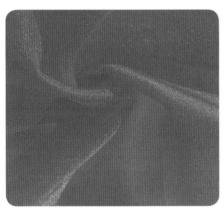

크레이프 백 새틴   공단

그림 **2-28** 수자직의 대표적 소재

4) 기타 조직

(1) 도비직

도비직dobby weave은 간단한 무늬를 갖는 조직으로, 일반적인 제직기와 함께 설치된 도비장치를 이용하여 제직된다. 줄무늬나 격자 모양의 무늬를 갖는 경우가 많으며, 대표적인 소재로는 버즈아이bird's-eye, 허커백huck-a-back, 마드라스madras, 와플클로스waffle cloth 등이 있다. 덧사를 이용한 조직extra-

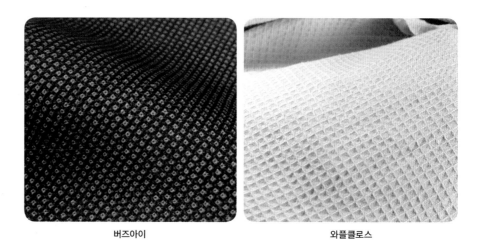

| 버즈아이 | 와플클로스 |

그림 **2-29** 도비직의 대표적 소재

yarn weave의 경우 도비직기에 의해 제직되기 때문에 도비직으로 분류되
기도 하는데, 추가적인 실을 이용하여 도트무늬를 표현하는 데 주로 사용
된다. 대표적인 덧사 직물로는 도티드 스위스dotted swiss, 스위벨도트 직물
swivel-dot fabrics 등이 있다.

(2) 자카드직

자카드직jacquard weave은 펀치카드를 갖는 자카드 직기에 의해 짜여진 직

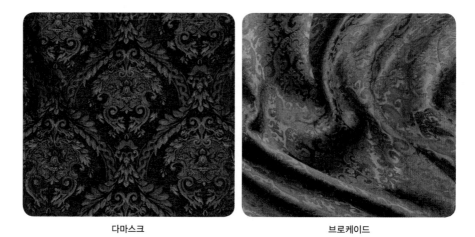

| 다마스크 | 브로케이드 |

그림 **2-30** 자카드의 대표적 소재

물 조직을 지칭한다. 자카드 직기는 개개의 종광이 독립적으로 상하운동을 할 수 있어 기존의 조직과는 달리 다양한 무늬를 표현할 수 있다. 대표적인 소재로는 다마스크damask, 브로케이드brocade, 자카드 타페스트리jacquard tapestry 등이 있다.

(3) 파일직

파일직pile weave은 바닥이 되는 직물에 파일사가 추가되어 있어 첨모직 또는 기모직이라고도 한다. 파일사는 바닥과 수직의 형태로 나타나는데, 경파일이나 위파일의 일부를 잘라 털처럼 파일사를 만드는 것을 컷파일, 고리 형태의 파일사를 가진 경우 루프파일이라고 한다. 바닥천에 짧은 섬유를 접착제로 부착시켜 파일 직물을 얻기도 한다. 대표적인 소재로는 코듀로이

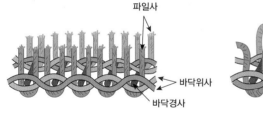

그림 **2-31** 컷파일과 루프파일

코듀로이   벨벳

그림 **2-32** 파일직의 대표적 소재

corduroy, 벨베틴velveteen, 벨벳velvet, 벨루어velour, 프라이즈frieze, 테리클로스terrycloth 등이 있다.

(4) 크레이프직

크레이프직은 직물 표면이 오톨도톨한 촉감을 나타내는 조직으로 축면직이라고도 한다. 서로 다른 정도의 꼬임을 갖는 실을 이용하거나, 조직을 변화시켜 만들기도 하며, 필요에 따라 제직 과정의 장력을 달리하는 방법, 가공에 의한 방법을 사용하기도 한다. 대표적인 소재로는 조젯 크레이프georgette crepe, 크레이프드신crepe de chine, 아문젠amunzen, 시어서커sheersucker, 플리세plisse 등이 있다.

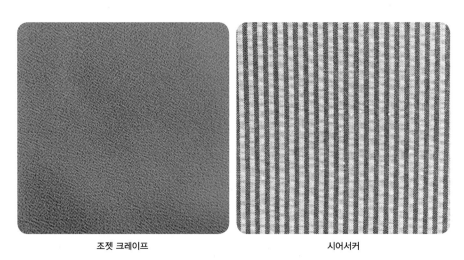

| 조젯 크레이프 | 시어서커 |

그림 2-33 크레이프직의 대표적 소재

(5) 레노조직

레노조직은 두 올 이상의 경사를 서로 교차하게 하여 8자와 같이 공간을 만들어 한 올 이상의 위사를 통과하도록 하여 만든 조직이다. 모기장과 같은 성근 형태를 하는 경우가 많으며 대표적인 소재로는 마퀴젯marquisette이 있다. 익직물도 이와 유사한 구조를 하고 있으며, 대표적으로 사직과 여직이 있다. 사직은 위사 한 올에 두 올의 경사를 교차로 엮어 만든 조직이고, 여직은 위사 3올 이상의 간격을 두고 두 올의 경사를 교차시켜 만든 조직으로 평직과 사직의 구조를 조합한 것이다. 대표적인 여직물로는 우리나라 전통 견직물인 항라가 있다.

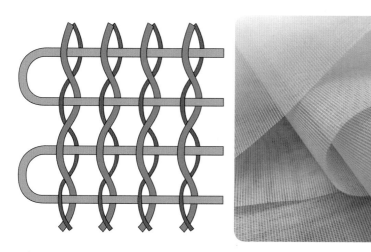

그림 **2-34** 레노조직의 구조(좌)와 마퀴젯(우)

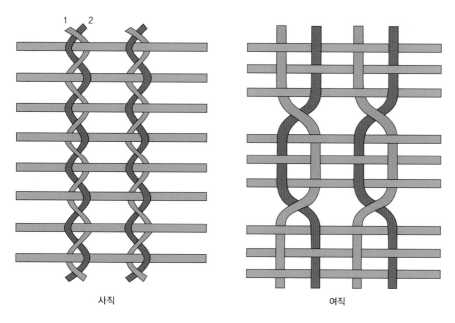

사직   여직

그림 **2-35** 사직과 여직의 구조

3 편성물

한 가닥의 실로 연속적인 루프를 만들어 옷감을 만든 것을 편성물 또는 니트knit라고 한다. 고리의 세로방향을 웨일wale 또는 코, 가로방향을 코스 course 또는 단이라고 부르며, 여러 개의 바늘을 이용하여 제편하기 때문에 직물보다 생산 속도가 빠르다. 경사와 위사 사이의 많은 교차점으로 옷감 내에서 실의 움직임이 자유롭지 못한 직물과 달리, 편성물에서는 고리 모양 을 하고 있어 실의 움직임이 자유롭기 때문에 외부에서 힘이 가해졌을 때 쉽게 형태를 바꿀 수 있다는 특징이 있다. 이러한 특징에서 오는 장점으로 인해 편성물의 사용은 지속적으로 증가하고 있다.

3.1 편성물의 구조와 특성

1) 편성물의 구조

편성물에서의 웨일은 직물에서의 경사방향, 코스는 위사방향에 해당한다. 편성물에서 루프를 배열하는 방식에 따라 위편성물과 경편성물로 나눌 수 있는데, 위편성물은 한 올의 실이 연속적인 고리를 가로방향으로 형성하며 만들어진다. 반면 경편성물은 직물과 같이 경사를 걸어둔 상태에서 세로방 향으로 고리를 만들면서 좌우에 있는 실을 엮어 만드는 방식이다. 편성물의 밀도는 게이지gauge로 표현하는데, 단위길이(일반적으로 1inch)에 들어 있 는 코바늘의 수를 의미한다.

위편성물은 생산 방식에 따라 봉제 니트 평면형, 봉제 니트 원통형, 풀패 션 니트, 무봉제 니트로 구분할 수 있다. 봉제 니트 평면형과 원통형은 횡편 기와 환편기뿐 아니라 자카드 편기, 트리코 편기, 라셀 편기 등을 통해 제편

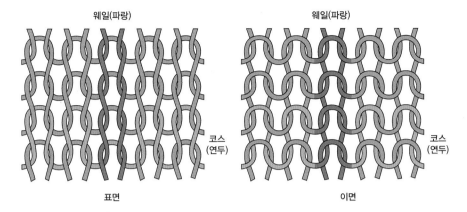

그림 2-36 편성물의 구조

그림 2-37 위편성물의 웨일과 코스

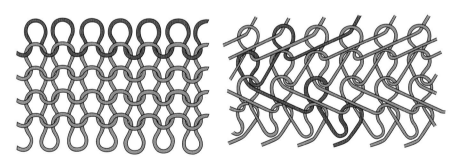

그림 2-38 위편성물과 경편성물의 코 형성

가능하며, 직물과 같이 재단과 봉제의 과정을 거쳐 옷을 만들게 된다. 풀패션 니트는 횡편기나 풀패션기, 자카드편기를 사용하여 몸판, 소매, 깃과 같

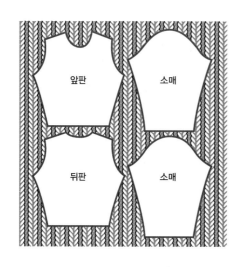 

그림 2-39 봉제니트와 풀패션니트

이 각 부위를 형태에 맞춰 코를 조절하여 편직한 후 봉제한다. 무봉제니트는 무봉제 완벌편기를 이용하여 만들어지며, 추가적인 재단이나 봉제 작업 없이 완전한 옷의 형태가 되어 홀가먼트whole garment라 불린다.

2) 편성물의 특징

편성물은 직물과 비교하였을 때 실의 자유도가 크기 때문에 신축성이 좋고, 함기성과 통기성도 우수하며, 구김이 잘 발생하지 않는다는 특징이 있다. 이러한 장점들로 편성물에 대한 수요가 늘고 있다. 직물과 비교하였을 때 편성물은 다음과 같은 특징은 갖는다.

(1) 신축성

편성물은 루프에서 많은 움직임이 가능하기 때문에 외부에서 힘이 가해지더라도 그 길이를 쉽게 변화시킬 수 있어 신축성이 좋은 옷감이다. 직물은 신도가 부족하여 불편함을 유발하기도 하지만 편성물의 경우 충분한 신도를 제공하면서, 원래의 형태로도 쉽게 회복한다.

(2) 방추성과 형체안정성

편성물에서의 실은 자유도가 커서 구김이 잘 생기지 않아 다림질이 필요하지 않다. 하지만 장시간 착용으로 쉽게 늘어나기도 하고, 세탁이나 건조에 의해 수축이 일어나기도 한다. 또한 편성물은 옷의 형체를 유지하는 능력이 떨어져 재킷과 같은 제품에는 적합하지 않다.

(3) 함기율

편성물은 직물에 비해 다량의 공기를 함유할 수 있어 바람이 통하지 않는 옷과 같이 착용하였을 때 보온성이 좋다. 또한 편성물은 기공으로 인해 통기성과 투습성이 좋다.

(4) 전선과 컬업

전선은 니트에서 하나의 루프가 끊어지면 계속해서 풀리게 되는 현상으로, 편성물의 가장 큰 단점 중 하나이다. 컬업은 재단 후 가장자리가 말아 올라오는 현상을 말하며, 이로 인해 재단과 봉제에 어려움이 있다. 하지만 경편성물과 양면편성물의 경우 전선과 컬업이 발생하지 않거나 정도가 심하지 않다.

(5) 내마찰성과 필링

편성물은 마찰에 약하다는 특징을 갖는다. 특히 양모로 된 니트의 경우 마찰에 의한 축융으로 인해 수축되고 두꺼워지는 현상이 나타난다. 인조섬유로 된 니트 제품에서는 필링이 쉽게 발생하는 것을 알 수 있다.

(6) 인열강도

인열강도는 찢어지는 힘에 대해 견디는 정도를 의미하는데, 실의 강도와 옷감 구조 내 실의 자유도의 영향을 받는다. 직물과 비교하였을 때 편성물은, 구성하는 실이 자유롭게 움직일 수 있는 느슨한 구조를 하고 있기 때문에 더 강한 인열강도를 갖는다.

3.2 위편성물

위편성물은 전통적인 손뜨개질을 기계화한 것으로, 일반적으로 횡편기와 환편기를 통해 제편된다. 횡편기는 바늘이 직선상으로 배열되어 있어 평면 상의 편성물을 얻게 되고, 환편기는 바늘이 원형으로 배열되어 있어 원통형 의 편성물을 얻을 수 있다. 위편성물은 조직에 따라 평편, 고무편, 펄편 등 으로 구분할 수 있다.

1) 평편

평편은 위편성물의 가장 기본이 되는 조직으로 저지jersey라고도 한다. 표면 은 웨일방향으로 루프만이 드러나 보이고, 이면은 코스방향으로 반달 모양 이 드러나 보이기 때문에 표면과 이면의 구분이 쉽다.

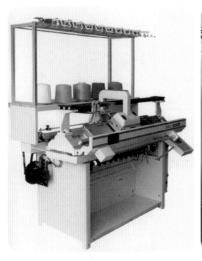

그림 **2-40** 횡편기(좌)와 환편기(우)

wale(세로방향) course(가로방향)

그림 **2-41** 평편의 표면(좌)과 이면(우)

2) 고무편과 펄편

고무편은 웨일이 표면과 이쪽 면에 교대로 나타나는 조직으로, 이랑과 같은 패턴이 나타나 리브rib 조직이라고도 한다. 웨일은 표면과 이면에서 1개씩 교번으로 나타나기도 하지만, 2개의 웨일 또는 3개의 웨일이 교번으로 나타나기도 한다. 웨일이 표면과 이면에서 한 번씩 나타나는 것을 1×1 고무편, 두번씩 교번으로 나타나는 것을 2×2 고무편이라고 한다. 이처럼 표면과 이면의 숫자가 동일하면 표면과 이면의 구분이 없지만, 3×2 고무편처럼 웨일의 숫자가 다르면 표면과 이면이 구분되기도 한다. 고무편은 두껍고 코스

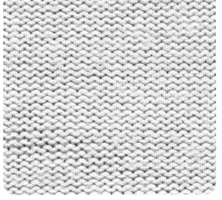

그림 **2-42** 고무편(좌)과 펄편(우)

방향의 신축성이 좋아 목둘레나 소매와 같이 밑단으로 많이 사용된다.

펄편은 평편 이면의 코스가 한줄씩 교대로 나타나는 조직으로, 표면과 이면이 같은 모양을 나타낸다. 웨일방향의 신축성이 좋다.

3) 양면편

양면편은 두 개의 고무편을 연결한 것으로 인터록interlock이라고도 한다. 다른 위편성물과는 달리 전선과 컬업이 생기지 않는다.

4) 턱편과 부편

턱편은 코스의 한 코를 다음 코스와 합쳐 나타나는 조직으로 표면에 구멍을 표현할 수 있다. 부편은 코스 중간에 코를 만들지 않고 건너 뛰어 만든 편성물로, 표면에 무늬를 표현할 수 있다.

5) 자카드편

자카드편은 자카드 편성기에 의해 제편되는데, 원리는 자카드 직기와 흡사

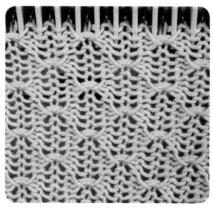 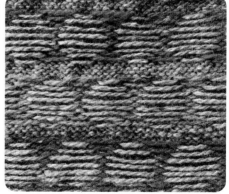

그림 **2-43** 턱편(좌)과 부편(우)

하다. 구멍 뚫린 카드가 각 바늘의 운동을 조절하여 다양한 무늬와 색상을
갖는 편성물을 만들 수 있다 .

6) 파일편

파일편은 위편의 이중편성법을 이용하여 파일사를 길게 만들어 제편하며,
만들어진 루프를 자르기도 하고 그대로 사용되기도 한다. 파일 직물에 의해
제편 속도가 빠르고 유연하기 때문에, 모피와 같은 외관을 표현하고자 할
때 파일편이 많이 사용된다.

3.3 경편성물

경편성물은 많은 바늘이 동시에 코를 만들어 제편 속도가 빠르고, 코가 비
스듬한 지그재그형으로 형성된다. 위편성물과 비교하였을 때, 직물에 가까
운 편으로 형체 안정성은 좋지만 신축성은 떨
어지게 된다. 편성기에 따라 트리코, 라셀, 밀라
니즈 등으로 구분할 수 있다.

1) 트리코

트리코tricot는 '편성하다'를 뜻하는 프랑스어
트리코테tricoter를 어원으로 하며, 가장 대표적
인 경편성물이다. 하나의 바늘에 속한 가이드
바의 숫자에 따라 1바 트리코, 2바 트리코, 3바
트리코 등으로 분류되는데, 2바 트리코가 주로
사용된다.

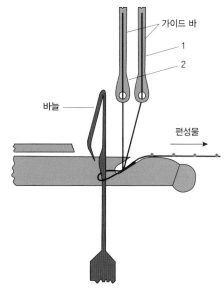

그림 **2-44** 2바 트리코

표면은 일반적인 편성물과 비슷한 외관을 갖지만, 이면은 실이 가이드 바에 의해 좌우로 움직여 위방향의 이랑이 생기는 것을 확인할 수 있다. 가늘고 균일한 실을 주로 사용하며, 위편성물과 비교하였을 때 밀도가 조밀하여, 신축성이 다소 낮게 나타난다. 하

그림 **2-45** 트리코의 표면(상)과 이면(하)

지만 강도와 내구성이 커, 위편성물에서의 단점으로 나타나는 전선, 형체안정성 등의 단점을 일정 부분 해결할 수 있다.

2) 라셀

수직으로 고정된 래치 바늘과 2~48개의 가이드 바를 이용하여 만들어진 라셀raschel은 다양한 굵기의 실이나 장식사와 같이 실의 사용에 대한 제약이 없어 다양한 외관의 편성물을 만들 수 있다. 실제 레이스부터 드레스, 블라우스, 모포 등 다양한 소재를 라셀을 통해 만들 수 있다.

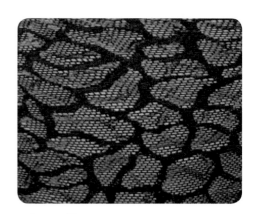

그림 **2-46** 라셀

3) 밀라니즈

밀라니즈milanese는 트리코와 비슷한 외관을 가졌지만, 표면에는 코가 두드러져 세로 줄무늬가 나타나고, 이면에는 마름모의 패턴이 나타난다. 일반적으로 밀라니즈는 트리코보다 신축성이 있으며, 조직이 균일하여 매끄러운 표면을 갖는다. 하지만 기기의 복잡성으로 인해 제편 속도가 느려 사용이 줄어들고 있다.

4 부직포와 펠트

4.1 부직포

부직포는 섬유를 만든 다음 실의 형태를 거치지 않고, 섬유 사이를 얽히도록 하여 웹의 형태로 만든 직물이다. 부직포의 시초는 제조 공정에서 탈락된 면사나 폐모를 이용하기 위한 것으로 접착기술의 발달과 함께 등장하게 되었다. 접착제를 이용하여 실의 형태를 만들기 힘든 양모를 모아 부착함으로써 저가의 펠트를 만들 수 있었던 것이다.

부직포는 웹을 만드는 방법에 따라 건식법, 습식법, 방사법 등으로 구분할 수 있다. 건식법은 가장 널리 사용되는 방법으로, 건조한 조건에서 원료가 되는 섬유를 흩뿌리듯이 겹쳐 놓거나 섬유를 나란히 빗질하여 얇은 시트와 같은 상태를 만드는 방법이다. 건식법에는 바늘을 이용하여 섬유가 서로 얽히도록 하는 방법이 사용되기도 한다. 습식법은 종이를 만드는 전통적인 방식과 흡사한데, 원료가 되는 스테이플 섬유를 물에 분산시킨 후 철망과 같은 지지체를 이용하여 떠 올려서 얇은 시트를 만드는 방법이다. 방사법은 열가소성을 가지고 있는 섬유를 이용하여 직접 방사하면서 열풍에 의해 웹이 형성되도록 한 것이다. 최근 전기방사를 이용하여 만든 부직포도 널리 사용되고 있다. 고분자 용액에 고전압을 걸어주면 방사구를 통해 고분자 용액이 토출되면서 갈라지게 되는데, 전기방사법은 이러한 고분자 용액이 집전체collector에 불규칙하게 수집되면서 부직포를 형성한다. 기존의 방식과는 달리 섬유 굵기를 수십에서 수백나노 크기까지 조절할 수 있으며, 이렇게 만들어진 나노웹은 상대적으로 큰 표면적을 갖게 된다.

웹을 접착하는 방식에 따라서는 케미길본딩 부직포, 멜드블로운 부직포, 스펀레이스 부직포, 스펀본드 부직포, 니들펀치 부직포, 초음파접합 부직포 등으로 구분할 수 있다. 케미컬본딩 부직포는 접착제를 이용하여 웹을 접착하는 방식으로 스프레이를 이용하여 접착제를 뿌리기도 하지만, 대개는 침지시켜 접착되도록 한다. 따라서 접착제의 종류나 처리 조건에 따라 부직포의 특성이 달라진다. 멜트블로운 부직포는 방사구를 통해 합성섬유가 나오는 과정에서 에어젯을 이용하여 강하고 뜨거운 바람을 불어주어 섬유집합체가 만들어지도록 한 것으로, 끈적끈적한 상태에서 섬유와 섬유 사이의 결합이 형성된다. 따라서 폴리프로필렌과 같은 열가소성 고분자가 주로 사용된다. 고속의 바람으로 인해 극세섬유의 굵기를 갖는 부직포를 만들 수 있으며, 이로 인해 표면적이 커져 필터 제조에 적합하다. 스펀레이스 부직포는 화학약품이나 열을 사용하지 않고 고압의 물을 분사할 수 있는 워터젯water jet을 이용하여 섬유 사이의 얽힘을 만든 것이다. 워터젯의 세기를 조절하여 레이스와 같은 구멍을 만들 수 있으며, 용도에 따라 워터젯 처리 후 화학약품이나 열풍으로 후처리를 하는 경우도 있다. 스펀본드 부직포는 합성섬유의 용융 방사를 통해 토출된 필라멘트가 차가운 공기의 흐름에 의해 아래방향으로 연신되면서 웹을 만들며, 이후 접착제나 열과 같은 방법을 통해 섬유 사이를 결합시키는 방식이다. 니들펀치 부직포는 웹의 표면에 대해 갈고리를 가지고 있는 바늘을 상하운동하게 하여 섬유를 엉키는 방식으로 결합시키는 방법이다. 펠트를 제조하기 위해 사용했던 방법으로, 상하운동

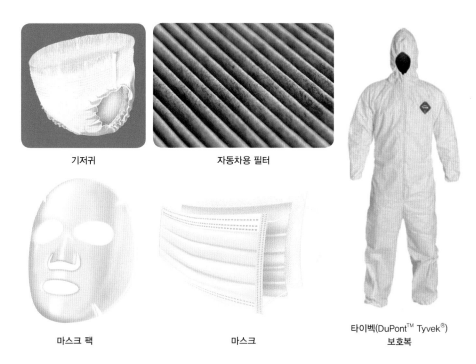

기저귀

자동차용 필터

마스크 팩

마스크

타이벡(DuPont™ Tyvek®)
보호복

그림 2-47 부직포의 용도

의 횟수를 조절함에 따라 펠트와 유사한 소재를 만들 수 있다. 초음파접합 부직포는 웹에 열이 가해지는 상태에서 초음파를 이용하여 섬유와 섬유 사이의 마찰운동을 유발하여 웹이 융착되도록 하여 만든 것으로, 고속생산이 가능하다는 장점이 있다.

부직포는 실과 실 사이의 교차가 없이 단순한 웹의 형태로 만들어져 있기 때문에 섬유 사이의 방향성이 없어 절단부분에서 올이 풀리는 현상이 발생하지 않는다. 섬유 사이의 공간으로 다공성의 특징을 갖기 때문에 통기성과 투습성이 좋으며, 두께와 기공을 달리하여 보온성을 조절할 수도 있다. 그리고 재료가 되는 섬유의 종류에 따라 특정 화학약품에 대한 안정성을 갖기도 한다. 하지만 섬유 사이의 방향성이 없다는 점에서 표면이 매끄럽지 못하고 강도도 떨어진다는 단점을 가지고 있다. 그리고 접착으로 인해 섬유 사이에서의 자유도가 낮기 때문에 드레이프성이 없이 강직한 특징을 갖는다.

부직포는 방진복과 같이 일회용 의복으로 사용되는 경우가 많으며, 일상적인 의복의 소재로도 사용되는 사례가 늘고 있다. 인조피혁도 일종의 부직포를 이용하여 만들어지며 필터, 일회용 기저귀, 물티슈 등에도 널리 사용된다.

4.2 펠트

펠트는 실의 형태를 거치지 않은 직물로, 모 섬유의 스케일로 인한 축융성을 이용하여 섬유 사이의 엉킴을 통해 구성되며, 이렇게 만들어진 펠트를 압축펠트라고 한다. 방모직물을 이용하여 펠트를 만들기도 하는데, 방모로 된 직물의 형태에서 실에 의한 짜임이 보이지 않을 때까지 축융가공하여 만든 펠트로 제직펠트라고 부른다. 펠트를 제작하기 위해서는 높은 온도와 알칼리성을 나타내는 비누용액의 사용이 중요하다. 높은 온도의 비누용액에 양모를 여러 겹 겹쳐 놓은 후 기계적인 힘을 가하면 펠트가 만들어진다. 양

모자

인형

신발

그림 2-48 펠트 제품

모를 여러 겹으로 겹쳐 놓을 때 서로 엇갈리는 방향으로 위치시키는 것이 좋으며, 기계적인 힘에는 압축이나 마찰이 사용된다. 이러한 과정을 통해 축 융이 종료되면 표면에서 도드라진 잔털을 제거하는 작업을 함으로써 표면 을 매끄럽게 한다. 고급의 양모만을 이용하여 만들기에는 가격적인 측면에 서 부담이 있기 때문에 다른 동물의 털을 섞어 사용하기도 하고, 재생모를 혼합하기도 한다. 근래에는 다양한 특성을 갖도록 하기 위해 스케일로 인한 축융이 일어날 수 있는 범위 내에서 면이나, 레이온, 합성섬유 등이 섞여서 사용되기도 한다.

이러한 과정을 통해 만들어진 펠트는 구성하는 섬유가 일정한 방향성 없 이 얽혀 있는 상태이기 때문에, 표면이 거칠게 느껴지고, 공기를 많이 함유 할 수 있어 보온성과 탄력성이 좋으며, 가장자리가 풀리지 않는다는 장점을 갖는다. 하지만 직물이나 편물과 같이 실과 실 사이의 교차되는 부분이 없 기 때문에 인장이나 마찰에 약하다. 또한 드레이프성이 좋지 못해 일반적인 옷보다는 모자나 장식품을 만드는 데 주로 사용된다. 방모직물을 이용한 제 직펠트는 압축펠트와 직물 사이의 중간 특성을 나타낸다.

5 기타

5.1 가죽

가죽은 오래전부터 가방이나 의류를 만드는 데 사용되어 왔다. 화학적 조성 은 콜라겐이라는 섬유상 단백질로 되어 있으며 콜라겐으로 이루어진 섬유 들이 부직포와 같은 형태로 얽혀서 만들어진다. 가죽 제품을 만들 때 생피 를 사용하는 경우 물을 잘 흡수하고, 무겁고 부패하기 쉬우며 이로 인해 악

그림 **2-49** 천연가죽에 사용되는 동물

취가 나기도 한다. 반면 생피를 건조하여 사용하는 경우 수분이 없어져 앞에서 언급한 단점은 사라지지만, 딱딱하게 굳어 제품을 만들기 힘들다. 따라서 원피는 무두질을 거쳐 가죽으로 만들어지게 된다. 무두질은 넓은 의미에서 원피에서의 불필요한 성분들을 제거하고 유제를 흡수시킴으로써 가죽을 가방이나 옷과 같은 제품으로 사용될 수 있도록 하는 공정이다.

가죽의 성질은 원피를 어떤 동물에서 가져왔느냐에 따라 달라지게 된다. 소, 말, 양과 같은 포유류, 뱀이나 악어와 같은 파충류 등이 대표적이며 물고기나 새 등에서도 원피를 얻기도 한다. 원피는 그 크기에 따라 하이드

| 나파 | 누벅 | 스웨이드 |

그림 **2-50** 가죽의 종류

hide와 스킨skin으로 나눌 수 있는데, 소나 말과 같이 큰 동물의 원피를 이용한 경우 하이드, 양이나 파충류 또는 송아지나 망아지처럼 작고 어린 동물의 원피를 이용한 경우 스킨이라고 한다.

가죽은 가공 방법에 따라 나파nappa, 누벅nubuck, 스웨이드suede 등으로 분류하기도 한다. 나파는 가장 일반적인 가죽 제품으로 표면을 코팅하여 수분과 오염의 침투가 쉽지 않도록 한 것이다. 스웨이드는 가죽의 표면을 사포로 문질러 콜라겐 섬유층을 기모시킨 것으로, 장갑이나 구두에 많이 사용된다. 하지만 기모된 형태로 인해 오염이 쉽게 되어 적절한 관리가 필요하다. 누벅은 나파와 스웨이드의 중간 형태로, 소가죽이나 양가죽이 주로 사용된다.

위와 같은 가죽은 값비싼 옷감으로 관심을 받아 왔지만 관리와 보관이 용이하지 않다는 단점 또한 가지고 있다. 따라서 이러한 천연가죽의 대체품으로 인조가죽이 개발되었으며, 동물보호라는 사회운동과 함께 인조가죽에 대한 관심 또한 커지게 되었다. 초기의 인조가죽은 직물이나 편성물의 표면에 피부와 같은 탄력을 나타낼 수 있도록 염화비닐을 폼의 형태로 적용하여 만들었다. 이후 기모한 직물에 폴리우레탄 수지를 이용하여 다공성의 폼을 형성하는 형태로 발전하게 되었다. 이렇게 만들어진 인조가죽은 형태적 특성으로 통기성과 투습성을 갖으면서 구성하는 섬유의 특성으로 물에 강한 성질 또한 갖추게 된다. 이후 한 단계 더 발전을 거치면서, 극세섬유를 바닥직물로 하고, 바닥직물의 한쪽 면에 폴리우레탄 수지로 다공성 폼을 갖도록 한 후 극세섬유에 다시 한 번 기모처리하여 만든 제품의 형태로 발전하였으며, 이를 구분하여 인조스웨이드라고 지칭하기도 한다. 인조가죽의 경우, 천연가죽과 유사한 외관을 가지면서도 다양한 색을 표현할 수 있고, 관리가 쉽고 무게도 가벼우며 가격도 상대적으로 저렴하기 때문에 많은 관심을 받게 되었다.

5.2 모피

털이 붙어 있는 상태의 가죽을 모피라고 한다. 모피도 가죽과 유사한 공정을 거쳐 만들어지며, 특성 또한 비슷한 부분이 많다. 추운 지방의 동물에서 나온 모피가 더 조밀한 털을 갖기 때문에, 겨울철 소재로 사용되는 모피의 용도에 더 적합하다고 할 수 있다. 모피에 사용되는 동물의 종류는 각 지역에 따라 다르고 그 수가 굉장히 많지만, 야생포획이 아닌 사육을 통해 구해지기 때문에 실제 모피에 사용되는 동물에는 여우, 밍크, 담비, 친칠라, 토끼, 양, 물개, 바다표범 등이 있다.

그림 **2-51** 여우(좌)와 밍크(우) 모피

그림 **2-52** 다양한 색상의 인조모피

인조모피는 직물이나 편물을 바닥직물로 하고, 아크릴이나 모드아크릴 섬유로 파일의 형태를 만들어 털의 역할을 하도록 한다. 동물의 털과 비슷한 외관과 촉감을 표현할 수 있도록 길고 뻣뻣한 겉털과 부드럽고 가는 속털의 이중 구조를 갖도록 하기 위해 연신한 섬유와 미연신 섬유가 혼용된다. 이후 열처리를 하게 되면 아크릴 섬유의 열에 대한 성질로 연신한 섬유는 수축하여 솜털의 역할을 하게 되고 미연신 섬유는 원래의 길이와 형태를 유지하여 겉털의 역할을 하게 된다. 천연모피와 비교하였을 때, 아주 저렴한 가격으로 생산이 가능하고, 물세탁이 가능할 정도로 관리가 용이하다. 또한 천연모피에서 표현하지 못하는 다양한 색상을 표현할 수 있고, 동물학대라는 사회적 이슈로부터 자유로울 수 있다. 따라서 천연모피가 사용되던 많은 분야가 인조모피로 대체되고 있다.

5.3 레이스, 브레이드, 네트

레이스lace는 상당 부분의 공간이 비어 있는 직물의 형태로, 실을 엮거나 꼬거나 매듭지는 방법을 통해서 만들 수 있다. 직물을 짜는 과정에서 마지막 부분을 장식하기 위한 목적으로 사용되기도 한다. 전체 면적에서 비어 있는

그림 **2-53** 다양한 레이스

공간이 많은 만큼, 실제 옷의 주재료가 되기보다는 장식적인 목적으로 주로 사용되며, 커튼이나 식탁보로 사용되기도 한다. 짜는 방식에 따라 수편 레이스와 기계편 레이스로 구분할 수 있으며, 기계편 레이스의 경우 라셀 레이스나 쉬플리 레이스처럼 레이스를 짜는 기계의 종류에 의해 명명되는 경우가 많다. 전통적인 방식 이외에도 바닥 직물에 구멍을 뚫고 자수를 이용하여 그 둘레는 장식하는 방법, 번아웃과 같은 기법을 활용하는 방법도 사용되고 있으며, 라셀 편성물 기계로 대량생산 또한 가능하다. 기술의 발달로 기계편 레이스가 수편 레이스를 대체하고 있으며, 근래 3D 프린팅 기술을 활용하여 레이스를 만들기도 한다.

그림 **2-54** 3D 프린팅 레이스와 의상

브레이드braid는 셋 이상의 실을 땋아서 만든 폭이 좁은 끈을 의미한다. 옷을 장식하거나 신발의 끈으로 사용되기도 하고 산업용 로프에 활용되기도 한다. 일반적으로 브레이드는 대각선 방향으로 교차되어 만들어지기 때문에 조밀한 쪼임새를 나타내면서 길이 방향의 신축성 또한 가지고 있는 소재이다. 네트net는 실을 꼬아서 그물 형태를 만든 것으로, 어느 정도 조밀하게 짜느냐에 따라 해

그림 **2-55** 브레이드 제조(좌)와 구조(우)

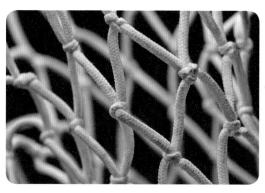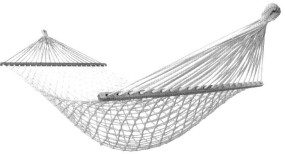

그림 **2-56** 네트 구조(좌)와 해먹(우)

먹이나 장식적 용도로도 사용될 수 있다.

5.4 필름과 폼

필름과 폼은 실이나 섬유의 형태를 거치지 않고, 섬유의 방사에 사용되는 원액을 이용하여 만들어진 직물이다. 시트sheet의 형상을 한 필름은 일반적으로 물이 스며들지 않으며 공기 또한 통하지 않는다. 따라서 통기성을 부

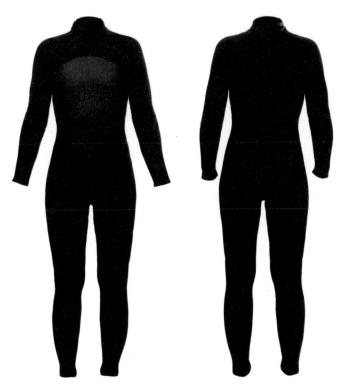

그림 **2-57** 네오프렌 잠수복

여하기 위해 제조 과정에서 미세 기공을 만들어주는 경우가 있다. 단독적으로 사용되기도 하지만 다층 직물의 한 요소로 사용되어, 강도를 보강하고 형태를 잡아주기 위한 목적으로 사용되기도 한다. 폼foam은 폴리우레탄과 같은 탄성을 가진 물질에 공기를 혼합하여 만든 것으로 스폰지와 유사한 형상을 하고 있다. 자켓이나 브래지어의 패드, 잠수복에 사용되는 네오프렌이 폼의 대표적인 예라 할 수 있다.

참고문헌

- 김성련(2000). 피복재료학. 교문사.

- 김성련, 유효선, 조성교(2005). 새의류소재. 교문사.

- 김은애, 김혜경, 나영주, 신윤숙, 오경화, 임은혁, 전양진(2013). 패션 텍스타일. 교문사.

- 김정규, 박정희(2011). 패션소재기획. 교문사.

- 조길수, 정혜원, 송경헌, 권영아, 유신정(2007). 새로운 의류소재학. 동서문화원.

- 조성교, 유효선(2008). 의류소재의 이해. 한국방송통신대학교출판부.

- Billie J. Collier & Phyllis G.(2001). Tortora. Understanding textiles(6th edition). Prentice Hall Inc.

- Mary L. Cowan & Martha E.(1962). Jungerman. Introduction to textiles(2nd edition). Appleton-Century-Crofts(Division of Meredith Corporation).

- Sara J. Kadolph & Sara B.(2016). Marcketti. Textiles(12th edition). Pearson Education Inc.

자료 출처

그림 2-15	Sara J. Kadolph & Sara B.(2016). Marcketti. Textiles(12th edition). Pearson Education Inc., 260.
그림 2-29	https://blog.naver.com/buse888/221981728378
그림 2-30 (좌)	https://www.etsy.com/listing/1072225169/damask-tapestry-chenille-fabric?campaign_label=convo_notifications&utm_source=transactional&utm_campaign=convo_notifications_010170_10683759063_0_0&utm_medium=email&utm_content=&email_sent=1630046772&euid=MYRho-bvLcCP_MCh44uHf68eBcph&eaid=522772856265&x_eaid=c39edd78b5&verification_code=be16b81ec20e7ea8ab7be814f1390553
그림 2-34 (좌)	https://www.wikidata.org/wiki/Q6523033
(우)	https://www.macculloch-wallis.co.uk/p/21952/technical-fabrics/mw/marquisette
그림 2-40 (좌)	현대정밀
그림 2-43 (좌)	https://giftofknitting.com/blog/how-to-knit-a-tuck-stitch-machine-knitting-and-hand-knitting
(우)	https://www.moderndailyknitting.com/flotation-devices/
그림 2-45	https://artquill.blogspot.com/2016/05/knitting-art-resource-marie-therese.html
그림 2-46	https://www.knittingtradejournal.com/warp-knitting-news/13474-raschel-knitting-for-a-sportswear-and-leisurewear-combination
그림 2-47	https://www.dupont.com/what-is-tyvek.html © 2022 DuPont. 별도의 언급이 없는 한 DuPont™, 타원형 DuPont 로고 및 TM, SM 또는 ® 표시가 있는 모든 상표와 서비스 마크는 DuPont de Nemours, Inc. 계열사의 소유입니다.
그림 2-54	Massimo Listri, Courtesy of Lineapiù, Italy

TEXTILE

CHAPTER 3

섬유

섬유

옷감은 제직물, 편성물, 부직포 등의 직물로 되어 있다. 이 중 제직물과 편성물은 실이 서로 교차되거나 고리를 만들어 엮이면서 직물이 형성된다. 실은 한 가닥 섬유로 만들어지기도 하지만, 주로 여러 가닥의 섬유에 꼬임을 주어 만들어진다. 부직포는 실 상태가 아닌 섬유 상태에서 직접 결속하여 웹을 형성하게 된다. 섬유는 유기 고분자나 무기물(석면, 유리 섬유 등)로부터 만들어질 수 있으며, 의류소재로 사용되는 섬유는 주로 유기 고분자로 이루어진다.

다시 말해, 섬유는 고분자가 섬유 형태로 성형되거나 자연적으로 이루어진 후, 실을 거쳐 직물이 된다. 양모나 견 섬유는 단백질 섬유로, 천연적으로 섬유 형태를 갖춘 것이다. 반면, 나일론, 폴리에스터와 같이 합성 고분자로부터 만들어진 섬유는 합성된 고분자 칩(chip)으로부터 섬유 형태로 만들어지게 된다. 하지만, 모든 고분자가 섬유 형태가 될 수 있는 것은 아니며, 섬유를 이루기 위해서는 다음의 몇 가지 구성요건을 갖추어야 한다.

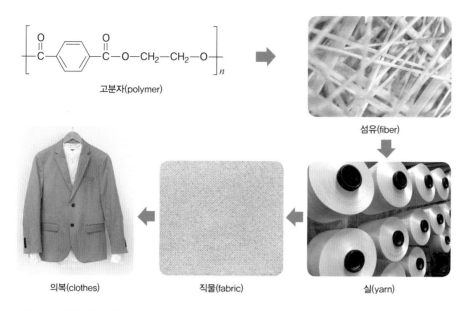

고분자(polymer)

섬유(fiber)

실(yarn)

직물(fabric)

의복(clothes)

그림 3-1 고분자로부터 의복까지의 단계

1 섬유의 구성요건

1.1 길이와 너비

섬유는 어느 정도 이상의 길이를 가져야 하며, 길이와 너비의 비aspect ratio가 대체로 1,000 : 1 이상이 되어야 한다. 천연섬유들의 너비는 대략 10~30㎛ 내외이나, 길이는 섬유의 종류에 따라 차이가 커서, 면 섬유와 같이 1.5~5.6cm로 짧은 것부터 견 섬유와 같이 1km 이상 되는 것까지 있다 **표 1-1** . 섬유가 가늘고 길수록 실을 만들기 유리하므로 섬유장이 길고 유연한 견 섬유는 직물을 만들기 매우 좋은 천연섬유 중 하나이다. 목재 펄프와 같이 1mm도 안 되는 것은 길이가 너무 짧아서 직접 옷감으로 이용되지 못하고, 재생하

섬유 종류	길이(cm)	너비(µm)	길이/너비
면	1.5~5.6	12~25	1,400
양모	5.0~7.5	18~27	3,000
견	4.0~12×104	5~18	∞
아마	2.5~5.0	20~30	1,200
저마	15~25	20~80	2,400
케이폭	0.8~3.2	30~35	1,000
목재 펄프	0.08~0.4	15~60	60

주) 섬유의 길이와 너비는 섬유별로 상당한 차이가 있으며, 표는 대략의 범위를 나타낸 것임.

여 사용한다. 셀룰로오스 고분자로 되어 있는 면 섬유는 섬유장이 짧지만 가늘고 유연한 편이어서 예로부터 방적하여 실로 만들어서 의복 재료로 널리 사용되었다.

섬유 중 면, 양모처럼 한정된 길이를 가진 섬유를 스테이플 섬유staple fiber 라고 하고, 견과 같이 무한히 긴 섬유를 필라멘트 섬유filament fiber라고 한다. 일반적으로 필라멘트 섬유로 된 옷감은 광택이 좋고 매끄러우며 찬 느낌이 드는 편이다. 스테이플 섬유로 만든 옷감은 짧은 섬유 사이에 공기를 함유할 수 있어 함기량이 크고 따뜻한 촉감을 가지며 소프트한 느낌을 갖는다. 견 섬유를 제외한 대부분의 천연섬유들이 스테이플 섬유이기 때문에 인조섬유의 촉감을 천연섬유와 비슷하게 만들기 위해, 필라멘트 섬유를 절단하여 스테이플 섬유로 만들어 사용하기도 한다.

1.2 선상 고분자

섬유를 만드는 분자는 길이가 적어도 100nm 이상 되어야 실용적인 섬유가 얻어지는데, 이러한 분자는 단량체monomer라고 하는 간단한 분자가 수백에서 수천 개가 결합되어 이루어지며, 이러한 분자를 고분자 또는 중합

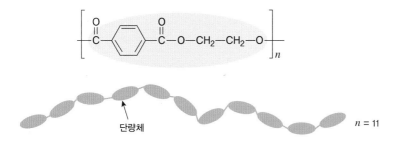

 단량체 $n = 11$

그림 3-2 폴리에스터 고분자의 일종인 폴리에틸렌테레프탈레이트 고분자의 단위분자와 중합도 n

체polymer라고 한다. **그림 3-2** 에서 폴리에틸렌테레프탈레이트polyethylene terephthalate, PET 고분자를 형성하는 단위 분자의 수 n을 중합도degree of polymerization라고 하며, 중합도는 고분자의 분자량에 비례하여 분자의 크기를 결정한다.

그림 3-3 과 같이, 고분자는 선상linear 고분자, 분지상branched 고분자, 망상cross-linked 고분자 등의 형태로 이루어질 수 있다. 선상 고분자는 분자쇄 간 배열이 치밀하여 분자 간 인력이 형성되기 좋으며 섬유를 이루는 고분자는 주로 선상 고분자로 되어 있다. 분지상 고분자는 주 분자쇄에 달려 있는 가지branch 때문에 입체장애steric hindrance가 발생하여, 분자 간 밀집하여 배열하기 어렵고 분자 간 인력을 형성하기 어려워 유연하지만 강도가 떨어지

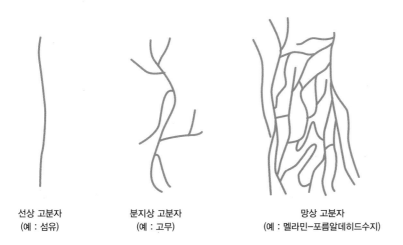

선상 고분자   분지상 고분자   망상 고분자
(예 : 섬유)   (예 : 고무)   (예 : 멜라민-포름알데히드수지)

그림 3-3 고분자의 여러 형태

게 된다. 망상 고분자는 분자쇄 간 가교cross-linking가 발달하여 분자 간 결합이 강하지만, 유연성이 떨어져 실용적인 섬유를 만들기 어렵다.

1.3 분자 간 인력

섬유는 선상 고분자가 길이 방향으로 배열하여 이루어지는데, 이때 고분자와 고분자 사이의 인력으로 집합되어 있다. 분자 간 인력은 수소결합, 반데르발스Van der Waals 인력 등이 중요한 역할을 하는데, 분자 간 수소결합이나 반데르발스 인력이 발달할 수 있는 구조를 가질 수 있어야 섬유가 물리적 강도를 갖는 데 유리하다. **그림 3-4** 와 같이, 셀룰로오스 섬유는 -OH기 사이에, 나일론은 -CO기와 -NH기 사이에 수소결합을 이룰 수 있기 때문에 분자 간 인력이 형성되기 쉽다.

섬유는 주로 선상 고분자가 모여 이루어지고, 고분자의 길이가 길면(분자량이 크면) 짧은 고분자에 비해 분자 간 결합이 많아져 분자가 서로 분리되

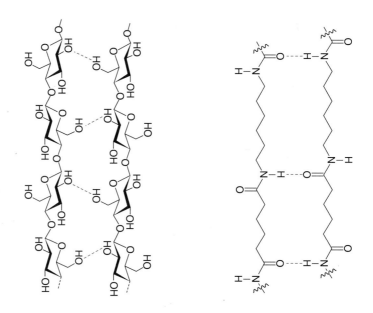

그림 **3-4** 셀룰로오스 분자 간 수소결합(좌)과 나일론 분자 간 수소결합(우)

기 어려워지므로 섬유의 강도가 커지게 된다. 섬유를 이루는 고분자는 분자량이 어느 정도 커야 강도를 유지할 수 있다. 이처럼 중합도가 커질수록 섬유의 강도가 증가하지만, 중합도가 어느 한계 이상을 넘으면 그 이상의 중합도의 증가가 반드시 섬유의 강도를 증가시키지 않는다. 그 이유는 분자 간 결합이 끊어지기에 앞서 분자쇄 자체가 끊어지기 때문이다.

수소결합은 비교적 약해서 외부로부터 힘이 작용하면 쉽게 끊어진다. 그래서 섬유에 굴곡이나 압축이 가해지면 분자 간 수소결합이 끊어지면서 분자와 분자가 미끄러지고, 이 상태에서 새로 수소결합이 형성된다. 이 때문에 섬유제품에 구김이 생기고, 또 다림질에 의해 쉽게 구김이 펴지게 된다.

섬유 내 분자들은 분자 간 반데르발스 인력 및 수소결합과 같이 약한 결합을 형성한 것도 있으나, 섬유에 따라 분자 간 공유결합이나 이온결합과 같은 강한 화학결합을 형성하고 있는 것도 있다. 이와 같이 분자 간 화학결합을 형성한 것을 '분자 간 가교'라고 하는데, 가교가 너무 발달하면 망상중합체가 되어 유연성이 없어 섬유로는 적당하지 않지만, 적당히 분포되어 있으면 섬유 내에서 분자가 서로 미끄러지지 않아 탄성이 좋고 구김이 잘 생기지 않는다. 양모 섬유는 분자 간 시스틴 결합과 같은 공유결합이나 이온결합을 가져 변형되었다가도 외부로부터의 힘이 제거되면 원상태로 돌아가기 때문에, 탄성이 좋고 구김이 잘 생기지 않는 편이다. 이처럼 섬유를 만

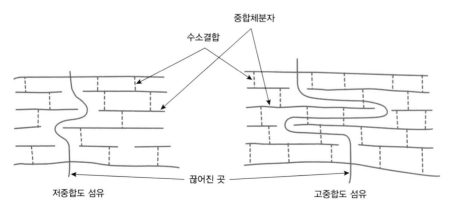

그림 3-5 섬유 고분자의 길이와 강도

드는 분자 간에 적당한 가교가 존재하면 레질리언스resilience를 향상시키고 내추성wrinkle-resistance을 갖게 된다. 셀룰로오스 섬유는 구김이 잘 가는 섬유인데 내추성을 부여하기 위해 분자 간 가교를 형성하는 방추가공을 하기도 한다.

1.4 결정성과 비결정성

섬유 내에는 부분적으로 고분자의 결정이 존재하여야 어느 정도 강도를 유지할 수 있다. 폴리아세트산비닐과 같이 고분자가 결정을 형성할 능력이 없으면 선상 고분자라 하더라도 섬유로 이용되지 못한다. 반면, 소금과 같이 간단한 분자의 결정은 전체가 결정으로 이루어져 있어 유연성이 없으므로 100% 결정성인 물질도 섬유를 형성하기에 적합하지 않다.

섬유를 이루는 고분자는 결정을 이루는 부분과 결정이 아닌 비결정 부분이 혼재하고 있어 강도를 부여하면서도 유연성을 갖게 된다. 결정 부분은 섬유 분자들이 규칙적으로 치밀하게 배열되어 결집된 부분이며, 비결정 부분은 분자들이 불규칙적으로 엉성하게 얽혀 있는 부분인데, 섬유 내 결정이 발달되면 섬유의 강도, 탄성 등 물리적 성능이 향상되는 반면 신도는 줄어든다.

섬유에 비결정 부분이 많으면 유연하며 신도가 크다. 섬유 내 수분과 염료가 침투하는 곳은 비교적 느슨한 비결정 부분이므로 비결정 영역이 큰 섬유는 수분과 염료의 침투성이 좋아진다. 예를 들어, 레이온 섬유는 면 섬유에 비해 결정 부분이 적고 비결정 부분이 많아 면 섬유에 비해 강도가 낮고 신도가 크며 흡습성, 염색성이 좋은 편이다.

그림 3-6 은 섬유 내 분자의 배열 상태를 보인다. 가는 선이 얽힌 것은 비결정을 나타내고, 굵은 선으로 표시된 부분은 결정을 나타낸다. 그림 3-7 은 폴리프로필렌polypropylene 고분자의 결정과 비결정 부분을 X선 간섭사진으

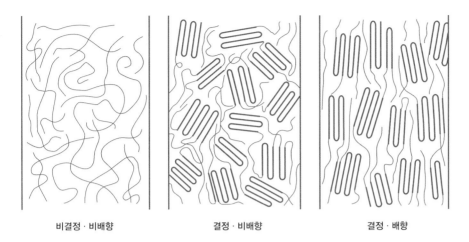

| 비결정 · 비배향 | 결정 · 비배향 | 결정 · 배향 |

그림 **3-6** 섬유의 내부구조

| 비결정 구조 | 결정성, 비배향 구조 | 결정성, 배향 구조 |

그림 **3-7** 고분자의 결정성과 배향성에 따른 X선 간섭사진

로 확인한 것이다. 비결정 구조의 폴리프로필렌 X선 사진에서는 전혀 간섭이 일어나시 않는네, 이는 결정이 없음을 보여 준다. 배향이 되지 않은 폴리프로필렌 X선 사진은 여러 개의 동심원을 보이는데, 이것은 결정이 존재하지만 결정들이 방향성 없이 배열한 것을 나타낸다. 반면 배향 후의 폴리프로필렌 X선 사진에서는 동심원상의 반점이 여러 개 보이는데, 이는 결정 부분의 분자들이 길이 방향으로 배열되었음을 나타낸다.

  섬유의 결정 이론은 주로 총상미셀설fringed micelle theory과 접힌 분자쇄설folded chain theory로 설명된다 **그림 3-8** . 총상미셀설은 펼친 분자쇄설 extended chain theory이라고도 하는데, 이 이론에서는 고분자의 길이는 결정 크기에 비하여 훨씬 길어서 한 개의 고분자가 어떤 결정 부분을 통과하고

그림 **3-8** 결정형성 이론. 총상미셀설(좌)과 접힌 분자쇄설(우)

비결정 부분을 거쳐 다시 다른 결정 영역을 지날 수 있고, 섬유 내에서 고분자가 결정과 비결정 부분을 지나면서 길게 뻗쳐 있는 것으로 설명하였다.

접힌 분자쇄설은 고분자가 총상미셀설과 같이 길게 배열하지 않고, 분자쇄가 꺾여 접혀지면서 결정을 형성한다는 설명이다. 이 이론에서는 많은 합성 고분자들이 판상 결정을 갖는데 분자쇄가 이에 수직으로 존재함을 확인하였고, 두께가 10nm 정도인 단결정에 몇 백 nm 길이의 고분자가 판상 결정을 형성하기 위해서는 분자가 접혀지면서 형성되어야 한다고 설명하였다. 두 이론이 결정 영역의 분자 배열 상태를 설명하는 방식은 다르지만, 섬유 내부에서 결정 부분과 비결정 부분이 혼재한다고 설명하는 점에서는 차이가 없으며, 두 이론 모두 섬유의 결정구조를 설명하는 데 적용되고 있다.

1.5 배향성

섬유를 형성하는 선상 고분자와 결정들은 어느 정도 섬유의 길이방향으로 평행하게 배열되는데, 이것을 '배향되었다'고 한다. 섬유 내에서 분자들이 잘 배향되면 분자들 사이는 더욱 치밀하게 배열되어 분자 간 인력이 잘 발달될 수 있고 섬유의 강도도 커진다. 인조섬유를 제조할 때 방사구로부터 사출되

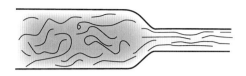

그림 3-9 연신에 따른 배향 효과

는 섬유를 여러 배의 길이로 연신하면 섬유를 가늘게 하면서 배향을 향상시킬 수 있고 섬유의 물리적 성질도 향상시킨다 그림 3-9 .

1.6 섬유의 단면형

그림 3-10 과 같이, 섬유의 단면 형태는 섬유의 종류에 따라 다양한데, 섬유의 단면 형태는 광택, 레질리언스, 피복성, 촉감 등에 영향을 준다. 섬유의 단면이 원형에 가까우면 촉감이 매끄러우나 피복성이 나빠진다. 천연섬유의 양모 섬유나 인조섬유 중 용융방사에 의해 만들어지는 섬유 대부분은 원형 단면을 가진다. 비스코스 레이온은 단면에 주름이 많이 잡힌 형태이고, 아세테이트는 둥근 주름 형태이다. 면 섬유는 편평한 단면을 가지며, 피복성이

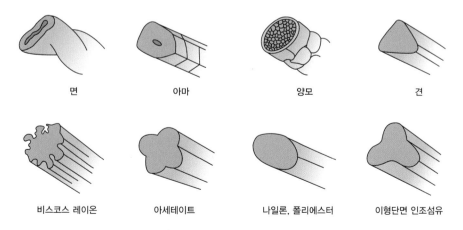

그림 3-10 여러 섬유의 단면 형태

좋고 촉감이 다소 거칠다. 견 섬유는 삼각단면 형태로 광택이 은은하고 피복성이 좋은 편인데, 인조섬유를 견 섬유와 같은 광택과 피복성을 갖게 하기 위하여 일부터 삼각형의 단면을 갖도록 섬유를 제조하기도 한다. 이와 같이 특수한 단면을 가진 인조섬유를 이형단면 섬유라고 하는데, 여러 형태의 이형단면을 가진 인조섬유가 제조되고 있다.

1.7 권축

섬유의 길이방향으로 있는 파상의 굴곡을 권축이라고 한다. 양모 섬유는 천연적인 권축을 갖고 있다. 양모 섬유는 흡습에 의해 팽윤성이 다른 두 가지 성분(오르토 코르텍스ortho cortex, 파라 코르텍스para cortex)으로 되어 있는데, 이 때문에 공기 중 수분을 흡습하면서 팽윤성의 차이로 권축이 생기게 된다. 권축이 있는 직물은 레질리언스가 좋고, 함기량이 커서 보온성이 좋아진다. 또한, 권축이 있으면 방적성이 좋아지는데, 이 때문에 인조섬유에도 인공적으로 권축을 만들어 주기도 한다.

권축을 형성하는 인공적인 방법으로 기계적인 방법과 화학적인 방법이 있다. 기계적 권축은 섬유의 열가소성을 이용하여 섬유에 파상의 굴곡을 주

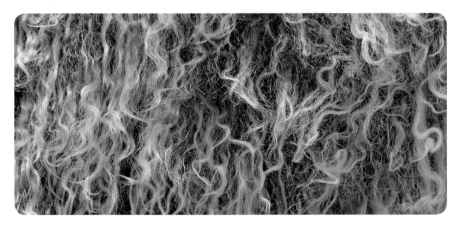

그림 3-11 양모의 권축

의류소재

고 열고정하여 만든다. 화학적 권축은 인조섬유를 방사할 때 수분 특성이 다른 두 가지 성분을 함께 방사하여 이성분 섬유를 만들고, 공기 중 수분을 흡습할 때 팽윤성의 차이를 유도하여 권축을 형성한다.

2 섬유의 분류

그림 3-12 에 섬유를 제조 방식과 화학적인 조성에 따라 분류하였다. 크게는 자연에서 직접 얻어지는 천연섬유와 화학 공정으로부터 제조되는 인조섬유로 나눌 수 있다. 천연섬유는 동식물에서 얻은 섬유를 직접 이용할 수 있는 것을 말하며, 이 중 면, 아마 등과 같이 식물에서 얻는 식물성 섬유는 대부분 화학성분이 셀룰로오스로 되어 있어 셀룰로오스계 섬유로 분류한다. 양모, 견 등 동물로부터 얻는 동물성 섬유는 그 화학성분이 단백질로 되어 있어 단백질 섬유로 분류한다.

천연섬유 중 셀룰로오스 섬유에는 면과 같이 식물의 종자에 붙어 있는 종모 섬유, 아마 등과 같이 식물의 인피부(줄기)에서 분리되는 인피 섬유, 마닐라마와 같이 잎에서 분리되는 엽맥 섬유, 야자 섬유와 같이 과실에서 분리되는 과실 섬유 등이 있다. 단백질 섬유는 양모, 기타 동물모hair로 된 섬유와 견 섬유가 있다. 광물성 섬유는 석면과 같이 섬유 상으로 산출되는 천연광물 섬유나, 기타 암석을 액화시켜 섬유화한 광물 섬유가 있다. 석면은 국제보건기구WHO에서 1급 발암물질로 분류되어 현재는 사용되지 않는다.

인공적으로 제조하는 섬유를 인조섬유 또는 화학섬유라고 한다. 초기의 인조섬유는 면 린터나 목재 펄프와 같이 천연섬유 중 길이가 너무 짧아 직접 의복 재료로 사용하기 어려운 원료를 화학적·기계적 조작을 거쳐 의복 재료로 사용할 수 있도록 제조하면서 발전되었다. 이후 섬유의 형태를 갖

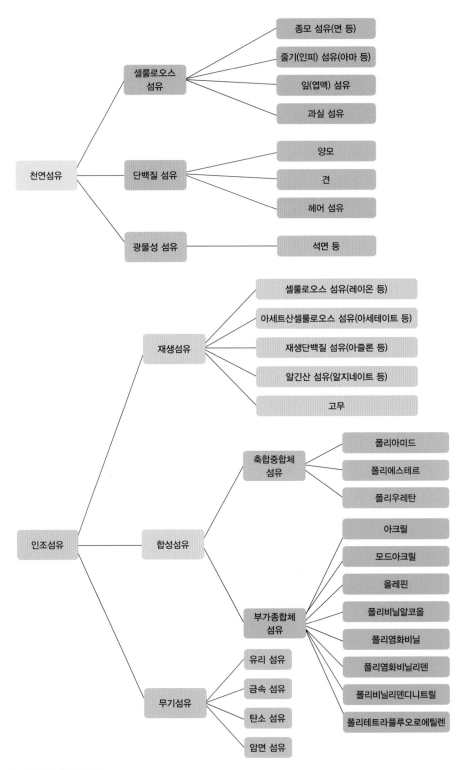

그림 3-12 섬유의 분류

지 않은 우유, 콩, 옥수수 등에 함유된 성분으로도 섬유를 만들 수 있게 되었는데, 이렇게 자연에서 산출되는 고분자 원료를 이용하여 제조한 인조섬유를 재생섬유로 분류한다. 예를 들어, 콩 단백질과 같은 식물성 단백질로부터 얻는 섬유는 화학성분이 단백질로, 성분으로 분류할 경우 단백질 섬유로 분류되지만 자연 상태에서 얻은 그대로를 섬유로 사용하지 못하고 단백질 성분을 화학적으로 처리하여 섬유 형태로 제조하므로 재생섬유로 분류된다.

이와 달리, 석유화학공업이나 석탄화학공업에서 얻어지는 간단한 화합물 단량체monomer를 원료로 고분자를 합성하여 섬유로 제조한 것을 합성섬유로 분류한다. 고분자를 합성하는 주요 방법에는 단계중합(축합중합)과 사슬중합(부가중합)이 있다. 나일론, 폴리에스터, 스판덱스 등은 단계중합에 의해 얻어지며 아크릴, 폴리프로필렌 등은 사슬중합에 의해 만들어지는 합성섬유이다.

참고문헌

- 김성련(2016). 피복재료학. 제3개정증보판. 교문사.

- 김상용, 장동호, 최영화(2000). 섬유물리학. 개정증보판. 아이티씨.

- 송경헌, 유혜자, 이혜자, 김정희, 안춘순, 한영숙(2019). 의류재료학. 개정판. 형설출판사.

- 송화순, 김인영, 김혜림(2012). 텍스타일. 제3판. 교문사.

- 안동진(2020). Textile science 섬유지식기초. 한올.

- 이혜자, 유혜자, 송경헌, 안춘순(2019). 의류소재의 이론과 실제. 개정2판. 형설출판사.

- Morton W.E. and Hearle J.W.S.(2008). Physical properties of textile fibers. 4th ed. Sawston, UK: Woodhead Publishing.

- Brazel C.S. and Rosen S.L.(2012). Fundamental principles of polymeric materials. 3rd ed. New Jersey, US: Wiley.

- Stevens M.P.(1999). Polymer Chemistry: an introduction. 3rd ed. Oxford: Oxford University Press.

자료 출처

표 3-1	김성련(2000). 피복재료학. 교문사.
그림 3-6	김성련(2000). 피복재료학. 교문사.
그림 3-7	https://www.mcanac.co.jp/en/service/_file/1038.pdf(Mitsui Chemical Analysis & Consulting Service, Inc.

TEXTILE

CHAPTER 4

천연섬유

천연섬유

천연섬유는 식물이나 동물, 광물로부터 얻어지는 섬유 형태의 재료를 직접 의류소재로 이용할 수 있는 것으로, 천연의 재료를 화학적 처리를 통하여 제조하는 재생섬유와 구별된다.

천연섬유 중 식물에서 얻는 면, 아마 등과 같은 식물성 섬유 대부분은 화학성분이 셀룰로오스로 되어 있어 화학성분별로 구분하는 경우 셀룰로오스 섬유로 분류된다. 동물로부터 얻는 양모, 견 등의 섬유는 그 화학성분이 단백질로 되어 있어 단백질 섬유로 분류된다.

섬유의 특성은 식물성인지 동물성인지보다는 그 화학적 조성에 주로 영향을 받으므로 화학적 조성에 따라 분류하는 것이 섬유의 성질을 이해하는 데에 도움이 된다. 예를 들어, 콩, 옥수수 등 식물성 섬유로부터 얻는 재생섬유의 경우, 원재료는 식물로부터 유래하나 그 화학성분은 셀룰로오스가 아닌 식물성 단백질이어서, 셀룰로오스계 천연섬유보다는 단백질계 천연섬유의 성질에 가깝다. 섬유의 화학적인 조성에 따라 섬유의 성질이 영향을 받으며, 결과적으로 용도, 염색·가공, 세탁·다림질 등과 같은 관리도 영향을 받게 된다.

본 장에서는 섬유의 화학 조성 별로 셀룰로오스 섬유와 단백질 섬유로 구분하여 섬유의 화학적 조성과 성질, 용도 등에 대하여 살펴보기로 한다.

1 셀룰로오스 섬유

우리가 흔히 접하는 면, 아마 섬유는 주요 성분이 셀룰로오스로 되어 있어 셀룰로오스 섬유로 분류되며, 셀룰로오스는 그 화학조성이 한 가지로 동일한데, 이는 단백질 섬유가 아미노산의 종류와 배합에 따라 단백질의 종류가 매우 다양해질 수 있는 것과 대비된다.

1.1 셀룰로오스

셀룰로오스cellulose는 목재, 면, 아마, 대마, 저마, 해조류, 일부 박테리아 등에 존재하는 고분자로 분자식은 $(C_6H_{10}O_5)_n$으로 표시한다. 셀룰로오스의 기본 단위는 글루코오스glucose이며, 글루코오스 단량체monomer 수백 또는 수천 개가 결합되면서 셀룰로오스가 생성되면서 물이 분리된다. 반대로 셀룰로오스를 산과 함께 가열하면 완전히 가수분해되어 글루코오스가 생긴다.

$$n\ C_6H_{12}O_6 \xrightarrow{H^+} (C_6H_{10}O_5)_n + n\ H_2O$$
글루코오스 　　　　　　　　셀룰로오스

$$(C_6H_{12}O_6) + n\ H_2O \longrightarrow n\ C_6H_{12}O_6$$
셀룰로오스 　　　　　　　　글루코오스

　글루코오스는 대부분(99.95%) 6원자환으로 존재하나, 극히 일부는 그림 4-1 과 같은 직쇄상으로 존재한다. 탄소 옆에 붙인 숫자는 알데하이드(-CHO)기에 있는 탄소를 1로 시작하여 순서대로 탄소의 위치를 표시하였다. 직쇄상의 글루코오스에서 각 탄소에 결합된 수산화기(-OH)의 위치에 따라 L-글루코오스와 D-글루코오스의 거울상 이성질체enantiomer가 존재하는데, 자연 상태에서는 D-글루코오스 형태가 더 흔하게 존재한다. 셀룰로오스를 구성하는 글루코오스는 이 중 D-글루코오스가 원자환을 형성하여 이루어진 것이다.

^1CHO

HO — ^2C — H

H — ^3C — OH

HO — ^4C — H

HO — ^5C — H

$^6CH_2OH$

L-글루코오스

^1CHO

H — ^2C — OH

HO — ^3C — H

H — ^4C — OH

H — ^5C — OH

$^6CH_2OH$

D-글루코오스

그림 4-1 글루코오스의 거울상 이성질체

한걸음 더

거울상 이성질체란?

오른쪽 분자와 같이, 탄소를 중심으로 네 가지 서로 다른 원자나 분자가 결합되어 있을 때, 중심에 위치한 탄소를 카이럴 탄소(chiral carbon)라고 부른다. 카이럴 탄소에 결합되어 있는 원자단의 순서에 따라 거울상으로 대칭인 분자 형태를 가질 수 있는데, 이러한 분자는 서로 겹쳐질 수 없는 분자구조를 가지며, 거울상 이성질체(enantiomer)라 부른다.

글루코오스의 경우 2, 3, 4, 5번 탄소가 모두 카이럴 탄소가 되며, 각 탄소의 수산기나 수소의 결합 위치에 따라 서로 다른 입체 이성질체를 갖는다. L-Glucose와 D-Glusoe는 2, 3, 4, 5번 탄소에 결합된 −OH와 −H의 위치가 상반된 구조로, 거울상 이성질체이다.

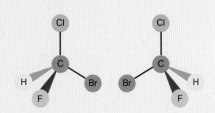

그림 4-2 에서 표현한 6원자환의 구조식에서 원자환이 하나의 평면 상에 존재한다고 할 때 굵은 선으로 표시한 선은 지면의 앞쪽으로 튀어 나왔다

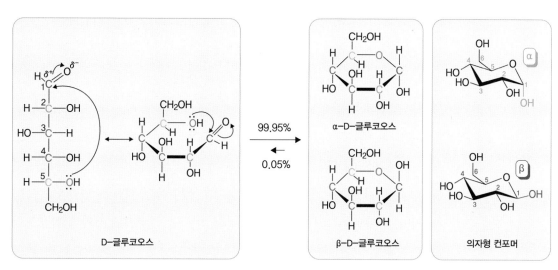

그림 **4-2** 글루코오스의 구조

고 보고, 가는 선은 지면의 뒤쪽에 위치한다고 이해하기로 한다. **그림 4-2**
에서 보듯, D-글루코오스는 1번 탄소와 5번 탄소에 결합된 -OH가 결합하
여 6원자환을 형성하게 되는데, 이때 1번 탄소에 결합된 -OH기의 위치가
원자환의 위쪽인지 아래쪽인지에 따라 α-D-글루코오스(-OH가 원자환의
아래쪽에 위치)와 β-D-글루코오스(-OH가 원자환의 위쪽에 위치)의 두 가
지 입체 이성질체가 생기게 된다. 이 중 셀룰로오스는 β-D-글루코오스가
결합하여 만들어지게 되며, α-D-글루코오스는 결합하여 전분starch의 구성
화합물인 아밀로오스amylose와 아밀로펙틴amylopectin을 형성한다.

그림 4-3 에서 보듯이, 셀룰로오스는 β-D-글루코오스의 1번 탄소에 결합
된 -OH기와 다른 β-D-글루코오스의 4번 탄소에 결합된 -OH기 사이에서

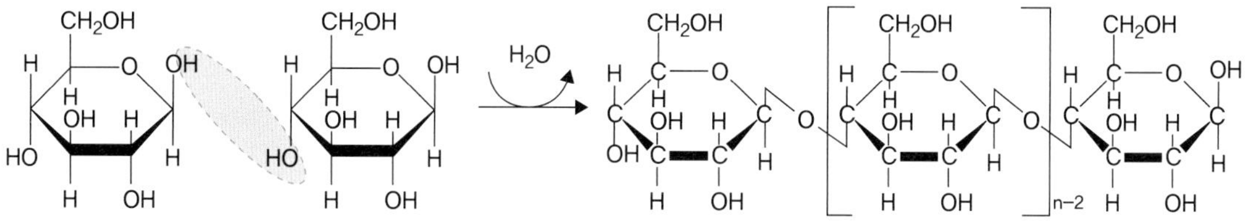

그림 **4-3** β−글루코시드 결합에 의한 셀룰로오스의 생성

물이 분리되면서 두 개의 글루코오스가 결합되어 셀로비오스cellobiose를 생성하는데, 이러한 결합을 *β*-D-글리코시드*β-glycosidic* 결합이라고 한다. 셀룰로오스는 이와 같은 *β*-글리코시드 결합에 의해 수백에서 수천 개의 글루코오스가 결합되어 만들어진다.

한 분자의 셀룰로오스가 n개의 글루코오스로 이루어졌을 때, n을 셀룰로오스 분자의 중합도라고 하며, 한 분자에 대해 중합도가 클수록 분자 길이와 분자량이 커진다. 셀룰로오스 고분자로 이루어진 섬유는 면, 레이온, 아마, 저마, 황마 등이 있으며, 이들 섬유를 이루는 셀룰로오스의 화학구조식은 모두 동일하다. 다만, 셀룰로오스의 중합도는 섬유의 종류에 따라 차이가 있으며, 레이온과 같은 재생 셀룰로오스의 중합도는 천연 면의 셀룰로오스 중합도의 1/50~1/5 정도로 작다. **표 4-1** 은 대략의 중합도 범위를 보여준다.

표 4-1 셀룰로오스의 중합도

섬유	중합도
면	2,500~10,800
아마	3,000~36,000
목재펄프	1,000~2,500
레이온	250~450

셀룰로오스 고분자는 분자 간 -OH기에 의한 수소결합을 형성하여 섬유의 강도를 유지하는 데 도움을 준다. 수소결합은 공유결합과 같은 화학적 결합보다 약한 결합으로, 외부의 힘에 의해 잘 끊어지고 다시 잘 생성된다. 이러한 성질 때문에, 셀룰로오스로 이루어진 섬유의 경우 외력에 의해 수소결합이 끊어지고, 변형된 상태에서 수소결합이 재배치되면서 섬유에 구김이 잘 생기는 편이다.

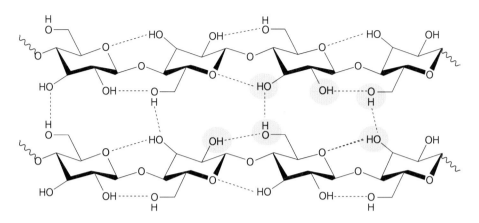

그림 4-4 셀룰로오스의 분자 내, 분자 간 수소결합

1.2 면 섬유

면 섬유cotton는 내구성과 흡습성이 좋고 염색성이 좋아 속옷, 티셔츠, 양말 등 모든 의류에서 흔히 접하는 섬유 중 하나이다. 면의 기원에 대한 명확한 기록은 없으나, 인도에서 기원전 3,000년에 면을 이용한 흔적이 있으며, 중국과 이집트 등지로 전파된 것으로 보인다. 우리나라에서는 고려 공민왕 때 (1367) 문익점이 원나라에서 귀국할 때 목화씨를 가져와 이때부터 면이 재배되었다고 전해진다. 우리나라의 면 생산은 해방 이후로 경작 면적이 점차 줄어들어 현재는 수입에 의존하고 있다.

최근 지속가능한 의류산업에 대한 관심이 고조됨에 따라 천연소재의 친환경성에 대한 논의가 꾸준히 이어지고 있다. 면 섬유는 자연으로부터 재료를 얻고 쉽게 분해된다는 장점 때문에 일면 친환경적인 점도 있지만, 재배 시 경작지와 물을 많이 사용하고 농약, 비료와 같은 화학적 처리를 하기도 하여 단순히 친환경적인 섬유라고 단정짓기 어려운 면도 있다.

다음에서 면의 생산, 섬유 형태, 성질에 대하여 자세히 살펴보도록 한다.

1) 생산

면은 평균 온도 20~30°C 되는 아열대 지방이 재배에 가장 적합하다고 알려져 있다. 면의 3대 주요 생산국은 중국, 인도, 미국이며, 한국은 현재 면 수요의 전량을 수입에 의존하고 있다. **표 4-2** 는 주요 면 생산국과 생산량이다.

면의 원료인 목화는 1년생 초목으로, 씨앗을 심으면 2~3주 내에 싹이 나오고, 2~3개월 만에 목화꽃이 피는데, 꽃이 떨어지면 도토리 모양의 열매인 다래가 남는다. 섬유는 다래 속에서 성장을 계속하고, 다래가 성숙하면

그림 **4-5** 면화

표 4-2 주요 면 생산국과 생산량(2019년 기준)   (단위 : 1,000톤)

국가	연 생산량
인도	6,423
중국	5,933
미국	4,336
파키스탄	1,350
우즈베키스탄	762
터키	751
그리스	365

벌어지면서 면화 섬유가 드러난다. 한 개의 면화 중에는 씨앗 모양의 면실이 5~10개 들어 있으며, 면실 표면에 면 섬유가 붙어 있는데 이러한 면 섬유 덩어리를 실면이라고 한다.

실면으로부터 종자를 분리하는 과정을 조면이라고 한다. 조면기에서 분리된 면 섬유를 린트lint라고 하며 실면의 25~35%를 얻게 되는 린트는 원면으로 거래되어 방적에 사용된다. 실면으로부터 린터를 제거한 후에도 면실에는 짧은 섬유가 붙어 있는데 이것을 린터linter라고 한다. 린터는 길이가 4mm 내외로 짧아서 방적에 사용되지 못하고, 재생섬유의 원료로 사용된다.

린트의 원면 뭉치는 개면 과정에 의해 풀어헤쳐져 잡물을 제거한 후, 여러 원면을 혼합(혼면 과정)하는 과정을 거쳐 혼타면이 된다. 혼타면은 소면

한걸음 더

면의 품질과 생산지

면의 경우, 가늘고 긴 원사가 원단의 품질을 결정하는 가장 중요한 요소가 되므로, 섬유장이 긴 품종이 비싼 면이다. 목화의 품종을 생산지별로 보면, 시아일랜드(Sea island)면, 피마(Pima)면, 육지면, 이집트면, 인도면 등이 있다.

- 시아일랜드면(해도면이라고도 불림) : 미국 남부 해안에서 생산되는 면으로, 섬유장이 무려 44mm나 되는 긴 섬유로 매우 우수한 품종이나, 경제성이 작아 생산량이 매우 적다. 이러한 원면은 120수 이상의 세 번수를 뽑을 수 있으며, 광택이 좋다.

- 피마면 : 이집트 면을 미국에서 재배하거나, 미면과 교배하여 얻은 잡종으로 캘리포니아, 뉴멕시코 등지에서 재배된다. 섬유장이 35~38mm 정도 되고, 비교적 균일하여 우수한 품종으로 인식된다.

- 육지면 : 미국, 중국 등지에서 생산되는 품종으로 25mm 정도의 섬유장을 가진다.

- 이집트면 : 여러 품종이 있으나 대표적인 품종인 메노우피(Menoufi)와 기자(Giza) 68은 32~38mm의 섬세한 섬유를 가지며, 우수한 면으로 꼽는다.

- 인도면 : 섬유장이 짧아 9~22mm 정도이고 품질이 다소 떨어져 다른 면을 섞어 방적하는 경우가 많다.

carding 과정을 통해 빗질되어 엉킨 섬유가 평행하게 배열되고, 남은 잡물이 제거되어 굵은 로프와 같은 섬유 집합체인 슬라이버sliver로 된다. 소면 후 연조drawing, 조방roving, 정방spinning 공정을 거쳐 얻은 실을 소면사 또는 카드사carded yarn라 한다. 연조는 여러 개의 슬라이버를 합쳐 늘여 한 개의 슬라이버로 만드는 과정으로, 이때 섬유의 혼방이 이루어진다. 조방은 연조에서 얻어진 슬라이버를 실로 뽑을 수 있도록 가늘게 늘이는 과정이고, 정방은 원하는 굵기가 되도록 꼬아서 실로 만드는 과정을 말한다.

소면이 끝난 슬라이버를 다시 빗질하여 짧은 섬유를 제거하고 섬유를 더욱 평행하게 배열하는 과정을 정소면combing이라 하며, 정소면 이후 연조, 조방, 정방을 거쳐 얻어진 실을 코머사combed yarn라 한다.

2) 형태

면 섬유는 길이가 10~40mm 정도이며, 섬유의 길이는 품종에 따라 차이가 있다. 면 섬유는 단세포로 되어 있다. 측면은 천연 꼬임이 있는 리본 모양인데, 이 꼬임은 우연과 좌연이 반반 정도이다. 이 천연 꼬임으로 인해 면 섬유는 좋은 방적성과 탄성을 갖게 된다. 단면은 중앙에 중공lumen이 있는 찌

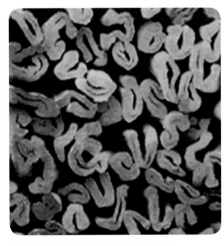

그림 **4-6** 면 섬유의 단면(좌)과 측면(우) 형태

의류소재

그러진 호스와 같은 모양이다 **그림 4-6** .

섬유벽은 여러 층으로 되어 있으며, 바깥쪽 표피층은 왁스와 펙틴질로 되어 있어 섬유가 자외선과 산소 등에 의해 산화되는 것을 방지하는 역할을 한다. 표피 내부의 1차 막은 셀룰로오스 피브릴fibril로 되어 있으며, 0.1~0.2mm 정도로 전체 섬유의 1/10 정도를 차지한다. 피브릴은 가는 섬유가 여러 층으로 결합되어 있는데, 1차 막의 맨 바깥층은 피브릴이 섬유의 길이방향으로, 가장 안층은 피브릴이 섬유의 길이방향에 대하여 직각으로 배열해 있으며, 그 중간에는 섬유 측에 대하여 70°의 각을 이루면서 나선상으로 우연 또는 좌연방향으로 겹쳐 배열되어 있다 **그림 4-7** .

1차 막 내부에는 셀룰로오스 성분의 두께 0.4mm의 2차 막이 있으며 전체 섬유의 90%를 차지한다. 2차 막은 섬유의 길이방향에 대해 20~45°의 각도를 이루며 나선상으로 층을 이루며 결합되어 있는데, 면 섬유가 갖고 있는 천연 꼬임은 바로 이 2차 막의 나선구조에 기인한다.

중공은 면화가 개화하기 전에 원형질이 차 있다가 건조되면서 생긴 공간으로 원형질 성분인 단백질, 염료, 색소 등이 남아 원면은 누런색을 띤다. 원면은 94%의 셀룰로오스를 함유하고, 불순물로 단백질(1.4%), 펙틴(1.2%), 회분(1.2%), 왁스(0.6%) 등을 함유하지만 정제하여 거의 순수한 셀룰로오스를 얻을 수 있다.

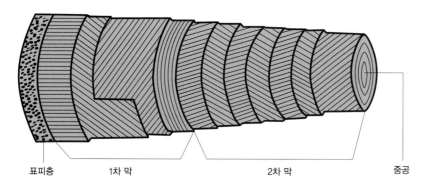

표피층   1차 막   2차 막   중공

그림 **4-7** 면 섬유의 미세구조

3) 성질

(1) 비중

면의 비중은 1.54로 비교적 무거운 섬유이다. 면을 구성하는 셀룰로오스 자체는 무거운 편이지만 면 섬유는 중공을 갖고 있으므로 겉보기 비중은 이보다 작다.

(2) 강도와 신도

면의 강도는 섬유 중 중간 정도에 속한다. 대체로 섬유장이 긴 섬유가 강도가 높은 편이나, 신도는 거의 비슷하다. 섬유의 끊어짐은 주로 고분자 비결정 영역의 고분자쇄 말단에서 일어나므로, 고분자의 중합도가 크고 결정화도가 클수록 강도가 커진다. 면은 뒤에 나오는 비스코스 레이온에 비해 중합도가 5배 정도 크고, 결정화도도 2배 정도 커서 건조 상태의 강도가 더 높다.

면은 강도와 신도가 습윤 상태에서 10~20% 증가한다. 습윤강도가 크고 내세탁성이 좋아 실용적인 섬유이다. 같은 셀룰로오스 섬유라도 재생 셀룰로오스인 비스코스 레이온은 습윤 시 강도가 감소하는 데 반해, 천연 셀룰로오스인 면은 습윤 시 강도가 증가하게 된다. 레이온과 같이 중합도가 낮고 비결정 영역이 큰 고분자의 경우에는 습윤 시 수분이 비결정 영역에 침투하면서 분자 간 간격을 멀게 하고 분자 간 인력을 감소시켜 강도가 떨어지게 된다. 반면, 면과 같이 중합도가 높고 결정화도가 높은 고분자의 경우에는 습윤 시 셀룰로오스 분자쇄의 이동성이 증가하면서 고분자가 응력의 방향으로 재배열되어 배향성이 좋아지고, 오히려 더 큰 응력에 견딜 수 있게 되어 강도가 커지게 된다고 설명된다. 또한 면 섬유는 피브릴 구조로 되어 있는데 습윤 시 피브릴이 팽윤되면 피브릴 간 마찰력이 증가하면서 강도가 커진다고도 설명된다.

(3) 탄성과 레질리언스

탄성은 좋지 못한 편으로, 2% 신장 시 탄성회복률이 74%이며, 5% 신장 시 50% 정도이다. 방적 또는 제직 과정에서 가해진 신장이 바로 회복하지 않고 실이나 직물에 남아 있는 경우, 사용 중 점점 수축될 수 있으므로 이를 방지하기 위해 방축가공을 하기도 한다. 면직물은 구김이 잘 생기고, 레질리언스가 좋지 않은 편이고 형체안정성도 좋지 않은 편이다.

(4) 내열, 내연성

면의 내열성은 좋으나 150℃ 이상에서 장시간 방치하면 황변되고 서서히 분해되어 강도가 줄어들며, 250℃ 이상에서는 빠른 분해가 일어난다. 단시간 열을 받는 다림질은 220℃까지 안전하다. 면은 이연성 섬유로, 불을 붙이면 종이 타는 냄새가 나며 쉽게 탄다.

(5) 내약품성

산에 의해 쉽게 분해되고, 묽은 무기산에 의해 손상된다. 알칼리에 대한 내성은 좋은 편이다. 면 섬유를 진한 수산화나트륨 용액으로 처리하면, 수축되고 팽윤되면서 단면의 형태가 원형으로 되고 측면의 꼬임이 사라지며 투명도가 증가하게 된다. 이러한 가공을 머서화mercerization 가공이라고 하며, 이러한 가공 중 결정화도가 감소하고 흡습성과 염색성은 너욱 증가하게 된다. 수축을 방지하기 위해 장력을 가한 상태에서 머서화를 하면 면의 광택이 증가하고, 강도가 약간 증가하게 된다.

　모든 종류의 표백제에 대해서는 대체로 안정하나, 수지가공이 된 면직물은 수지가 염소계 표백제에 의해 변색되는 경우가 있어 주의가 필요하다. 퍼클로로에틸렌perchloroethylene을 비롯한 드라이클리닝 용제에 대하여 안전하다.

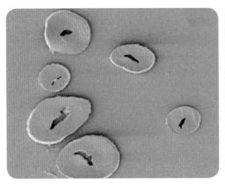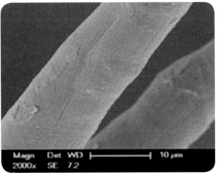

그림 4-8 머시화 면의 딘면(좌)과 측면(우) 형태

**한걸음
더**

면의 머서화 가공

면의 머서화 가공은 1850년 존 머서(John Mercer)가 면직물이 수산화나트륨(NaOH) 용액에서 팽윤과 수축을 하면서 흡습성과 광택이 향상되는 것을 발견하면서 알려지게 되었는데, 이를 실켓가공이라고도 한다. 이후 호러스 로우에(Horace Lowe)가 장력하에서 알칼리 처리하여 광택이 더욱 증진됨을 발견하였다.

  머서와 공정은 면사 또는 면직물을 18~25%의 수산화나트륨 용액에 실온에서 2~3분간 처리하는데, 장력하에서 처리할 경우 강도가 15~30% 정도 증가하게 된다. 수산화나트륨의 농도와 처리시간에 따라 가공 후 직물의 성질이 달라지므로, 최종 용도에 따라 가공조건을 정하게 된다.

(6) 흡습성

표준상태에서의 수분율은 7~8%이고, 100% 습도에서는 25~27%까지 수분을 흡수한다. 머서화 면의 수분율은 더욱 증가하여 10~12%가 된다.

(7) 염색성

면 섬유는 분자 내에 -OH기와 같은 염료와 결합을 이룰 만한 기능기를 갖고 있고, 흡습성이 높은 편이어서 염색성이 매우 좋은 편이다. 직접, 황화, 배트vat, 반응성 염료 등에 의해 염색이 잘 된다.

(8) 내일광성

장시간 일광에 노출되면 강도가 점차 줄어들며, 내일광성은 중급 정도이다. 직사일광이 없는 곳에서는 큰 영향을 받지 않는다.

(9) 내충, 내균성

면은 고온·고습하 곰팡이, 세균 등 미생물의 침해를 받아 변색되고 강도가 떨어질 수 있다. 반대좀에 의해 침식되며 풀을 먹인 면 섬유의 경우, 더욱 쉽게 침식을 받는다.

(10) 용도와 관리

면은 세계 전체 섬유 생산량의 40% 내외를 차지하는 섬유로, 내구성과 흡습성이 좋고, 오염을 잘 흡수하여 위생적이며 염색성이 좋다. 실용적인 섬유로 속옷과 겉옷을 포함한 의류 재료로 사용된다. 하지만 면 섬유는 구김이 잘 생기고 형체안정성이 부족하여, 합성섬유와 혼방하거나 방축가공, 방추가공 등을 통하여 결점을 보완하여 주로 사용된다.

1.3 아마

아마 섬유는 이집트 고대무덤에서 발굴된 옷이 기원전 4천여 년의 것으로 확인되면서, 인류가 재배한 섬유로는 가장 오래된 것으로 추정되고 있다. 면의 생산과 면방직 공업의 발달에 따라 점차 쇠퇴하게 되었으나, 내구성이 좋고 시원한 촉감을 가져 여름 옷감 소재로 많이 사용되고 있다.

1) 생산

아마flax, linen 섬유는 아마과의 아마Linum usitatissimum라고 하는 1년생 식물의 인피인 줄기 표피와 목재부 중간층에서 얻는 섬유로, 일조량이 적고 습기가 많은 온대지방에서 잘 자라는데, 이런 점에서 유럽이 재배하기에 좋다. 파종하면 90~100일 만에 성숙하는데, 성숙하기 전에 수확한다. 뿌리째 수확 후 수분이 11~13% 될 때까지 건조하고, 탈곡기로 종자와 잎을 제거하여 정제된 줄기를 얻는데, 이를 생경bast, pulled flax이라고 한다.

생경으로부터 섬유를 얻기 위해, 침적 또는 침지retting 과정을 통해 펙틴질을 분해시킨다. 침지(또는 침적)는 생경을 고인 물이나 흐르는 물에 7일에서 수주 동안 노출시키는 과정으로, 침지 동안 발효에 의해 펙틴질의 분해가 일어나게 된다. 양질의 아마 섬유를 얻기 위해 35℃ 정도의 온수에 50~60시간 침지하는 온탕침지법을 사용한다. 이 밖에 탄산나트륨 등 화학약품을 사용하여 분해하는 화학침지법을 사용하기도 하는데, 시간을 단축하는 이점이 있으나 섬유를 손상시킬 가능성이 있다.

침지가 끝난 아마 섬유는 80% 내외의 셀룰로오스를 함유하며, 펙틴 11%, 펜토산 8% 등 비셀룰로오스를 다량 함유한다. 침지가 끝나면 건조하여 간경retted flax을 얻으며, 이후 분쇄기로 간경의 목질부를 분쇄하여 섬유분리를 쉽게 하는데, 이 작업을 쇄경이라 한다. 쇄경 후 제선기로 목질부를 제거하고, 섬유를 분리하는데, 이 과정을 제선scutching이라고 하며, 이때 얻어진 섬유를 정선scutched flax이라고 한다. 정선을 빗질하여 불순물과 짧은 섬유를 분리하는데, 이 공정을 즐소hackling라고 하며, 이때 얻어진 긴 섬유

그림 **4-9** 아마의 분리. 왼쪽부터 생경, 간경, 정선, 장선, 단선

를 장선hackled flax, 짧은 섬유를 조선 또는 단선spun flax이라고 한다.

2) 형태

아마 섬유는 생경의 표피와 내부 목질부 사이 인피 부분에 섬유 속을 이루고 있다 그림 4-10 . 그림 4-11 에 보이듯, 세포 섬유의 단면은 오각 또는 육각형이고, 외피가 두꺼우며 중심에는 작은 중공이 있다. 측면은 폭이 불규 칙하고 마디가 있으며, 길이방향 의 줄이 있다. 장선은 하나의 섬 유가 아니고 여러 개의 섬유가

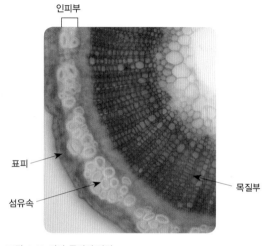

그림 **4-10** 아마 줄기의 단면

펙틴질로 결합된 섬유속이 하나의 섬유처럼 보이는 것인데, 장선의 길이는 60~90cm까지 되지만, 실제 하나의 세포인 단섬유의 길이는 25~50mm이며, 폭은 20~30㎛ 정도이다.

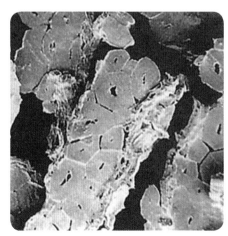
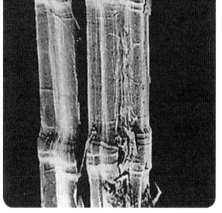

그림 **4-11** 아마의 단면(좌)과 측면(우) 형태

3) 성질

비중은 1.50으로 다른 셀룰로오스 섬유와 비슷하다. 아마 섬유는 셀룰로오스의 중합도가 크고 배향이 잘 되어 있어, 강도가 5.6~6.3gf/d 정도로 면보다 높고, 신도는 매우 낮은 1.5~2.3% 정도이다. 습윤하면 강도가 약간 증가하며, 탄성률이 커서 강직한 섬유이다.

아마 섬유는 탄성과 레질리언스가 좋지 못하다. 2% 신장에서의 탄성회복률은 65%이며, 구김이 잘 가는 섬유이다.

내열성은 좋아서 150°C 이하에서는 장시간 변화가 없고, 그 이상의 온도에서는 점차 강도가 줄어든다. 안전한 다림질 온도는 260°C 정도로 높다. 아마를 비롯한 마 섬유는 열전도율이 높아 시원한 촉감을 가진다.

표준수분율은 7~10%로 면보다 약간 크고, 흡습과 건조 속도는 면보다 빠르다. 염색성은 면과 같고, 분자 배향이 높아 염색 속도는 면보다 느리다.

산, 알칼리, 기타 약품에 대한 성질은 면과 비슷하거나 약하다. 짙은 알칼리 및 강한 표백에 의해 섬유속이 단섬유로 해리되면서 아마의 뻣뻣한 성질이 없어질 수 있다.

아마에는 비셀룰로오스 함량이 다소 높아, 같은 셀룰로오스 섬유인 면이나 레이온보다 일광에는 약한 편이다. 곰팡이에 대한 저항력이 있지만, 온도가 높고 습기가 많으면 곰팡이가 자랄 수 있다. 해충에 대한 저항성이 큰 편이다.

4) 용도와 관리

아마 섬유는 견 광택을 가진 섬세한 실을 얻을 수 있고, 강직하며 열전도도가 높아 시원한 느낌이 들기 때문에 여름 소재로 많이 사용된다. 세탁성과 내균성이 좋고, 흡수와 건조가 빨라 손수건, 식탁보로도 많이 사용된다.

아마 섬유로 된 섬유제품은 물세탁에 의해 수축하고, 되풀이 세탁에 의해 단섬유로 해리되면서 본래의 뻣뻣한 성질이 없어지므로 드라이클리닝을 권하는 경우가 있다. 물세탁을 할 경우에는 40℃ 이하에서 심하게 비비지 않는 것이 좋다.

1.4 저마(모시)

저마ramie 섬유는 우리나라에서는 예로부터 모시라고 불리며 여름 옷감으로 많이 사용되었다. 언제부터 우리나라에서 사용되었는지 명확하지는 않으나 대개 신라말 경으로 알려져 있으며, 고려시대에는 흰 세모시가 우리나라 특산품으로 이웃 나라에 알려졌다고 전해진다. 저마 섬유는 다른 마 섬유와 같이 시원한 촉감을 갖고 있어 예부터 여름 한복감으로 많이 사용되었다.

1) 생산

모시는 쐐기풀과에 속하는 모시풀Boebmeria nivea의 인피에서 얻은 섬유이다. 모시풀은 습기가 많고 기후가 따뜻한 지방에서 자라며 우리나라, 중국, 인도 등 아시아와 일부 유럽에서 재배되나 생산량은 매우 적다.

모시풀은 한 번 심으면 약 20년간 계속 수확할 수 있으며, 1년에 1~3회 수확한다. 수확하면 제선기로 목질부를 분쇄하여 섬유를 분리한다. 분리된 섬유에는 다량의 펙틴질이 포함되어 있는데, 이를 물에 침지시키거나 수산화나트륨 용액으로 처리하여 제거하는 정련 과정을 통하여 셀룰로오스 함량을 높이고, 견과 같은 광택을 가진 순백의 섬유를 얻어 사용한다.

2) 형태

모시 섬유의 폭은 불균일하고 중간에 마디가 있으며 단면은 타원형에 가깝고 큰 중공이 있다. 섬유의 길이는 100~200cm이나 이것은 단섬유의 집

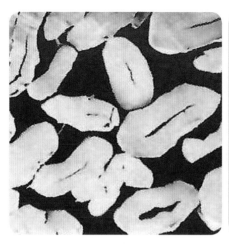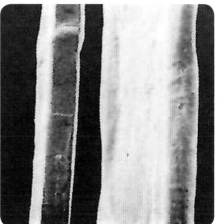

그림 4-12 저마의 단면(좌)과 측면(우) 형태

합체의 섬유속 크기이고, 단섬유는 길이 15~25cm, 폭 20~80μm로 셀룰로오스 섬유 중 큰 편이다. 모시는 셀룰로오스 함량이 72% 내외이고 펜토산 16%, 펙틴 8% 등의 비셀룰로오스를 함유한다.

3) 성질과 용도

모시 섬유는 셀룰로오스 섬유 중에서 결정성과 분자의 배향이 매우 잘 발달되어 있어, 강도는 5.3~7.4gf/d이고, 신도는 2~3%에 불과하다. 습윤 시에는 강도가 10~15% 정도 증가하며, 표준수분율은 7.8%로 면과 비슷하다.

모시 섬유는 탄성이 부족하여 2% 신장 후 탄성회복률은 58% 정도로 레질리언스가 나쁘고 구김이 잘 생긴다. 표백과 알칼리에 대한 내성은 아마나 대마보다 좋은 편이다.

모시 섬유는 백색의 섬세한 섬유로, 열전도도가 높아 시원한 촉감이 있어 여름 소재로 많이 사용된다. 탄성과 레질리언스가 좋지 못해 구김이 많이 생기기 때문에 폴리에스테르 섬유와 혼방하여 셔츠 등의 옷감으로 사용된다. 관리 방법은 아마와 같다.

1.5 대마(삼베)

대마hemp는 뽕나무과에 속하는 일년생 초본인 대마Cannabis sativa의 인피에서 얻는 섬유로 우리나라에서는 삼베라는 이름으로 오랫동안 여름용 옷감으로 사용되었다.

1) 생산

대마는 일년생 식물로 파종하여 3~4개월 만에 수확한다. 대마는 수확 후 물에 침지하거나 들에 방치하여 펙틴질을 분해시키고 아마와 같은 제선을 거친다.

우리나라에서는 안동포, 돌실나이를 비롯한 고급 삼베 직물이 발달하여 상복이나 평상 한복 옷감으로 많이 쓰인다.

2) 형태

대마 섬유의 단면은 둥근 다각형의 불규칙한 모양으로 중공이 아마보다 크다. 단섬유의 집합체인 섬유속이 긴 섬유를 이루며, 이 섬유속의 길이는 1~3m에 이르나, 단섬유의 길이는 5~55mm, 섬유폭은 16~50㎛ 정도이다.

대마는 셀룰로오스 68%, 펜토산 18%, 리그닌 13%, 펙틴 5% 정도를 함유하며, 리그닌의 함량이 높아 표백하거나 알칼리와 가열하면 손상되어 백색 섬유를 얻기 어렵다.

3) 성질과 용도

강도가 크며 신도가 낮고, 탄성과 레질리언스가 좋지 않아 구김이 잘 생긴다. 표백에 의하여 강도가 손상되고 기계 방적이 불가능하여 일상복 소재로

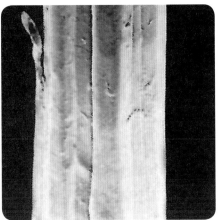

그림 **4-13** 대마의 단면(좌)과 측면(우) 형태

는 거의 쓰이지 않는다. 내구성이 좋아 과거에는 로프의 재료, 카펫의 기포, 가방의 재봉사로 사용되었으나, 다른 인조섬유가 이러한 용도를 대체하면서 대마의 사용이 많이 줄었다.

1.6 기타

황마jute는 일년생 식물의 인피에서 얻는 섬유로 셀룰로오스 61%, 리그닌 24%, 펜토산 18%를 함유하고 황색을 띤다. 표백이 어렵고 표백에 의해 강도가 크게 떨어진다.

섬유속의 길이는 2~3m, 단섬유의 길이는 1.5~5mm, 폭은 20~25㎛ 정도이며, 단면은 불규칙한 다각형이고 타원형의 큰 중공이 여러 개 있다. 일광과 습기에 의해 강도가 현저히 떨어져 내후성이 나쁜 편이다. 강도는 3gf/d이고 습윤강도가 감소한다. 의류소재로는 적당하지 않고 부대, 카펫의 기포 등에 사용되다가, 다른 인조섬유가 사용되면서 황마의 사용이 줄었다.

마닐라마는 아바카abaca라고도 하며, 단면은 타원형의 불규칙한 모양으로

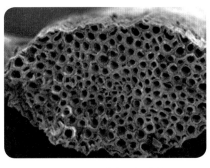

그림 4-14 마닐라마의 단면(좌)과 형태(우)

큰 중공이 여러 개 있으며, 측면에는 길이 방향의 선이 보인다. 섬유속의 길이는 1~3m, 단섬유 2~12mm, 폭이 10~20μm이다. 다른 마섬유와 비슷한 성질을 가지며, 테이블보 등 실내장식에 쓰이고, 티백tea bag용 종이 원료로도 사용된다 그림 4-14 .

사이잘sisal 섬유는 사이잘 잎에서 얻는 섬유로, 동남아시아의 열대 지방이 주 산지이다. 비슷한 섬유로 유카탄 반도와 쿠바 등지에서 나오는 헤네킨 henequen 섬유가 있으며, 사이잘 섬유보다 내구성이 떨어진다. 사이잘 섬유와 헤네킨 섬유는 마닐라마 섬유보다 품질이 떨어지며 실내장식용으로 사용된다 그림 4-15 .

케이폭kapok은 케이폭 나무 열매에서 얻어지는 종자섬유로, 열매가 성숙하여 터지기 전에 수확하여 섬유를 얻어야 한다. 케이폭 섬유는 원통상으

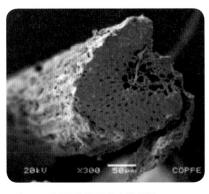

그림 4-15 사이잘의 단면(좌)과 형태(우)

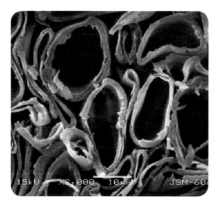

그림 **4-16** 케이폭의 단면(좌)과 형태(우)

로 길이가 8~32mm, 지름이 30~35μm이며, 강도가 작고 미끈하여 방적성이 좋지 않다. 섬유 내 중공이 크고 완전하여 물이 침투하지 않고 부력이 좋아, 자체 무게의 30배까지 물에 뜨게 하므로 구명구의 충전재로 사용되며, 가볍고 탄력과 보온성이 좋아 침구재의 충전재로도 사용된다 그림 **4-16** .

  야자 섬유는 코이어coir라고도 하며, 야자나무 열매의 외피에서 얻어지는 과실섬유로, 야자의 외피를 땅에 묻거나 물에 침지하고 부수어서 섬유를 분리한다. 섬유 단면은 원형이며, 내부에 큰 중공을 여러 개 가진 무수한 세포로 되어 있다. 강직하여 매트나 솔에 사용된다 그림 **4-17** .

그림 **4-17** 야자 섬유의 단면(좌)과 형태(우)

2 단백질 섬유

마 섬유의 기원이 5천 년 이상을 거슬러 올라간다고 하지만, 인류 최초의 의류소재는 동물 털이 붙어 있는 가죽이었을 것이다. 하지만 가죽은 무겁고 뻣뻣하며, 동물을 죽여야 얻을 수 있다는 단점이 있다. 가죽을 통째로 사용하는 대신 동물의 털을 깎거나 수집하여 방적하는 기술이 개발되기까지는 많은 시간이 소요되었지만, 이후 개발된 양모wool와 헤어 섬유는 의류소재로서, 그리고 카펫과 같은 실내장식 섬유로도 인기가 높다. 동물(곤충의 분비물)로부터 얻는 또 다른 인기 있는 소재로 견 섬유가 있다. 양모 섬유와 견 섬유는 모두 단백질이 주된 구성성분이다.

화학구조가 한 가지인 셀룰로오스와 달리, 단백질protein은 이를 구성하는 아미노산의 종류와 배열에 따라 무한히 다양한 화학구조를 가지며, 이에 따라 단백질의 종류가 달라진다. 예를 들어, 양모 섬유의 단백질은 머리카락과 같은 케라틴keratin이고, 견 섬유의 단백질은 피브로인fibroin이며, 가죽이나 피부를 이루는 단백질은 콜라겐collagen이다. 여기서는 단백질 섬유 중 양모, 기타 동물의 헤어 섬유, 견 섬유를 살펴본다.

2.1 단백질

1) 단백질의 화학구조

단백질은 탄소, 수소, 산소 외에 질소를 함유하는 고분자 화합물로, 단백질의 종류에 따라 황을 함유하는 것도 있다. 단백질 섬유는 단백질을 구성하는 아미노산의 종류와 배열에 따라 화학적 조성과 구조가 달라지므로, 구성 단백질의 종류에 따라 섬유의 성질이 달라진다.

단백질은 여러 가지 아미노산이 결합되어 이루어진다. 아미노산은 분자 내에 염기성인 아미노기(-NH$_2$)와 산성인 카르복실기(-COOH)가 같은 탄소에 함께 결합된 양쪽성 물질로, 측쇄의 -R 치환기에 따라 아미노산의 종류가 달라지는데 그림 4-18, 총 20가지 다른 종류의 아미노산이 있다 표 4-3.

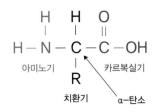

그림 4-18 아미노산의 화학구조

단백질은 아미노산의 결합으로 이루어지는데, 한 아미노산에 결합된 아미노기의 수소와 다른 아미노산에 결합된 카르복실기의 수산기 사이에서 물이 분리되면서 펩타이드peptide 결합이 형성된다 그림 4-19. 그림 4-20 의 도식에서 보듯, 단백질은 여러 개의 아미노산이 펩타이드 결합에 의해 이루어진 고분자 중합체이며 단백질을 폴리펩타이드polypeptide라고 부른다.

단백질은 분자쇄 말단 또는 측쇄(-R)에 카르복실기(-COOH)와 아미노기(-NH$_3$)를 가지고 있는데, 이러한 -COOH, -NH$_3$ 기능기는 용액 중에서 pH에 따라 양전하(-NH$_4^+$) 또는 음전하(-COOH-)를 띠게 된다. 단백질 고분자들의 양전하와 음전하의 양이 같게 되는 pH를 등전점isoelectric point라고 하는데, 이 등전점에서 단백질 고분자들은 전기적으로 중성을 띠게 된다. 반면, 용액의 pH가 고분자의 등전점보다 낮을 때에는 양전하의 양이 많게 되고, 용액의 pH가 고분자의 등전점보다 높을 때에는 음전하의 양이 많게 된다. 단백질 섬유인 양모와 견 섬유는 등전점의 pH가 4~6 정도의 범위에 있으며, 이러한 등전점의 원리를 활용하여 단백질 섬유를 양전하 또는 음전하로 이온화하고 염색가공의 효과를 높이기도 한다.

단백질 섬유에 따라 각 아미노산의 종류와 함량은 차이가 있는데, 표 4-3을 살펴보면 메리노 양모의 케라틴 단백질과 견 섬유의 피브로인과 세리신 단백질에 들어 있는 아미노산의 조성이 다름을 알 수 있다. 견 섬유를 이루는 주된 단백질은 피브로인인데, 세리신sericin 단백질에 의해 두 가닥의 피브로인 섬유가 교착되어 있으며, 보통은 세리신을 제거하고 피브로인만 사

표 4-3 아미노산의 종류와 단백질 섬유별 아미노산 조성의 예

아미노산 이름		치환기	케라틴 (메리노 양모)	피브로인 (견)	세라신 (견)
중성 아미노산	글리신 (glycine)	$-H$	8.1	44.6	14.7
	알라닌 (alanine)	$-CH_3$	4.9	29.4	4.3
	발린 (valine)	$-CH(CH_3)_2$	5.0	2.2	3.6
	류신 (leucine)	$-CH_2CH(CH_3)_2$	6.9	0.5	1.4
	이소류신 (isoleucine)	$-CH(CH_3)CH_2CH_3$	2.8	0.7	0.7
	페닐알라닌 (phenylalanine)	$-CH_2C_6H_5$	2.4	0.6	0.3
	프롤린 (proline)	$-(CH_2)_3$	7.4	0.4	0.7
히드록시 아미노산	세린 (serine)	$-CH_2OH$	10.1	12.1	37.3
	티로신 (tyrosine)	$-CH_2C_6H_4OH$	4.1	5.2	2.6
	트레오닌 (threonine)	$-CH(OH)\,CH_3$	6.4	0.9	8.7
황함유 아미노산	시스틴 (cystine)	$(-CH_2SSCH_2-)_{1/2}$	11.1	0.2	0.5
	메티오닌 (methionine)	$-CH_2CH_2SCH_3$	0.4	0.1	−
산성 아미노산	아스파르트산 (aspartic acid)	$-CH_2COOH$	5.9	1.3	14.8
	글루탐산 (glutamic acid)	$-(CH_2)_2COOH$	12.0	1.0	3.4
염기성 아미노산	리신 (lysine)	$-(CH_2)_4NH_2$	2.3	0.3	2.4
	트립토판 (tryptophane)	$-(CH_2C=CH-NH-C_6H_6)$	2.4	0.1	−
	히스티딘 (histidine)	$-(CH_2C=CH-N=CH-N)$	0.7	0.1	1.2
	아르기닌 (arginine)	$-(CH_2)_3NHC=NHNH_2$	7.1	0.5	3.6

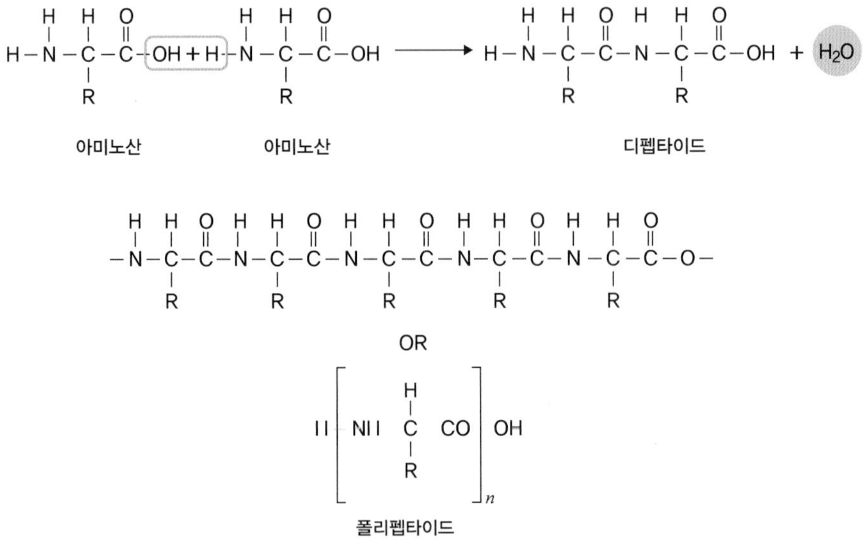

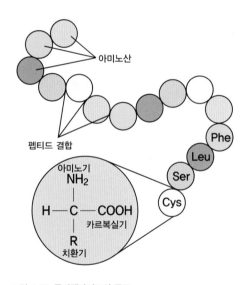

그림 **4-19** 아미노산의 펩타이드 결합

그림 **4-20** 폴리펩타이드의 구조

용한다. 견 섬유의 피브로인 단백질에는 글리신, 알라닌 같은 측쇄가 간단한 아미노산의 조성이 많은 반면, 양모 섬유의 케라틴 단백질에는 황(S)이 들어 있는 시스틴과 같은 아미노산의 함량이 견에 비해 크다. 이러한 아미노산의 측쇄나 측쇄의 기능기는 단백질 고분자 간의 인력 형성에 영향을 미치고, 결과적으로 결정성과 탄성 등 물리적 성질에 영향을 주게 된다.

2) 단백질의 종류

(1) 구상 단백질
구상 단백질은 단백질 분자가 둥글게 얽혀 있는 형태를 가지며, 분자 간 인력이 약해서 물이나 용매에 대한 용해성이 좋다. 달걀의 알부민albumin, 우유의 카제인casein, 혈액 중의 헤모글로빈hemoglobin, 생사의 세리신sericin 등이 구상 단백질에 속하며, 그 자체로 섬유로 이용하기는 어렵다.

(2) 섬유상 단백질
분자가 섬유상으로 배열된 단백질로, 수소결합 등 분자쇄 간 이차적 결합을 이루어 분자 간 인력을 형성하므로, 용매에 잘 녹지 않고 어느 정도 강도를 유지할 수 있어 섬유로 이용할 수 있다. 양모의 케라틴, 견의 피브로인, 피부의 콜라겐 등이 섬유상 단백질이다. 이 중 견의 피브로인과 양모의 케라틴 단백질에 대해 좀 더 살펴본다.

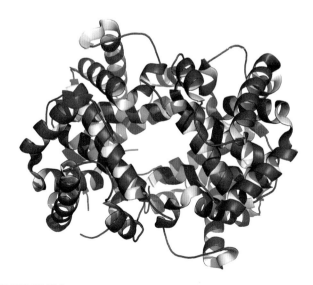

그림 4-21 구상 단백질의 형태

① 피브로인 : 견 섬유를 이루는 단백질로, 주로 10여 종의 아미노산으로 되어 있다. 특히 측쇄 -R 치환기가 간단한 분자로 되어 있는 글리신glycine, 알라닌alanine, 세린serine의 함량이 많다. 측쇄에 달린 분자가 작은 편이어서 분자쇄 간 가깝게 배열할 수 있어 이차적 결합을 형성하기가 좋기 때문에 분자 간 수소결합이 잘 발달되어 있다. 폴리펩타이드의 사슬은 거의 직쇄상으로 배열되어 병풍구조 또는 β-플리티드β-pleated 구조를 이루며, 이웃 사슬과 방향을 달리하면서 평행으로 배열되는 안티-패럴렐 anti-parallel 구조를 이루고 있다 **그림 4-22** .

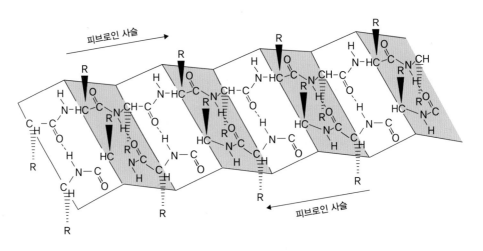

그림 **4-22** 피브로인의 안티-패럴렐 방향의 β-플리티드 구조

② 케라틴 : 양모, 다른 동물의 헤어 섬유, 사람의 머리털 등을 이루는 단백질로, 구성 아미노산의 종류가 피브로인에 비해 많고 분자쇄가 나선상으로 되어 있는데, 이를 α-헬릭스α-helix 구조라고 부른다 **그림 4-23** . 케라틴에는 황을 함유하는 시스틴cysteine이라는 아미노산이 있어 황 원소 간 공유결합인 이황 결합 또는 시스틴 결합(-S-S-)을 형성한다. 물리적 결합인 수소결합과 달리, 양모의 분자쇄 간 시스틴 결합은 보다 강한 공유결합으로 이루어져 있어 펩타이드 고분자 사슬을 단단히 묶어 주는 역할을 하므로 탄성회복률을 좋게 한다. 케라틴에는 글루탐산, 아스파르트

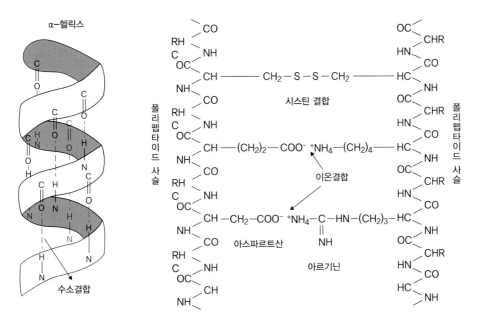

그림 4-23 케라틴의 α−헬릭스 구조에서 분자 내 결합(좌)과 케라틴의 분자 간 가교(우)

산 등 측쇄에 산성 치환기로서 카르복실기를 가진 아미노산을 갖고 있고, 또한 아르기닌, 리신과 같이 측쇄에 염기성 치환기로서 아미노기를 가진 아미노산을 갖고 있어, 펩티드 분자 사이에서 이온결합도 형성할 수 있다 그림 4-23 . 양모의 케라틴 단백질은 시스틴 결합, 이온결합 등 분자 사슬 사이를 화학적으로 결합시키는 분자 간 가교가 발달하여 탄성과 레질리언스가 좋은 섬유를 만든다.

2.2 양모

면양의 헤어 섬유를 다른 동물의 헤어 섬유와 구별하여 양모라고 한다. 가장 오래된 모직물은 이집트에서 발견되었으며, 기원전 4,000~3,500년 전의 것으로 추정되고 있다. 양모 섬유 자체는 유연하지만 직물이 되면 강직해지고, 탄성이 좋고 흡습성도 좋아 의류소재로서는 이상적인 섬유라고 할 수 있다.

1) 생산

면양은 따뜻한 지역에서 주로 사육되며 중국, 호주, 뉴질랜드, 유럽 등이 양모의 주요 생산국이다. 양모는 소과에 속하는 면양Ovis aries으로부터 얻는 털로, 섬유업계에서는 섬유의 형태에 따라 크게 메리노종merino, 재래종, 잡종cross-bred 등으로 분류하고 있다.

메리노종은 1,400년 경부터 스페인에서 육종된 면양으로서 가장 좋은 양모를 생산하나 산지에 따라 품질에 차이가 있으며, 보타니Botany(호주), 색스니Saxony(독일) 양모 등이 우수한 메리노 양모로 알려져 있다. 호주는 면양의 75%가 메리노종이며, 호주의 메리노 양모가 가장 품질이 좋다.

지역에 맞는 품종을 육종하기 위해 메리노종과 타 품종과의 교배에 의해 잡종을 얻는다. 잡종 중 컴백Come back은 품질이 매우 좋은 편이어서 다른 잡종과는 구별한다. 잡종인 코리데일Corridale에서 얻은 양모의 질은 메리노 양모보다는 못하다.

면양으로부터 털을 깎으면 한 장의 모피와 같은 형태를 얻는데, 이를 플리스fleece라고 한다. 플리스는 양모와 양모지, 땀과 같은 불순물이 섞여 있는 상태로, 그리스 양모grease wool라고도 한다. 한 마리 면양으로부터 얻을 수 있는 양모는 대략 메리노종의 경우 3~5kg이며, 이것에서 피지, 땀 등 불순물을 제거하는 정련 과정을 거치면 무게가 반으로 줄어든다.

양모의 품질은 면양의 부위에 따라 차이가 있으므로, 섬유의 길이, 굵기, 권축, 색 등에 따라 분류하여 사용하는데, 이를 선모 공정이라 한다. 선별된 양모를 정련을 통해 세척하여 양모에 붙은 양모지와 불순물을 제거하게 된다. 이 과정을 거친 양모를 정련 양모 또는 세모라고 하며, 이 과정에서 분리된 양모지를 회수하여 정제한 것이 라놀린lanolin이다. 라놀린은 화장품이나 공업 원료로 사용된다.

정련 후 아직 양모에 섞여 있는 식물성 잡물을 제거하기 위해 양모를 묽은 황산에 침지했다가 건조하는데, 양모는 산성에 강한 편이어서 손상되지 않으나 식물성 잡물은 황산에 의해 탄화된다. 탄화된 잡물을 제거하고, 묽은 알칼리로 중화하여 세척한 양모를 탄화 양모라고 한다.

플리스로부터 직접 얻은 새 양모를 뉴울new wool 또는 버진울vergin wool 이라고 한다. 양모는 새 양모 외에도 한 번 사용한 헌옷의 양모와 양모의 처리 과정에서 생긴 폐모를 회수하여 다시 사용하기도 하는데, 사용한 헌옷으로부터 재생된 양모를 재생모라고 하며, 사용하지는 않았으나 제직, 봉제 등 조작에 의한 폐품에서 재생한 양모를 재조작모라고 한다. 양모는 품질이 일정하지 않아, 울마크 컴퍼니The Woolmark Company에서는 양모의 품질 규격에 합격되는 제품에 울마크를 주고 있다 **그림 4-24** .

그림 **4-24** 울마크

2) 형태

양모의 케라틴은 분자가 나선형으로 되어 있어 신축성이 좋다. 분자 내 인력이 발달되어 있을 뿐 아니라 분자 간 시스틴 결합과 이온결합에 의한 가교 또한 발달되어 있어 레질리언스와 방추성이 좋은 섬유를 만든다. 양모 섬유의 섬도와 섬유장은 면양의 품종에 따라 차이가 있어 재래종인 링컨이나 레스터 품종 양모 섬유의 경우 20~30cm 섬유장을 갖고 섬유폭도 40~55㎛ 정도로 굵다. 양모 섬유는 길이 방향의 파상 형태를 보이는데 이것을 권축crimp이라고 한다. 메리노 양모는 섬유장은 짧은 편이나 섬세하고 권축이 발달되어 있으며, 켐프kemp(굵고 부서지기 쉬운 질 나쁜 섬유)를 함유하지 않아 양질의 섬유를 생산한다 표 4-4 .

그림 4-26 의 양모의 형태를 살펴보면, 양모의 단면은 타원형이고, 표면은 각질세포가 겹쳐져 생선 비늘 모양의 스케일scale층을 갖고 있다. 스케일층은 발유성이 있어 물을 튀기는 성질이 있고 내섬유를 보호하는 역할을 한다. 메리노 양모에는 1cm 사이에 스케일이 500~800개 정도 있는데, 스케일은 섬유 간 마찰을 크게 하여 방적성을 좋게 하여 직물을 만들 때 강직한 성질을 갖게 하지만, 섬유끼리 서로 얽히게 하여 축융성을 갖게 하기도 한다.

섬유의 중앙에는 원형 또는 타원형의 모수medulla가 있다. 섬세한 양모일수록 모수가 발달하지 않고, 거친 양모일수록 모수가 발달되어 있는데, 메

표 4-4 양모 품종에 따른 섬유장과 폭

품종	섬유장(cm)	폭(μm)	2.5cm 간 권축 수
메리노	7.5	8~11	32~34
컴백	12.5	22~28	20~24
코리데일	13.5	7~30	14~16
링컨	30	44~54	1~2
레스터	20	40~44	3~4

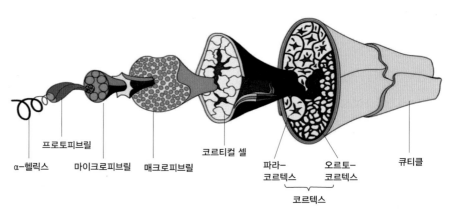

α-헬릭스 프로토피브릴 마이크로피브릴 매크로피브릴 코르티컬 셀 파라-코르텍스 오르토-코르텍스 큐티클

코르텍스

그림 4-25 양모 섬유의 구조

의류소재

리노종은 모수가 거의 없는 편이다. 표피층의 내부에는 내섬유층(코르텍스, cortex)이 있으며, 내섬유층은 길이 80~100㎛, 직경 12㎛ 내외인 방추모양의 내섬유세포로 되어 있다. 내섬유는 오르토 내섬유ortho cortex와 파라 내섬유para cortex의 영역으로 나뉘어 나란히 배열되어 있다 **그림 4-27** . 오르토 코르텍스는 파라 코르텍스에 비해 수분이나 염료를 잘 흡수하고 팽윤이 많이 되는데, 이러한 팽윤성의 차이로 양모 섬유는 자연적인 권축이 생기게 된다. 즉, 팽윤이 많이 되는 오르토 내섬유가 권축의 바깥쪽을 따라 섬유의 주위를 나선상으로 돌면서, 권축의 모양은 입체적인 모양이 된다 **그림 4-27** .

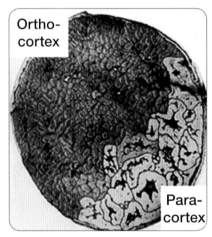

그림 **4-26** 양모 섬유의 단면(좌)과 측면(우) 형태

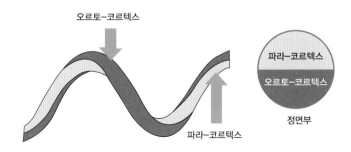

그림 **4-27** 양모 섬유의 오르토, 파라-코르텍스의 길이방향 배열(좌)과 단면 배열(우)

3) 성질

(1) 비중

비중은 1.32로 셀룰로오스보다 가볍다.

(2) 강도와 신도

메리노 양모의 강도는 1.0~1.7gf/d이고, 습윤 시 강도가 감소하여 0.8~1.6gf/d 정도로 천연섬유 중 매우 약한 편이나, 굴곡강도는 좋은 편이다. 신도는 25~35%로 매우 큰 편이고, 초기탄성률이 11~25gf/d로 매우 낮아 유연한 섬유이다. 유연한 섬유이기는 하지만 섬유 표면에 스케일층이 있어 제직 후 축융가공을 하면 섬유가 서로 얽히고 미끄러지지 않아 힘 있는 옷감이 된다.

(3) 탄성과 레질리언스

양모 섬유는 2% 신장 후 탄성회복률이 99%, 20% 신장 후 탄성회복률이 63%로 천연섬유 중 매우 우수하다. 레질리언스와 내추성이 우수한 섬유이다.

(4) 보온성

양모는 열전도율이 낮고, 권축으로 인한 함기성이 커 보온성이 좋다. 양모는 수분을 흡수할 때 열을 발생시키는데, 이것을 수착열이라고 한다. 더운 곳에서 추운 곳으로 이동하면 섬유 주변의 상대습도가 크게 증가하면서(20℃의 상대습도 40% RH에서 0℃ 상대습도 95% RH로) 수분을 흡수하게 되는데 수착열 때문에 열을 방출하여 보온성을 갖게 된다.

(5) 내열, 내연성

양모는 불꽃 속에서 녹는 듯하면서 타며, 머리카락이 탈 때와 같은 냄새를 풍긴다. 불꽃 속에서 꺼내면 잘 타지 않고 저절로 꺼진다. 105℃ 이상으로 가열하면 촉감이 거칠어지며, 본래의 성질을 되찾지 못한다. 130℃ 이상에서 분해되기 시작하며 300℃에서는 탄화된다.

(6) 흡습성

양모는 흡습성이 큰 섬유로, 정련 양모의 표준수분율이 14~16%, 포화 수증기 중 30%까지 수분을 흡수한다. 그러나 양모 표면은 스케일의 발수성 때문에 물을 튀기므로, 많은 양의 수분이 내섬유에 흡수되어 양모 섬유가 젖더라도 표면을 만지면 젖은 느낌이 덜하다.

(7) 염색성

염색성이 우수하여 여러 종류의 염료로 염색이 잘 되며, 좋은 견뢰도를 갖는다. 많이 사용되는 염료는 산성 염료이고, 산성 매염염료와 반응성 염료에도 염색된다.

(8) 내약품성

내산성은 비교적 좋아서 묽은 산에는 별 영향을 받지 않으나, 진한 황산과 질산 용액에는 용해된다. 알칼리에 대한 내성은 좋지 못하여 따뜻한 5% NaOH 용액에서는 5~10분 내에 완전히 용해된다. 비누, 암모니아, 규산나트륨, 인산나트륨 등의 약한 알칼리에서는 대체로 안전하다.

차아염소산나트륨 등 염소계 표백제는 클로로아민을 형성하므로 표백에 사용하면 안 되고, 짙은 용액에는 용해된다. 과산화수소가 적합한 표백제이다. 아황산수소나트륨, 하이드로설파이트hydrosulfite, 롱갈리트rongalit 등과 같은 환원표백제에는 손상되지 않으나, 표백 후 공기 중 산소에 의해 산화되면 점차 본래의 색으로 돌아가게 된다.

(9) 내일광성

일광에 의해 황변되면서 강도가 줄어들고, 견에 비하면 일광에 견디는 편이다.

(10) 내충, 내균성

곰팡이와 세균에 대해서는 비교적 안전하나, 습기가 많은 곳에서 곰팡이가 생길 수 있다. 양모는 단백질이므로 해충에 의해 쉽게 침식 당한다.

(11) 축융성

양모는 스케일의 방향성 때문에 양모 섬유가 마찰되면 엉키게 된다. 양모 섬유나 모직물을 비누물에 적시고 가열하면서 마찰시키면 섬유가 엉켜 두꺼운 층을 만드는데, 이러한 성질을 축융성이라고 한다. 축융성은 펠트 제조에 이용되기도 하지만, 세탁 시 마찰에 의해 두꺼워지고 수축되는 원인이 되기도 한다. 축융에 의한 수축을 방지하기 위한 방법으로 약품으로 스케일의 일부를 녹이거나, 수지로 스케일을 피복하여 방축가공을 하기도 한다.

4) 용도와 관리

양모는 초기탄성률이 작아 유연한 섬유이지만, 직물이 만들어지면 스케일로 인해 섬유와 실이 미끄러지지 않고, 특히 축융가공을 하면 힘 있는 옷감이 된다. 보온성이 좋고 흡습성과 염색성이 좋으며, 탄성과 레질리언스가 좋아 의류소재로 이상적인 섬유이다. 의류뿐만 아니라 모포와 고급 카펫에도 사용된다.

양모 제품은 축융성 때문에 물세탁과 마찰에 의해 수축될 수 있으므로, 드라이클리닝을 하는 것이 안전하다. 최근 방축가공의 발달로 세탁기로 세탁할 수 있는 제품이 나오고 있지만, 양모는 알칼리에 약하고 축융이 심해지므로 세탁에는 반드시 중성세제를 쓰고 마찰을 피해서 세탁하고 그늘에서 말려야 한다.

다림질은 150℃ 이하가 안전하며, 다리미천을 양모 직물 위에 놓고 직접 열이 닿지 않도록 하는 것이 좋으며, 편성물은 압력을 주지 않고 스팀으로 다리는 것이 좋다. 해충에 약하므로 건조한 곳에서 보관하는 것이 좋다.

2.3 헤어 섬유

1) 캐시미어

양모 외의 동물모를 헤어 섬유라고 하여 양모와 구별하는데, 캐시미어 cashmere와 낙타모를 제외하고 대체로 권축과 스케일이 양모에 비해 적어 방적성이 좋지 않다. 캐시미어는 캐시미어 염소로부터 얻는 털로 양모에 가까운 섬유이며 북부 인디아, 파키스탄 등에서 사육된다. 염소의 털은 굵고 거친 겉털guard hair과 부드러운 솜털undercoat로 나뉘는데, 캐시미어 섬유는 보통 솜털을 말한다.

다른 동물모와 달리 캐시미어는 털을 깎지 않고 갱모기인 6~7월에 손으로 빗어 떨어지는 털을 모아 사용하기 때문에, 얻을 수 있는 헤어의 양이 적어 한 마리의 염소에서 약 400g 정도를 얻으며, 솜털은 100~150g 정도만을 얻으므로, 캐시미어 코트 한 벌을 만들기 위해서는 30~40마리의 염소 털을 모아야 한다.

솜털의 섬유장은 3~9cm, 굵기는 직경이 15㎛ 내외로 비교적 균일하나, 겉털은 섬유장이 4~13cm, 직경이 30~150㎛로 불균일하다. 단면은 둥글고 표면에 스케일이 있으며 굵은 권축을 갖는다. 부드럽고 견과 같은 광택이 있으며, 백색이 상등품이고, 회색, 갈색 등의 섬유가 있다.

강도가 메리노 양모의 80~90% 정도로 약하고, 편성물 표면에는 필링이 잘 생긴다. 순 100%의 캐시미어도 사용하지만 양모, 기타 섬유를 섞어 방적하는 것이 보통이고 고급 양복, 코트, 편성물 등에 사용된다.

그림 4-28 캐시미어 염소

2) 낙타모

낙타모는 쌍봉낙타에서 얻으며, 털은 늦은 봄이나 이른 여름 갱모기에 저절로 탈락되는 섬유를 수집하여 얻는다. 낙타모의 겉털은 길이 10~25cm, 굵기 30~120㎛로 불균일하며, 강직하다. 솜털은 길이 5~7cm, 굵기 15~30㎛로 스케일과 권축이 비교적 잘 발달되어 있으며, 촉감이 부드럽다. 솜털은 고급 의복 재료로 사용된다. 밝은 황갈색에서 암갈색을 띠는데 천연의 색 그대로 사용하거나 짙은 색으로 염색하여 사용한다.

그림 4-29 쌍봉낙타

낙타모는 사막의 일교차로부터 몸을 보호할 수 있도록 보온성과 방수성이 발달된 섬유로, 솜털은 특별히 부드럽고 가볍고 보온성이 좋아 추운 지방의 양복, 코트, 편성물의 좋은 재료가 된다. 고급품은 100% 낙타모로 제조되기도 하나, 보통은 양모나 기타의 모 섬유와 혼방하여 사용한다.

3) 라마류 모

낙타과 라마속에는 라마, 알파카, 비큐나, 구아나코 등이 있으며, 헤어 섬유의 질은 좋으나 생산량이 적어 의복 재료로의 중요성은 떨어진다. 알파카는 남아메리카 안데스 산맥의 고지대에서 사육되는 동물로, 낙타 크기의 1/3 정도이다. 일 년에 한 번 털깎기를 하여 솜털을 옷감으로 사용한다. 섬유장은 10~25cm, 굵기는 11~35μm로 길고 부드러우며 매끄러운 광택을 가지며, 강도는 양모보다 크다. 보온성이 좋고 양복, 양복 안감, 실내장식에 사용된다.

라마는 알파카와 비슷하고, 대개 2년에 한 번 털을 깎으며, 겉털 약 20%와 솜털 약 80%로 구성되어 있다. 솜털의 길이는 8~25cm, 굵기는 10~60μm

그림 4-30 라마

정도이며, 털의 특성은 알파카와 비슷하나 알파카나 낙타모보다 약하다.

비큐나는 라마속 중 작은 편으로 키가 90cm 정도이지만 난폭하여 동물을 죽여야 털을 얻을 수 있다. 현재 멸종 위기로 보호동물로 지정되어 매우 희귀하다. 섬유 길이가 2~5cm, 굵기가 10~14μm 정도로 헤어 섬유 중 가장 곱고 부드러운 섬유 중 하나이다.

4) 모헤어

모헤어mohair는 앙고라 염소에서 얻은 헤어 섬유로, 티베트 산악지대가 원산지이다. 일년에 한번 깎는 털은 길이가 20~30cm 정도가 되고, 일 년에 두 번 깎는 털은 10~15cm이다. 굵기는 30~50μm 정도로 색은 백색, 은백색, 담황색을 띠며 광택이 좋다. 한 마리 염소에서 1년에 5~8kg의 헤어 섬유를 얻는다.

섬유 단면은 둥글고, 표면에 스케일이 덜 발달되어 있고 수도 적어 축융성이 거의 없다. 권축이 거의 없고 평활한 표면을 가져 양모보다 더러움을 덜 타지만 방적성이 떨어져 제직에 어려움이 있다. 고급 여름 양복감, 카펫, 실내장식에 사용된다.

그림 4-31 모헤어

의류소재

5) 토끼털

앙고라 토끼털은 피복 재료로 많이 사용되며, 1년에 한 번 털을 깎을 경우 길이 10~15cm, 굵기 10~30μm의 섬유를 얻는다. 3개월에 한 번 깎는 경우 6~8cm의 섬유를 얻는다. 권축이 없고 스케일이 발달되지 않아 단독으로 방적하기 어려워 양모 등과 혼합하여 방적한다. 비중이 작아 가볍고, 촉감이 부드럽고 매끄러워 직물, 편성물, 장갑 등에 혼방된다.

2.4 견 섬유

견 섬유는 누에고치의 분비물로부터 얻는 섬유로, 상용화되어 있는 천연섬유 중 유일하게 필라멘트 섬유이다. 누에고치로부터 섬유를 뽑아내기 위해서는 양잠 기술이 있어야 하는데, 이 기술은 중국에서 약 5,000년 전부터 시작되었으며, 우리나라에는 삼한시대에 양잠이 보급되었다고 한다. 견 섬유는 강직하고 흡습성이 좋으며 광택과 촉감이 좋아 고급 의류에 많이 사용되어 왔다.

1) 생산

견 섬유는 누에고치로부터 얻는 섬유로, 누에에는 여러 종류가 있고, 지역 풍토에 맞는 품종을 육종하여 사육하게 된다. 양잠 농가에서 누에를 사육하여 얻는 견을 가잠견이라고 하는데, 가잠견은 누에에 주로 뽕잎을 주어 사육하지만 최근에는 인공사료를 사용하기도 한다. 일반적으로 가잠견을 얻기 위해 많이 사용하는 누에는 백강잠Bombyx mori 종이다.

누에의 체내에는 한 쌍의 견사선이 있고, 이 견사선은 전부, 중부, 후부로 나뉜다. 피브로인은 후부 견사선에서 분비되어 중부 견사선에 저장된다. 중

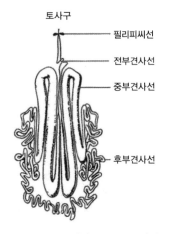
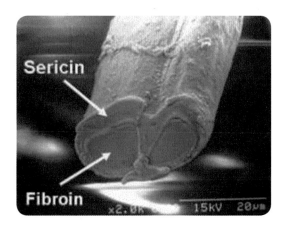

그림 **4-32** 견사선(좌)과 생사의 단면(우)

부 견사선에서 세리신이 분비되어 피브로인을 감싸고, 이것이 전부 견사선을 통해 토사구에서 방출된다. 이때, 양쪽 견사선에서 분비된 2개의 섬유가 합쳐지면서 세리신에 의해 교착되므로, 생사는 두 가닥의 피브로인이 세리신으로 교착되어 있다 그림 4-32 .

누에의 알을 22~25℃에서 보존하면 10~15일 후 부화되어 누에가 나오고, 먹이를 먹고 자라면서 4번 탈피한다. 4번째 탈피 후 누에는 먹기를 중단하고 몸이 투명해지는데, 이 누에가 섬유를 토하며 고치를 짓기 시작한다. 섬유를 뽑는 속도는 1분에 20cm 정도로 ∞자를 그리며 교착시켜 간다. 고치의 크기는 대략 길이 3cm, 직경 2.5cm 내외가 되며, 무게는 1.3~2g 정도이다. 누에가 고치를 완성하는 데는 3일 정도 걸리며, 부화 후 고치를 완성하는 데는 30~40일이 걸린다.

누에는 고치 속에서 2일이 지나면 번데기로 탈피하고 10일이 지나면 나방이 되는데, 나방은 알칼리를 분비하여 고치를 용해하면서 구멍을 뚫고 밖으로 나오게 되므로, 이후에는 고치의 섬유가 손상되게 된다. 고치를 보존하고 온전한 견 섬유를 얻기 위해서는 나방이 나오기 전에, 고치를 70~80℃로 가열하여 번데기를 죽이고 완전히 건조시킨다.

가잠견과 대비하여 야생의 참나무, 상수리나무 등의 잎을 먹고 자라는

의류소재

그림 4-33 고치의 생산(좌), 고치에서 섬유를 수집하는 모습(우)

야생 누에가 만든 고치를 수집하여 얻은 견을 야잠견Tussah silk이라고 하는데, 생산량이 적고 품질도 가잠견에 비하여 떨어져 의복 재료로의 이용은 적다. 야잠견 중 상품가치가 있는 것은 작잠Antheraea pernyi으로, 일반적으로 야잠견이라고 하면 작잠견을 말한다. 작잠견은 중국 산동성 일대에서 생산되고 있는데, 얻은 견 섬유는 황갈색을 띠며, 섬유의 단면형이 길죽한 삼각형 또는 편평한 모양을 하고 있다.

작잠견 섬유의 굵기는 가잠견의 2~3배이며, 불균일하다. 불순물을 많이

그림 4-34 가잠견(좌)과 야잠견(우)의 누에고치

함유하는데 정련 표백을 해도 백색을 얻기 힘들고, 염색성도 좋지 못한 편이지만 견 광택을 갖고 있다. 강도와 내약품성은 가잠에 비해 좋은 편이나, 촉감이 거칠고 온도에 의해 수축되는 결점이 있다. 대부분 스테이플사로 만들어 사용한다. **그림 4-34** 에 일반적으로 많이 사용되는 가잠견인 백강잠 누에와 작잠Antheraea pernyi 누에 종으로부터 만들어진 고치를 비교하였다.

2) 조사

고치로부터 생사raw silk를 뽑는 과정을 조사reeling라고 한다. 고치는 두 가닥의 피브로인이 세리신에 의해 교착되어 있는 상태로, 섬유를 뽑기 위해서 고치를 80~85°C의 온탕에서 약 10분간 가열하여 표면의 세리신을 연화하고, 섬유 간 교착이 해리되기 쉽게 한다. 그리고 70℃의 온수에 띄워서 섬유의 끝(또는 실머리)을 찾아 섬유를 뽑아내는데, 한 가닥의 섬유는 너무 약하여 끊어지기 쉬우므로, 필요한 생사의 굵기에 따라 몇 개의 고치에서 나오는 섬유를 집서기에서 합쳐 엮으면서 실을 뽑아 감는다 **그림 4-33의 우측 사진** . 이렇게 얻은 견사를 생사라고 한다.

생사의 굵기 표시는 데니어와 함께 '중'이라는 단위가 쓰인다. 한 올 섬유의 굵기는 2~3데니어 내외이며 일정치 않다. 고치 5~6개로 조사하면 13~15데니어, 7~8개로 조사하면 20~23데니어의 생사가 얻어진다. 견사의 굵기가 일정치 않아 범위로 존재하므로, 견사의 굵기를 표시할 때에는 데니어의 중간값을 택해서 14중, 21중 등으로 표시한다.

생사는 22~23% 세리신을 함유하며, 촉감이 거칠고 광택도 좋지 않다. 견의 우아한 광택과 매끄러운 촉감을 얻기 위해서는 생사에서 세리신을 제거해야 한다. 세리신은 구상 단백질로, 묽은 알칼리에 가열하면 쉽게 용해되므로, 생사 또는 생사 직물을 비누 용액에서 가열하면 세리신을 용해하여 제거할 수 있다. 세리신을 제거하는 이러한 과정을 정련degumming이라 하며, 정련에 의해 생사의 무게는 10~25% 정도 감소된다. 정련 후의 견을 정련견 또는 숙견이라고 한다. 하지만 강도와 강경도를 유지하기 위해 세리신을 완전히 제거하지 않는 경우도 있다.

한걸음 더

견 섬유 관련 용어

- 가잠견 : 누에를 사육하여 얻은 고치에서 얻은 견을 말한다.

- 야잠견 : 야생의 누에고치에서 얻은 견으로, 거칠고 황갈색을 띤다.

- 옥견(duppioni silk) : 고치 중 가끔 2마리 또는 3마리의 누에가 함께 하나의 고치를 만든 것이 있는데 이것을 옥견 또는 쌍견이라고 하고, 이로부터 얻은 견사를 옥사라고 한다. 옥사는 굵기가 일정하지 않고 광택도 일반 생사보다 못하다.

- 부잠사 : 양잠과 조사 과정에서 생기는 폐섬유를 부잠사라고 한다. 연속 조사가 불가능하므로, 적당한 길이로 절단하여 스테이플로 방적하며 이를 견방사라고 한다.

- 방적견(spun silk) : 스테이플 섬유의 견방사로 이루어진 견사를 말하며, 비교적 긴 스테이플 섬유로 만든다.

- 노일견(noil silk) : 길이가 짧은 스테이플 섬유를 모아 방적한 견사로, 실의 굵기가 불균일하며 넵(nap)이 많다.

- 증량견(weighted silk) : 일반적으로 견은 정련을 거쳐 세리신이 제거되면서 무게가 감소하는데, 다시 무게를 증가시키는 가공을 한 견을 말한다. 주석염 등을 흡착시켜 증량하는데, 촉감이나 내일광성이 나빠지고, 직물이 쉽게 약해지는 단점이 있다.

3) 형태

정련 전의 생사의 단면은 삼각 단면의 피브로인 두 개가 세리신에 의해 교착된 형태이다. 정련 후 둥근 삼각 단면의 피브로인만 남게 되는데, 견 섬유는 길고 섬세한 필라멘트 섬유이다. 한 고치로부터 얻을 수 있는 섬유의 길이는 1,800m 이상 되는 것도 있으나, 보통 1,500m 내외가 되며, 생사 한 올

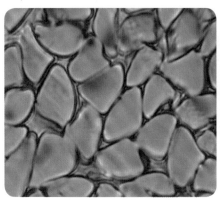

그림 **4-35** 견 섬유의 단면(좌)과 측면(우) 형태

의 굵기는 20~40μm로 2~3데니어 정도가 된다. 정련견 필라멘트는 굵기가 5~18μm, 0.9~1.3데니어 정도이다.

4) 성질

(1) 비중

생사는 1.30~1.37이고, 정련견은 1.25 정도로 양모와 비슷하다.

(2) 강도와 신도

견 섬유는 비교적 강한 섬유인데, 이는 피브로인 단백질 분자를 이루는 아미노산이 글리신, 알라닌과 같이 치환기가 간단한 것들의 조성이 많은 것과 관련이 있다. 측쇄에 간단한 치환기가 결합되어 있으므로, 단백질 고분자 사슬 간 인접하여 직쇄상으로 배열하기 좋고, 따라서 분자 간 인력을 형성하기 쉽고 결정과 배향이 잘 발달될 수 있기 때문이다. 생사의 강도는 3.3~4.2gf/d이고, 습윤 상태에서 강도는 15~25% 감소한다. 신도는 건조 시 17~21%이며, 습윤 상태에서는 증가하여 27~33%가 된다. 정련견은 생사에 비해 강도는 25~30%, 신도는 45% 정도 감소한다.

(3) 탄성과 레질리언스

탄성회복률이 2% 신장에서 92%, 8% 신장에서 55%로 천연섬유 중 우수한 편이다. 레질리언스와 내추성은 양모보다는 좋지 않지만, 비교적 좋은 편이다.

(4) 내열, 내연성

불 속에서는 머리카락 타는 냄새를 내며 타지만, 불 속에서 꺼내면 계속 타지 못하고 저절로 꺼진다. 견을 124℃까지 장시간 가열해도 변화가 없으나 150℃ 이상의 다리미에 의해 황변되며, 170℃ 이상에서는 분해된다. 다림질을 할 때에는 다림질천을 사용하여 열이 직접 닿지 않도록 주의한다. 열전도율은 양모와 비슷하여 작은 편이다.

(5) 흡습성

표준수분율이 정련견은 9%, 세리신을 포함한 생사는 11%이다. 포화 수증기 중에서 25~35%까지 수분을 흡수한다.

(6) 염색성

견 섬유는 단백질 섬유로 염료와 반응할 만한 기능기를 많이 갖고 있고, 흡습성이 좋아 염색성이 좋은 편이다. 염기성, 산성, 직접염료에 의해 염색이 잘 된다.

(7) 내약품성

알칼리에 약해서 강한 알칼리에 의해 쉽게 손상된다. 5% 수산화나트륨($NaOH$)에 가열하면 완전히 용해되지만, 양모보다 용해되는 속도가 느리다. 비누, 암모니아 등 약한 알칼리에는 비교적 견디지만, 장시간 처리하면 손상된다.

진한 무기산에는 양모와 마찬가지로 용해된다. 양모와 달리 견은 진한 염산에 용해되므로, 양모와의 판별에 이용된다.

염소, 차아염소산나트륨 등 염소계 표백제에 의해 황변되고 손상되므로 표백에 사용할 수 없다. 드라이클리닝에 사용되는 유기용매에는 안전하다. 주석, 납, 타닌 등 무기염에 대한 친화성이 있어 이들 염을 쉽게 흡착하므로, 견의 증량에 이용되기도 한다. 탄닌철, 염화제이주석 등을 견 무게의 50%까지 견에 고착시킬 수 있으며, 이를 증량견이라고 하는데, 촉감과 내일광성이 더욱 떨어지게 되고, 직물이 쉽게 약해지므로 최근에는 증량 처리하는 경우가 적다.

(8) 내일광성

견은 일광에 의해 심하게 손상되므로 일광에 노출되지 않도록 주의해야 한다. 자외선에 수 시간만 조사하여도 강도가 반으로 줄어든다. 내일광성은 증량견이 가장 나쁘고, 다음으로 정련견, 생견 순으로 나쁘다.

(9) 내충, 내균성

곰팡이 등의 미생물에 대해서는 비교적 안전하다. 옷좀에 의해 침식되지만 양모보다 덜하다.

5) 용도와 관리

정련견은 마찰할 때 사각거리는 소리가 날 때가 있는데 이것을 견명이라 한다. 견 직물을 아세트산과 같은 유기산에 담갔다가 그대로 말리면 견명이 뚜렷하게 나타난다. 견 직물은 땀에 의해 황변되고 섬유가 약해지므로, 몸에 직접 닿지 않는 용도로 사용하는 것이 좋다.

세탁은 드라이클리닝이 안전하며, 알칼리에 약하므로 물세탁을 할 때에는 중성세제와 연수를 사용하여 가볍게 주물러 빨고 충분히 헹궈야 한다. 염소계 표백제에 변색되고 손상되므로 표백을 할 때에는 산소계 표백제를 쓰

는 것이 좋다. 일광에 약하므로 건조는 직사광선을 피하고, 다림질은 150℃
이하의 낮은 온도에서 해야 한다. 고급 의류, 스카프, 넥타이, 한복감 등의
용도로 많이 사용된다.

한걸음 더

주요 천연섬유

천연섬유 중 의복 재료로 많이 사용되는 면, 마, 양모, 견 섬유의 주요 성질과 용도를 아래에 정리하였다.

성분	셀룰로오스 섬유		단백질 섬유	
주요 섬유	면 섬유	마 섬유	양모 섬유	견 섬유
화학성분	셀룰로오스	셀룰로오스	케라틴	피브로인
고분자 특성	• 중합도가 2,500~10,000 정도로 큰 편 • 결정성 높은 편	• 아마의 경우 중합도가 3,000~36,000 정도로 큰 편 • 결정성 높은 편	• 고분자 사슬이 나선형을 이루고 있음 • 분자쇄 내 가교가 발달, 결정성이 낮음	• 간단한 측쇄를 가진 아미노산의 함량이 많음 • 직쇄상의 분자사슬이 서로 인접하여 배열함 • 결정성이 높음
분자 간 인력	수소결합 발달	수소결합 발달	수소결합, 이온결합, 공유결합 발달	수소결합 발달
성질	• 내구성, 흡습성 좋고 신도가 낮음 • 탄성회복률이 낮고 구김이 잘 감 • 잘 타는 섬유이며, 산에 의해 분해됨 • 알칼리하 머서화 가공을 하면 흡습성, 광택, 염색성이 향상됨	• 내구성, 흡습성이 좋고 신도가 낮음 • 탄성회복률이 낮고 구김이 잘 감 • 잘 타는 섬유이며, 산에 의해 분해됨 • 열전도율이 큼	• 초기탄성률이 낮아 유연한 섬유 • 표면 스케일이 있어 방적성이 좋으나 축융성이 있음 • 자연 권축이 있음 • 흡습성이 크나 스케일층은 발수성이 있음 • 인장 강도는 약하지만 신도가 크고, 탄성회복률이 매우 우수함 • 녹는 듯 타며, 알칼리에 약함	• 천연섬유 중 유일한 필라멘트 섬유 • 비교적 강하며, 탄성회복률이 우수한 편 • 초기탄성률이 높은 편으로 강직한 섬유 • 흡습성이 높음 • 잘 타는 편이며, 알칼리에 약함 • 내일광성이 좋지 않음 • 은은한 광택과 매끄러운 촉감을 가짐
용도	속옷, 양말, 일반 의복	여름 의복	양복, 스웨터, 고급 카펫	고급 의복, 넥타이

참고문헌

- 강인숙, 송화순, 유효선, 이정숙, 정혜원(2011). 염색의 이해. 제2개정판. 교문사.

- 김성련(2016). 피복재료학. 제3개정증보판. 교문사.

- 김상용, 장동호, 최영화(2000). 섬유물리학. 개정증보판. 아이티씨.

- 송경헌, 유혜자, 이혜자, 김정희, 안춘순, 한영숙(2019). 의류재료학. 개정판. 형설출판사.

- 송화순, 김인영, 김혜림(2012). 텍스타일. 제3판. 교문사.

- 안동진(2020). Textile science 섬유지식기초. 한올.

- 유혜자, 이혜자, 한영숙, 송경헌, 김정희, 안춘순(2007). 섬유의 염색과 가공. 형설출판사.

- 이혜자, 유혜자, 송경헌, 안춘순(2019). 의류소재의 이론과 실제. 개정2판. 형설출판사.

- 조길수(2006). 최신의류소재. 시그마프레스.

- Brazel C.S. and Rosen S.L.(2012). Fundamental principles of polymeric materials. 3rd ed. New Jersey, US: Wiley.

- CSIRO Science image. Cross section of wool fibre. Online referencing, https://www.scienceimage.csiro.au/tag/fibres-(fabrics)/i/340/cross-section-of-wool-fibre/ (accessed 1 July 2021).

- Hajime M., Gotoh Y., Ohkoshi Y., and Nagura M.(2000). Tensile Properties of Wet Cellulose. Polymer Journal, 32, 29-32.

- Horrocks N.P.C., Vollrath F., Dicko C.(2013). The silkmoth cocoon as humidity trap and waterproof barrier. Comparative Biochemistry and Physiology Part A: Molecular & Integrative Physiology, 164, 645-652.

- Johnson. J. and Soley. G. Cotton: The World Market and Trade. Report, Department of agriculture, US, January 2021 (accessed 12 January, 2021).

- Morton W.E. and Hearle J.W.S.(2008). Physical properties of textile fibers. 4th ed. Sawston, UK: Woodhead Publishing.

- Nam S. and Condon B.D.(2014). Internally dispersed synthesis of uniform silver nanoparticles via in situ reduction of $[Ag(NH_3)_2]^+$ along natural microfibrillar substructures of cotton fiber, Cellulose, 21, 2963-2972.

- Peters. R.H.(1963). Textile Chemistry. Vol 1. Amsterdam, Netherland: Elsevier.

- Rojas O.J.(eds)(2016). Cellulose chemistry and properties: fibers, nanocelluloses and advanced materials. 1st ed. Berlin, Germany: Springer.

- Stevens M.P.(1999). Polymer Chemistry: an introduction. 3rd ed. Oxford: Oxford University Press.

- University of Waikato. Wool fibre structure and properties. Online referencing, https://www.sciencelearn.org.nz/image_maps/61-wool-fibre-structure-and-properties (accessed 1 July 2021).

- Wise L.E. and Jahn E.C.(eds)(1952). Wood chemistry. Vol.1. 2nd ed. New York, US: Reinhold.

- 厚木 勝基(1956). 纖維素化擊及工業. 東京, 日本: 丸善.

자료 출처

표 4-1　　　Peters. R.H.(1963). Textile Chemistry. Vol 1. Amsterdam, Netherland: Elsevier.
　　　　　　Wise L.E. and Jahn E.C.(eds)(1952). Wood chemistry. Vol.1. 2nd ed. New
　　　　　　York, US: Reinhold.
　　　　　　厚木 勝基.(1956). 纖維素化擊及工業. 東京, 日本: 丸善.

표 4-2　　　Johnson. J. and Soley. G. Cotton: The World Market and Trade. Report.
　　　　　　Department of agriculture, US, January 2021 (accessed 12 January, 2021)

표 4-4　　　厚木 勝基.(1956). 纖維素化擊及工業. 東京, 日本: 丸善.
　　　　　　김성련(2016). 피복재료학. 제3개정증보판. 교문사.

그림 4-6　　김성련(2000). 피복재료학. 교문사.

그림 4-7　　김성련(2000). 피복재료학. 교문사.

그림 4-8　　https://link.springer.com/article/10.1007/s10570-014-0270-yCellulose 21,
　　　　　　2963-2972(2014)

그림 4-9　　https://www.irish-genealogy-toolkit.com/image-files/5stageflax.jpg

그림 4-10　https://ko.wikipedia.org/wiki/%EC%A4%84%EA%B8%B0#/media/%ED%8C%8
　　　　　　C%EC%9D%BC:Labeledstemforposter_copy_new.jpg

그림 4-11　김성련(2000). 피복재료학. 교문사.

그림 4-12　김성련(2000). 피복재료학. 교문사.

그림 4-13　김성련(2000). 피복재료학. 교문사.

그림 4-14 (우)　Liu, Ke & Takagi, Hitoshi & Yang, Zhimao.(2013). Dependence of tensile
　　　　　　properties of abaca fiber fragments and its unidirectional composites on the
　　　　　　fragment height in the fiber stem. Composites Part A: Applied Science and
　　　　　　Manufacturing. 45: 14-22. 10.1016/j.compositesa.2012.09.006.

그림 4-15 (우)　Ferreira, Saulo & Lima, Paulo & Silva, Flávio & Toledo Filho, Romildo.(2014).
　　　　　　Effect of Sisal Fiber Hornification on the Fiber-Matrix Bonding Characteristics
　　　　　　and Bending Behavior of Cement Based Composites. Key engineering
　　　　　　materials. 600. 421-432. 10.4028/www.scientific.net/KEM.600.421.

그림 4-16 (우)　Smole, M., Hribernik, S., Kleinschek, K.S., & Kreže, T.(2013). Plant Fibres for
　　　　　　Textile and Technical Applications.

그림 4-17 (우)　Larekeng, Siti & Maskromo, Ismail & Purwito, Agus & Matjik, Nurhayati &
　　　　　　Sudarsono, S.(2015). Pollen Dispersal and Pollination Patterns Studies in Pati
　　　　　　Kopyor Coconut using Molecular Markers. International Journal of Coconut
　　　　　　Research and Development(CORD), 31, 46-60. 10.37833/cord.v31i1.70.

그림 4-22	김성련(2000). 피복재료학. 교문사.
그림 4-24	The Woolmark Logo.(n.d.). Retrieved January 07, 2021. https://www.woolmark.com/certification/the-woolmark-logo
그림 4-25	https://www.sciencelearn.org.nz/image_maps/61-wool-fibre-structure-and-properties copyright. University of Waikato
그림 4-26	CSIRO Materials Science & Engineering Textile and Fibre Technology Program Graphic by H.Z Roe, 1992 & B. Lipson 2008. Based on a drawing by R.D.B. Fraser, 1972. https://www.scienceimage.csiro.au/tag/fibres-(fabrics)/i/340/cross-section-of-wool-fibre/ https://www.scienceimage.csiro.au/tag/wool/i/2487/electron-microscope-image-of-merino-wool-fibre/
그림 4-29 (좌)	Joshua Sanderson Media / Shutterstock.com
그림 4-23 (좌)	김성련(2000). 피복재료학. 교문사.
(우)	https://www.cosetex.it/wp-content/uploads/2017/05/Silk_Fibroin_Sericin_Amino_acids.pdf
그림 4-34	Comparative Biochemistry and Physiology. Part A 164(2013), 645-652. https://www.semanticscholar.org/paper/The-silkmoth-cocoon-as-humidity-trap-and-waterproof-Horrocks-Vollrath/c6faa9f202612ab16f2815d3fc8828219dd959c2/figure/0
그림 4-35	Gu, J., Li, Q., Chen, B. et al.(2019). Species identification of Bombyx mori and Antheraea pernyi silk via immunology and proteomics. Sci Rep 9, 9381. https://doi.org/10.1038/s41598-019-45698-8

TEXTILE

CHAPTER 5

인조섬유

CHAPTER 5   인조섬유

산업혁명으로 인한 기술 혁신과 새로운 제조 공정으로의 전환, 그에 따른 인구 증가는 섬유의 수요를 증가시키고 새로운 섬유소재에 대한 요구를 야기하였다. 과학기술의 발전은 섬유의 인공적인 생산을 가능하게 하였는데, 자연에서 섬유 형태로 얻어지는 재료와는 달리 제조 공정을 거쳐 인위적으로 얻어지는 섬유를 인조섬유라고 한다.

인조섬유는 누에가 견사를 토하여 만들어내는 현상에 착안하여 개발되었다. 1674년 영국의 후크(Hook. R.)가 인조섬유의 가능성을 제시하였고, 1734년 프랑스의 레오뮈르(de Réaumur, R.A.F.) 또한 점액에서 생사와 같은 섬유를 인공적으로 만들 수 있을 것이라 예상하였다. 최초의 인조섬유는 1884년 프랑스의 화학자 샤르도네(Chardonnet)가 개발한 레이온이다. 그는 셀룰로오스와 질산에서 합성된 니트로셀룰로오스로부터 실을 뽑아내었다. 그 후 불에 타기 쉽고 강도가 약한 레이온의 특성을 개선하여 비스코스 레이온, 구리암모늄 레이온, 아세테이트 섬유 등이 개발되었다.

이후 인조섬유의 발전에 따라 셀룰로오스나 단백질뿐만 아니라 합성고분자를 활용한 섬유화가 시도되었다. 인조섬유 중에서도 합성고분자를 통해 만들어진 섬유를 합성섬유라 한다. 1938년 미국 듀폰사의 윌리스 캐러더스(Carothers, W.H.) 연구진은 폴리아미드 섬유인 나일론을 개발하여 1948년부터 공업화하였다. 나일론으로 만든 스타킹은 선풍적인 인기를 끌며 실크를 대체했다. 그 뒤 폴리에스터, 폴리아크릴로니트릴과 같은 합성섬유가 발명되면서 섬유산업의 대량생산 및 소비의 시장을 이끌었다.

인조섬유는 천연섬유와는 달리 다양한 고분자 재료 및 방사 방식의 개조를 통해 여러 가지 기능과 외형을 가지도록 개발할 수 있다. 현재는 다양한 소비시장의 요구에 따라 기존의 섬유로는 표현할 수 없었던 아름다운 외관과 쾌적성, 위생성 및 안전성 등이 강화된 신소재 개발이 활발하게 이루어지고 있다.

의류소재

1 인조섬유의 제조

인조섬유의 재료로 사용되는 면 린터나 목재 펄프는 길이가 너무 짧아 직접적인 활용이 어렵고, 합성중합체의 경우 섬유의 형태로 제조하는 공정을 거쳐야 한다. 따라서 긴 섬유를 만들기 위하여 화학적·기계적 조작을 거치는 과정을 화학방사라고 한다.

화학방사를 진행하기 위해서는 원료가 되는 천연 혹은 합성중합체를 적당한 용매에 용해시키거나 중합체의 융점까지 가열, 용융하여 액체 상태로 만들어야 한다. 이를 방사원액이라 부른다. 따라서 합성중합체를 용해시킬 수 있는 적당한 용매가 없거나, 가열하면 용융되기 전에 분해 또는 변질되는 경우에는 인조섬유의 재료로 사용하기 어렵다.

이렇게 만들어진 방사원액은 다양한 방사방식을 통해 방사구로 압출되어 가늘고 긴 섬유로 뽑아진다. 방사구는 방사 과정에 사용되는 약품이나 온도에 견딜 수 있는 금속으로 구성되며, 구멍의 크기나 모양, 개수에 따라 섬유의 형태와 굵기를 다르게 생산할 수 있다. 방사구로부터 압출되어 나오는 방사원액은 냉각, 용매의 증발 또는 특정 용액에서의 응고 과정을 통해 고체

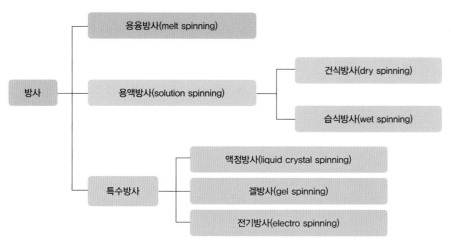

그림 5-1 방사법의 종류

형태의 섬유로 제조된다. 방사 방법은 **그림 5-1** 과 같이 방사원액의 고체화 방식에 따라 용융방사, 건식방사, 습식방사 등으로 구분할 수 있다.

방사구를 통해 응고된 섬유는 분자 구조 내 배향과 결정화를 높이고, 가늘고 긴 모양이 되기 위하여 연신 공정을 통해 본래 길이의 몇 배까지 신장된다. 일반적으로 연신 공정을 거치면 섬유의 강도는 증가하지만, 신도는 감소하므로 최종 섬유의 용도에 따라 연신의 정도를 조절해야 한다.

1.1 용융방사

용융방사melt spinning란 고분자 원료를 융점 이상으로 가열하여 녹임으로써 방사원액을 만들고, 이를 찬 공기 속에 방사하여 섬유를 만드는 방법이다. 이 방법은 방사원액의 제조와 방사 과정에서 다른 용매나 화학물질을 사용하지 않기 때문에 방사 후 용매를 회수하거나 섬유에 남은 화학물질 등을 제거하기 위한 공정을 필요로 하지 않으므로 가장 간편한 방사법이라 할 수 있다.

나일론, 폴리에스터, 폴리프로필렌 등의 섬유가 용융방사법으로 제조된다.

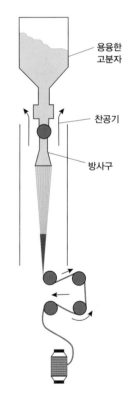

용융한
고분자

찬공기

방사구

그림 5-2 용융방사

1.2 건식방사

건식방사dry spinning는 쉽게 증발하는 휘발성 유기용매에 방사원액을 용해시키고 더운 공기 속에 방사함으로써 용매를 증발시켜 섬유상으로 고형화시키는 방법이다. 이때 사용한 유기용매는 회수하여 다시 사용한다.

아세테이트, 일부 아크릴, 폴리염화비닐, 스판덱스, 아라미드 등의 섬유가 건식방사법으로 제조된다.

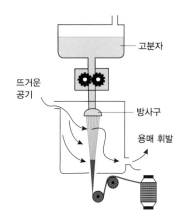

그림 5-3 건식방사

1.3 습식방사

습식방사wet spinning는 고분자 원료를 적당한 용매에 용해시켜 방사원액을 만들고, 응고욕 중의 방사구를 통하여 섬유를 방사함으로써 섬유상으로 고형화시키는 방법이다. 가열하면 용융되지 않고 분해되는 고분자가 휘발성이 없는 용매나 고온에서 불안정한 용매에 용해되는 경우 습식방사를 사용한다. 방사 후, 사용한 화학물질을 회수해야 하고, 섬유에 남아 있는 물질도 제거해야 하는 등 다른

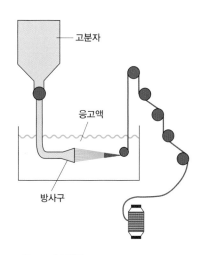

그림 5-4 습식방사

제조 방법에 비하여 공정이 복잡하고 방사 속도가 낮다는 한계를 지닌다.

비스코스레이온, 비닐론, 재생단백질섬유, PVA, PVC 등의 섬유가 습식방사법으로 제조된다.

1.4 특수방사법

1) 액정방사

액정이란 이방성의 강직한 분자쇄를 가지는 합성고분자 용융액 혹은 용액을 의미한다. 일반적으로 고체를 가열하면 액체로 상이 변화하는데, 액정고분자는 고체에서 액체로 바로 변하지 않고 액정이라는 중간 상태를 거쳐 액체로 전이되는 화합물을 가리킨다. 대표적인 액정고분자로는 방향족 폴리아미드, 방향족 폴리에스터, 방향족 폴리이미드 등이 있다.

액정방사liquid crystal spinning는 액정고분자를 섬유화하는 방사 방법이다. 방사 과정에서 결정 부분은 섬유축 방향으로 평행하게 배열되는데, 보다 효과적으로 배향시키기 위하여 그림 5-5 와 같이 방사용액이 방사구로부터 토출되면, 약 1cm의 짧은 공기 중으로 노출된 후 응고욕으로 들어가는 반

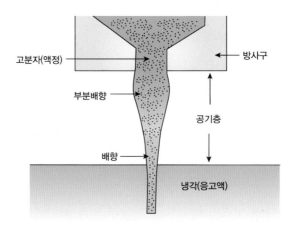

그림 **5-5** 액정방사

건·반습 방사법으로 방사를 진행한다. 또한 연신은 불필요하나 결정성을 높이기 위하여 높은 온도에서 열처리한다.

합성고분자의 액정방사는 듀폰사의 연구원이었던 스테퍼니 퀄렉Stephanie Kwolek 박사에 의하여 1968년 발견되었으며, 이를 통해 파라 아라미드para-aramid 섬유인 케블라DuPont™ Kevlar®가 탄생하였다. 그 외, PBOpoly-para-phenylene benzo-bis-oxazole 섬유와 폴리아크릴레이트 섬유도 액정방사로 제조된다. 이렇게 액정방사를 통해 제조되는 섬유들은 고강도, 고탄성률, 내열성, 내화학성 및 난연성 등의 특성을 가져 산업용 섬유 분야의 신소재로 활용되고 있다.

2) 겔방사

겔방사gel spinning는 점성이 있는 겔 상태의 고분자를 이용하여 균일한 구조를 가진 미연신 섬유를 방사한 후, 초고배율로 연신하여 고강도 섬유를 만드는 방사법이다. 따라서 고분자가 구조적으로 결함이 없고 중합도 및 분자량이 높아야만 가능하다. 기존 방사 방식에 비하여 방사원액의 성질 자체가 특수하고 중합체의 구조와 분자량에 의존한다. 폴리에틸렌 섬유와 비닐론을 겔방사를 통하여 제조하면 고강도, 내충격성, 내후성 등이 매우 우수하다.

3) 전기방사

전기방사electro spinning는 전기로 하전된 고분자 용액이나 용융액에 외부의 전기장을 적용하여 섬유화시키는 방법이다. 고전기장하에서는 액체가 불안정해져 콘cone을 형성하게 되는데, 이때 임계전압 이상의 전압을 가하면 액체 표면에 표면 장력을 극복하는 전하가 유발되면서 스프레이 현상을 보인다. 이와 같은 정전 스프레이 방식을 변형하여 충분한 점도를 지닌 고분자

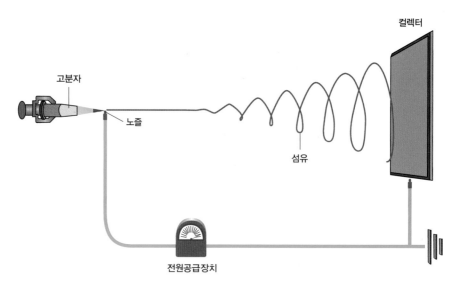

고분자

노즐

컬렉터

섬유

전원공급장치

그림 5-6 전기방사의 개념도

용액이나 용융체에 정전기력을 제공하면 연속상의 섬유를 방사할 수 있다. 고분자 용액의 경우, 고분자를 용해하는 유기용매는 매우 빠르게 증발되며, 결과적으로는 전기적으로 하전된 나노섬유만 남게 된다. 따라서 전기방사법 은 하전된 고분자 용액 혹은 고분자의 길이가 충분히 길어 분자 간 얽힘이 있는 용융물에만 유효한 방식이다.

전기방사를 통해 만들어지는 섬유는 전기장의 균일성, 고분자의 점성, 전 기장의 강도 및 노즐과 컬렉터 사이의 거리 등에 따라 그 물성이 달라진다. 그림 5-6 은 전기방사 공정의 모식도이다. 전기방사를 통해 생성된 나노 웹 은 매우 큰 비표면적과 다공성 및 작은 크기의 기공을 갖는다. 특히 직경 1,000nm 미만의 섬유는 기존의 다른 섬유 생산 기술로는 얻기가 매우 어 려워 본 기술을 통해 나노섬유를 비교적 간단하게 만들 수 있다는 장점을 지닌다.

전기방사 공정으로 만들어진 나노섬유는 여과장치, 필터, 보호복, 분자 템 플릿 및 신경 조직 분야 등 많은 부분에서 사용 가능하다.

4) 기타

기존 합성섬유를 이용하여 새로운 촉감과 물성을 지닌 섬유를 개발하기 위해서는 혼합 또는 복합방사 기술이 응용된다. **그림 5-7** 과 같이 서로 다른 2개의 고분자를 혼합하여 방사하거나 복수의 고분자를 각각 독립적으로 토출량을 조절하면서 하나의 세공을 통해 복합방사하면 초극세섬유나 특수 기능을 가진 섬유의 생산이 가능하다. 이러한 복합섬유를 제조하는 목적은 섬유의 굴곡강성, 인장강성, 탄성회복성 등의 물리적 성질을 개량하고, 복합성분 간의 분리를 통하여 섬유의 세섬유화 및 극세섬유 제조를 유도하기 위한 것이다. 또한 표면구조의 변화를 도모함으로써 흡습성, 촉감, 내마모성을 변화시킬 수도 있다.

인조섬유는 섬유 단면을 방사구 세공의 형태에 따라 달리 조절할 수 있으므로 이형단면사의 제조도 가능하다. 기존의 원형 단면을 세공의 모양을 바꾸어 다른 단면으로 변화시키면 섬유 간의 마찰과 겉보기 체적을 증가시켜 광택성을 부여할 수 있으며, 방적성을 향상시킬 수도 있다. 보온성 향상을 위한 중공섬유, 흡한속건성을 위한 십자 단면의 기능성 섬유 등도 이러한 이형단면사의 방사 방식을 통해 제조된다.

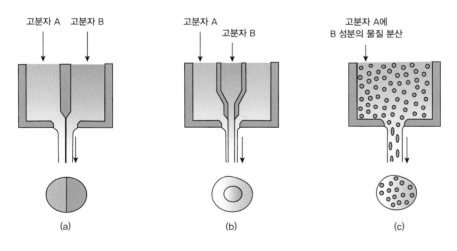

그림 5-7 다성분 복합방사

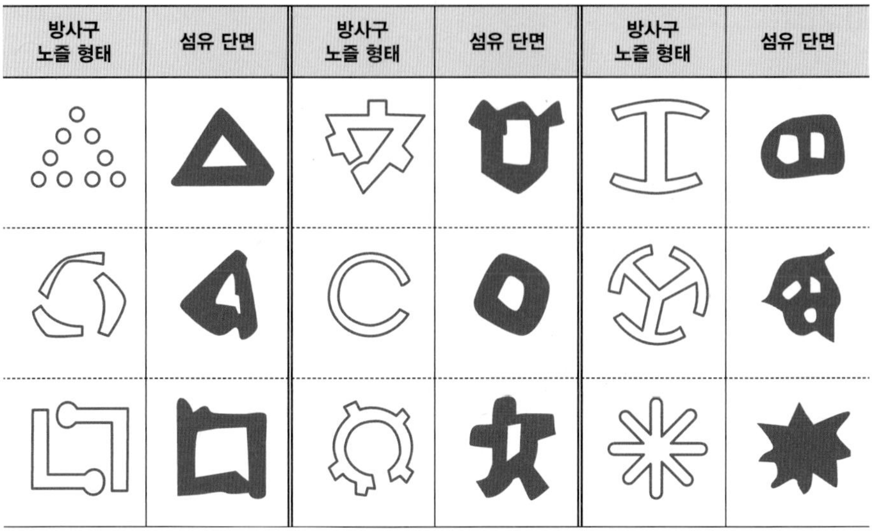

방사구 노즐 형태	섬유 단면	방사구 노즐 형태	섬유 단면	방사구 노즐 형태	섬유 단면

그림 5-8 이형단면사를 위한 방사구 노즐의 여러 가지 형태

2 재생섬유

재생섬유란 천연섬유 중 길이가 너무 짧아 직접 섬유재료로 사용할 수 없는 원료를 활용하거나 전혀 섬유의 형태를 가지고 있지 않는 자연 유래 물질들을 원료로 화학적·기계적 조작을 거쳐 의류용 섬유로 만든 것을 말한다.

2.1 레이온

레이온은 면 린터, 목재펄프와 같은 식물성 셀룰로오스로부터 생산된 인조섬유로 셀룰로오스가 용액으로 전환되었다가 다시 섬유 형태로 환원되었기 때문에 재생섬유라고도 한다.

레이온은 섬유소를 수산화나트륨과 같은 적당한 용매에 처리하여 방사용액을 만들고 이것을 실 모양으로 재생시키는데, 비스코스 용액에서 얻은 것을 비스코스 레이온, 섬유소를 구리암모니아 착염 용액에 녹여 얻으면 구리암모늄 레이온 혹은 큐프라cupra라고 한다. 이처럼 제조 단계의 공정변수를 다양하게 조정하여 셀룰로오스의 화학적·구조적 특성을 변화시킴으로써 여러 종류의 레이온을 제조할 수 있다.

1) 비스코스 레이온

비스코스 레이온은 1905년 영국 코틀즈Coutaulds 사에서 최초로 상용화되었으며, 1910년 미국에서 공장이 설립되면서 본격적으로 대량생산되었다. 최근에는 합성섬유의 발전과 생산 공정의 인체 유해성, 원료 부족, 환경오염 및 에너지 효율 문제 등으로 비스코스 레이온의 생산이 감소되는 추세이다.

비스코스 레이온의 제조 공정은 **그림 5-9** 와 같다. 목재펄프를 일정 농도(18%)의 수산화나트륨(NaOH) 용액에 침지하여 불순물과 저질의 셀룰로오스가 제거된 알칼리 셀룰로오스를 만든다. 이 과정을 침지 또는 머서화mercerization라고 한다. 일반적으로 목재펄프를 구성하는 셀룰로오스는 중합

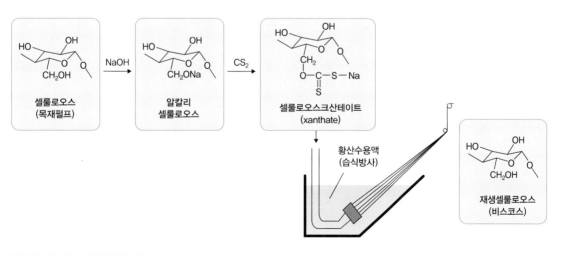

그림 5-9 비스코스 레이온 제조 공정

도가 크기 때문에 섬유화에 유리하도록 머서화를 통해 셀룰로오스 분자 간의 수소결합을 깨고, 비결정 영역을 증가시켜, 수산화나트륨 용액이나 물 등이 쉽게 침투할 수 있는 상태를 만드는 것이다. 머서화된 펄프는 압착한 후 분쇄하여 일정 온도, 일정 시간에서 노성시킨다. 노성된 알칼리셀룰로오스는 산화로 인하여 중합도가 떨어지면서 방사에 용이한 상태가 된다. 황화 공정을 통해 노성된 알칼리셀룰로오스는 이황화탄소(CS_2)를 사용하여 셀룰로오스크산테이트cellulose xanthate로 합성된다. 셀룰로오스크산테이트를 묽은 수산화나트륨 수용액에 용해시키면 황색의 끈끈한 방사원액이 되는데, 이를 비스코스viscose라고 하며, 일정 시간 숙성시킨 후, 황산 수용액 내로 습식방사함으로써 셀룰로오스로 재생시켜 섬유를 얻는다. 레이온을 방사할 때 발생하는 이황화탄소는 독성이 큰 가스이므로 밀폐장치를 통해 안전성을 확보해야 한다.

2) 강력 비스코스 레이온

강력 비스코스 레이온은 비스코스 레이온보다 강도가 높아 슈퍼섬유로 구분되며 타이어코드, 운반용 벨트, 실내용 테이프 및 카펫 이면 등에 사용된다.

일반적으로 레이온은 방사 속도가 빨라 비스코스의 응고와 셀룰로오스의 재생이 거의 동시에 일어난다. 따라서 섬유의 표면은 배향되어 있으나 내부는 배향되지 않아 강도가 약하다. 고강력 비스코스 레이온은 이러한 단점을 보완하여 응고욕에서 황산아연의 농도와 처리 온도를 높여 비스코스의 응고를 촉진시키되, 응고욕 내의 산 농도를 낮추어 셀룰로오스의 재생은 느리게 만든다. 그리고 방사 속도를 늦추어 섬유의 배향성과 결정도를 향상시킨다. 방사된 섬유는 이욕방사법을 통해 2~3%의 묽은 황산용액에서 다시 연신됨으로써 배향성이 더욱 향상되어 강도가 50% 정도 증가한다. 고강력 비스코스 레이온은 필라멘트에서 스킨이 차지하는 비율이 60~100%이며,

구조가 규칙적으로 되어 있어 매우 우수한 인장 강도 및 마모 강도를 자랑한다. 셀룰로오스의 구조에 따라 포르티산fortisan®, 코듀라cordura®, 테나스코tenasco®, 두라필durafil® 등의 상품명으로 판매되고 있다.

3) 폴리노직 레이온

일반적인 레이온은 습윤 시 강도와 초기탄성률이 떨어지고 사용 중에 수축되는 단점을 지닌다. 이에 폴리노직 레이온polynosic rayon, high wet strength viscose rayon은 습윤강도와 습윤 시의 초기탄성률을 높인 섬유이다. 제조 원리는 비스코스 레이온과 동일하지만 원료로 중합도가 높은 양질의 펄프를 사용하고 제조 과정에서도 노성과 숙성을 생략 혹은 단축하여 셀룰로오스의 중합도가 떨어지는 것을 예방한다. 또한 방사할 때에는 응고액 중 산의 농도를 줄인 저산용 방사법을 통해 셀룰로오스의 재생을 느리게 진행시키며, 완전히 응고되기 전에 큰 비율로 연신하여 중합도를 높이고, 결정과 배향을 발달시킨다. 폴리노직 레이온은 피브릴 형태의 구조로 단면은 원형이며 촉감은 면에 가깝다. 대표적인 상품으로는 오스트리아 렌징Lenzing 사의 모달modal®이 있으며, 주로 드레스, 홈웨어 및 커튼용 소재로 많이 활용된다.

4) 구리암모늄 레이온

짧게 큐프라cupra, 혹은 큐프로cupro라 불리는 구리암모늄 레이온cuprammonium rayon은 면 린터를 사용하여 만든 필라멘트를 연신하여 적당한 강도를 갖도록 제조된 섬유이다. 독일의 벰베르크Bemberg 사에서 출시한 벰베르크라는 상품명으로 잘 알려져 있다.

셀룰로오스 원료인 면 린터를 황산구리, 암모니아, 수산화나트륨 혼합용액에 용해한 후, 방사구를 통해 응고욕 중에 압출한다. 이때 구리암모늄 레이온은 비스코스 레이온과 달리 응고액으로 물을 이용한다. 물속으로 사출된 섬유는 물에 의하여 암모니아와 구리는 용해되고, 셀룰로오스는 응고, 재생되며 물의 흐름에 따라 섬유가 연신됨으로써 아주 가는 실을 만들 수 있다. 이렇게 만들어진 섬유는 비스코스 레이온보다 가늘어 아름다운 외관을 지니며, 견과 같은 아름다움과 우수한 강성으로 고급 레이온으로 활용된다.

필라멘트는 쿠프레사cupresa로 불리며 여성용 스타킹에 활용되고, 스테이플사는 쿠프라마cuprama로 양모와 혼방하여 니트웨어, 카펫 등에 사용된다.

5) 라이오셀

라이오셀lyocell은 제조 공정의 단순화, 환경문제의 최소화, 셀룰로오스를 용해시키는 새로운 용매 개발 등에 힘입어 탄생한 섬유이다. 일반 비스코스 레이온의 제조 과정과 비교하여 전혀 다른 공정을 통해 생산되며, 방사시간이 짧아 빠르게 제조가 가능하다. 특히 제조 과정에서 발생하는 공해 및 산업폐기물이 없고 용제도 재활용이 가능하여 친환경 섬유로 주목받고 있다.

라이오셀은 유칼립투스 목재펄프로부터 용융방사하여 생산되는데, 셀룰로오스를 직접 용해시키기 위하여 산화아민NMMO, N-methylmopholine-N-oxide을 용매로 사용하며, **그림 5-10** 과 같이 NMMO와 물이 약 99% 순환되는 폐쇄회로 공정 방식으로 매우 친환경적이고 지속가능하다.

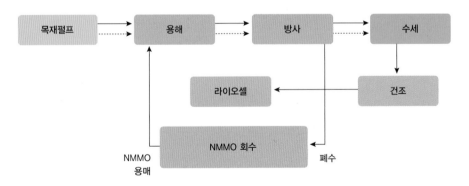

그림 **5-10** 라이오셀 제조 공정

라이오셀의 가장 큰 특징은 세섬유화fibrillation이다. 세섬유화란 습윤상태에서 반복되는 마찰로 인해 섬유 표면의 단섬유들이 길이방향으로 미세하게 갈라지는 현상이다. 라이오셀은 이러한 피브릴을 제거시키거나 증가시키는 방법으로 다양한 형태의 표면효과를 구현할 수 있다. 또한 라이오셀의 결정화도는 80%로 비스코스 레이온(49%)보다 높아 강도가 우수하다. 특히 라이오셀의 피브릴 구조가 빠르게 수분을 흡수하고 모세관 현상을 통해 흡수된 수분을 효과적으로 확산시켜 면보다 50% 높은 흡수성을 자랑한다.

1988년부터 상업적인 제조 방법이 확립되면서 영국, 미국, 일본 등에서 생산되고 있으며 우수한 환경 친화성과 생분해성, 기계적·생리적 특성으로 활발하게 활용되고 있다. 현재 텐셀Tencel®이라는 상품명으로 판매되고 있으며, 여성용 블라우스 및 의류용 세 번수 직물, 고품질의 셔츠 및 언더웨어 등에 많이 사용된다.

6) 레이온의 성질

(1) 형태

비스코스 레이온의 단면은 그림 5-11 에서와 같이 스킨과 코어의 주름진 형태이며, 측면은 섬유축 방향으로 많은 굴곡이 있는 피브릴 구조이다. 이는 방사욕의 산 농도가 높아 섬유의 바깥 부분이 셀룰로오스로 재생된 상태에서 연신되기 때문이다. 그림 5-12 에서처럼 방사욕 내에 산 농도가 높을수록 셀룰로오스의 재생 속도가 빨라져 레이온의 단면이 더 주름지는 것

 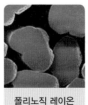  

| 비스코스 레이온 | 강력 레이온 | 폴리노직 레이온 | 구리암모늄 레이온 | 라이오셀 |

그림 5-11 레이온의 단면 형태

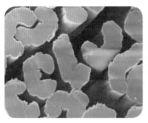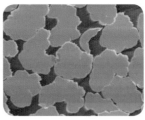

그림 **5-12** 방사욕 내 산 농도에 따른 비스코스레이온의 단면 변화(방사욕 내 산 농도 60g/L(좌), 100g/L(중), 160g/L(우))

을 확인할 수 있다. 그러나 재생 속도가 빨라지면 셀룰로오스의 결정화도 또한 감소하여 최종적으로 섬유의 강도가 약해질 수 있으므로 주의하여야 한다.

　강력 레이온의 외관은 비스코스 레이온과 큰 차이는 없으나 상대적으로 단면의 주름과 측면의 굴곡이 적은 편이다. 반면 폴리노직 레이온은 원형의 단면구조를 가진다. 이는 방사 시 저온, 저산에서 방사되어 셀룰로오스 재생을 억제하여 응고시킨 후, 고연신으로 재생이 진행되기 때문이다. 구리암모늄 레이온의 단면 또한 원형이며, 측면도 매끄러운 형태를 지닌다. 제조 방법은 다르지만 라이오셀 섬유도 단면의 원형을 지닌다.

(2) 강도 및 신도

비스코스 레이온의 강도는 2.5~3.0gf/d 수준으로 작고, 특히 수분을 흡수하면 물에 의해 팽윤되면서 강도가 크게 저하되는 특징을 지닌다. 이는 면

표 **5-1** 각종 레이온의 강도 및 신도

구분	건조 시		습윤 시	
	강도(gf/d)	신도(%)	강도(gf/d)	신도(%)
비스코스 레이온	2.5~2.9	20~25	1.1~1.7	25~30
구리암모늄 레이온	1.8~2.7	10~17	1.1~1.9	15~27
폴리노직 레이온	3.8~4.1	13~15	2.1~2.4	13~15
라이오셀	4.3~4.8	14~16	3.9~4.3	16~18
면	2.3~2.7	7~9	2.9~3.4	12~14

이 습윤 시 강도가 향상되는 것과 대조적이다. 그러나 새로운 가공법을 통하여 개발된 고강력 비스코스 레이온이나 폴리노직, 라이오셀 등은 수분에 의한 강도 저하가 많이 개선되었으며, 종류에 따라서 면보다 강한 것들도 있다. 반면 강도 증가로 인하여 신도는 감소하면서 폴리노직, 라이오셀 등의 신도는 일반적인 비스코스 레이온보다 낮다.

(3) 탄성과 레질리언스
레이온은 탄성과 레질리언스가 떨어진다. 따라서 구김이 잘 생기는 것이 단점이다. 고강력 레이온 및 폴리노직 등은 배향성을 증가시킴에 따라 강도가 증가할 뿐만 아니라 탄성회복률 또한 개선되었다.

(4) 비중
레이온의 비중은 면과 비슷한 1.50~1.52 수준이다. 그러나 조직이 치밀하고 겉보기 비중이 커서 면보다 무겁게 느껴진다.

(5) 내열, 내연성
레이온은 고온에서 잘 견디지만 장시간 방치하면 황변된다. 다림질은 220℃의 비교적 고온에서 가능하다. 다른 셀룰로오스 섬유와 유사하게 불에 잘 타고 부드러운 재가 남는다.

(6) 흡습성
모든 레이온의 표준수분율은 11~14% 내외로 면보다 흡습성이 크다. 이는 레이온 섬유 내부 구조에 비결정 부분이 많아 수분이 침투할 수 있는 공간이 많기 때문이다. 이러한 이유로 레이온은 수분을 흡수하면 섬유가 팽윤되면서 강도가 크게 저하된다.

표 5-2 각종 레이온의 흡습성 및 흡수성

구분	표준수분율(%)
비스코스 레이온	12.0~14.0
구리암모늄 레이온	10.5~12.5
폴리노직 레이온	11.0~12.5
라이오셀	11.0~11.5
면	7.0~8.0

(7) 내약품성

레이온은 면과 같이 강산에 손상을 받기 쉽고 알칼리에 대해서는 저항성을 가지지만 강알칼리에는 팽윤되며 강도가 저하된다. 반면 라이오셀이나 폴리노직 레이온은 내알칼리성이 좋아 머서화 가공이 가능하다. 드라이클리닝 용매를 포함한 모든 유기용매에 안정한 편이다.

표백제의 경우 차아염소산나트륨 등의 여러 가지 표백제를 사용할 수 있으나 과산화물 표백제에는 다소 약하여 55℃ 이하의 저온에서 표백하는 것이 좋다.

(8) 내일광성

레이온은 일광이나 대기에 장시간 노출되면 강도가 떨어져 내일광성이 좋은 편은 아니다.

(9) 내충, 내균성

레이온은 좀에 약하며, 온도 및 습도에 따라 곰팡이에 의하여 변·퇴색되면서 강도가 떨어질 수 있다. 따라서 장기간 보존할 경우 방충제를 필요로 한다.

의류소재

7) 레이온의 용도 및 관리

레이온은 표면이 매끄럽고 광택이 우수하며 정전기가 잘 생기지 않아 치수 안정성과 내구성이 요구되지 않는 안감용 소재로 많이 활용된다. 광택과 드레이프성이 좋아 커튼 및 레이스 등에 사용되며, 흡습성이 우수하여 탈지면이나 위생용품으로도 사용 가능하다. 레이온 스테이플 섬유는 면, 폴리에스터, 아마 등과 혼방하여 치수안정성을 보강시킨 직물로 제조된다. 특히 흡습성과 차가운 촉감 때문에 여름용 실내복으로 인기가 높다.

또한 무공해 공정에 의한 환경친화성으로 인하여 라이오셀의 인기가 증가함에 따라 용도 또한 확장되고 있다. 라이오셀은 견 섬유와 유사한 부드러운 촉감과 드레이프성으로 섬유 자체로 자연스럽고 부드러운 실루엣을 연출할 수 있으며, 면보다 흡수성이 뛰어나고 습윤상태에서도 강도를 유지할 수 있으므로 내구성이 좋다. 따라서 이러한 특성을 활용하여 청바지, 셔츠 등의 캐주얼에서부터 드레스, 홈웨어 및 언더웨어 등 다양한 복종으로 적용이 가능하다.

레이온은 물세탁이 가능하나 강도가 작고 특히 습윤강도가 크게 감소하므로 자주 세탁하는 옷감으로는 부적합하다. 또한 잘 구겨지므로 세탁 후 다림질이 반드시 필요하며, 면 섬유에 비하여 일광에 약하고 곰팡이에 침해될 가능성이 있으므로 건조하고 그늘진 곳에서 말리는 것이 좋다. 반면 라이오셀의 경우는 습윤강도가 감소하지 않으므로 기계세탁이 가능한 것이 장점이다. 그러나 세탁 중 세섬유화가 발생할 수 있으므로 약하게 세탁하거나 강하게 비벼 빨지 말아야 한다.

2.2 아세테이트

아세테이트acetate란 셀룰로오스를 아세틸화하여 얻어지는 아세트산셀룰로오스로 만든 섬유를 일컫는다. 아세테이트 섬유는 1865년 독일의 쉬첸베르져Schutzenberger에 의하여 최초로 개발되었으나 초기에는 용매 선택에 대한 기술적인 문제로 상업화가 어려웠다. 그러나 1901~1906년 아이청루Eichengru와 마일스Miles가 제2차 초산셀룰로오스 제조에 성공하면서 본격적인 대량생산이 시작되었다.

아세테이트 섬유는 고순도의 목재펄프를 원료로 사용하며 아세트산, 무수

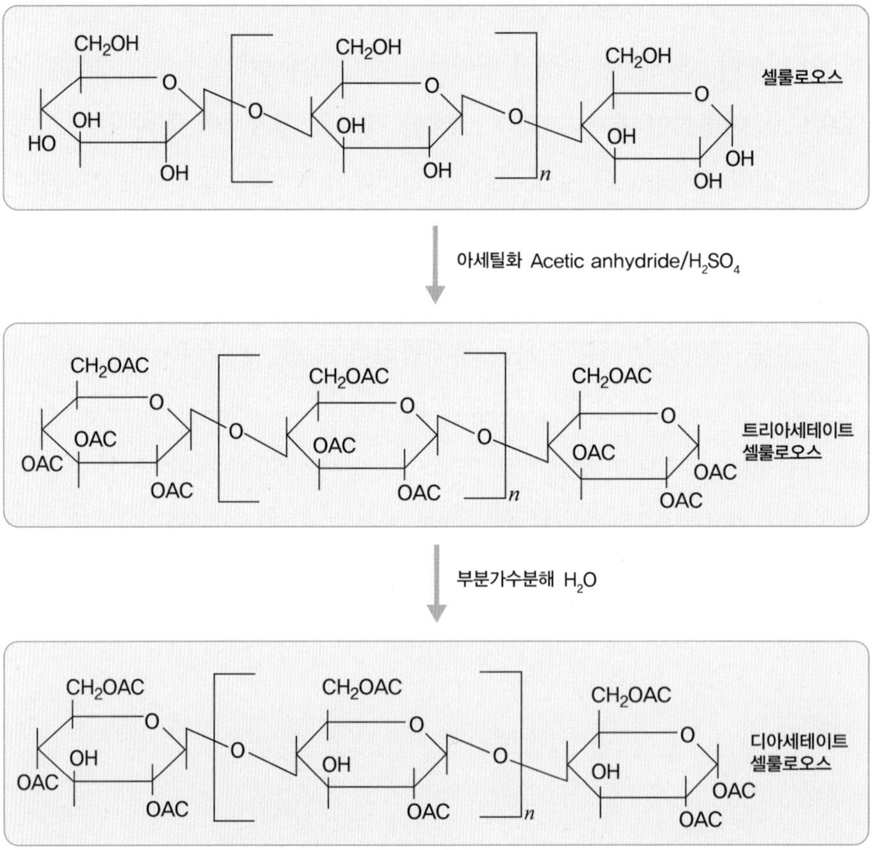

그림 5-13 아세테이트 반응 메커니즘

아세트산, 황산의 혼합산을 사용하여 셀룰로오스의 수산기(-OH)를 합성분자인 아세틸기(-CH_2CO)로 치환함으로써 제조한다. 이때, **그림 5-13** 처럼 셀룰로오스의 글루코오스 단위 중 3개의 수산기가 모두 아세틸화되면 트리아세테이트 셀룰로오스가 생성된다. 여기에 적당량의 물을 가하여 산의 농도를 떨어뜨리면 트리아세테이트 셀룰로오스가 부분 가수분해되어 글루코오스 단위마다 아세틸기 하나가 수산기로 되돌아가면서 디아세테이트 셀룰로오스가 만들어진다. 따라서 아세틸화된 기능기에 따라 아세테이트 섬유는 디아세테이트 섬유와 트리아세테이트 섬유로 분류된다.

합성된 아세테이트 플레이크는 염화메틸렌 및 아세트산 등의 각종 용제에 용해시켜 방사원액을 만들고 건식방사법을 활용해 섬유로 제조된다.

1) 아세테이트의 특성

(1) 형태

아세테이트는 고순도의 펄프를 사용하여 우아하고 자연적인 질감을 얻을 수 있고, 섬유 단면이 부정형으로 **그림 5-14** 와 같이 주름이 잡혀 있다. 다만 디아세테이트와 트리아세테이트의 단면은 매우 유사하여 육안으로 구

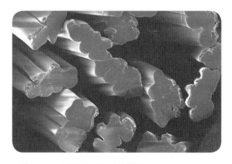

그림 5-14 아세테이트의 단면 형태

분하기 어렵다. 이는 건식방사법으로 섬유가 방사되면서 용매가 빠르게 증발하고 섬유의 표면층부터 응고되기 때문이다. 레이온과 비교했을 때, 상대적으로 덜 잡힌 주름은 빛의 반사에 따른 광택성을 향상시켜 견과 같이 우아한 광택과 선명한 발색성을 자랑한다.

(2) 강도 및 신도

아세테이트 섬유는 셀룰로오스 수산기의 일부 혹은 전부가 아세틸기로 치환된다. 따라서 벌키한 아세틸 치환기로 인해 셀룰로오스의 미세구조가 파괴되면서 결정화도가 떨어지고 분자 간 수소결합이 감소하여 강도가 떨어진다. 하지만 흡습성도 함께 떨어져서 레이온처럼 습윤 시 강도 저하가 심하게 나타나지는 않는다. 이러한 낮은 강도는 폴리에스터, 면, 나일론 등과 혼직하여 단점을 보완한다.

또한 디아세테이트와 트리아세테이트는 **표 5-3**과 같이 역학적으로 큰 차이를 보이지 않는다.

표 5-3 아세테이트의 특성

구분	디아세테이트	트리아세테이트
강도(gf/d)	0.9~1.4	0.9~1.4
습윤강도(gf/d)	0.7~0.9	0.8~1.0
신도(%)	25~35	25~35
습윤신도(%)	30~45	30~40
탄성회복률(2% 신장 시)(%)	94	92
비중	1.32	1.30
표준수분율(%)	6.0~6.5	3.5

(3) 탄성 및 레질리언스

2% 신장 시 탄성회복률은 디아세테이트가 94%, 트리아세테이트가 92%로 일반적인 면, 레이온보다 월등하게 우수하며 레질리언스가 좋다. 따라서 구김이 덜 생기며, 잘 펴진다.

(4) 비중

아세테이트의 비중은 1.30~1.32 수준으로 면이나 레이온보다 작아 가볍다.

(5) 내열, 내연성

아세테이트는 면과 달리 분자구조 내에 수소결합이 없어 열이나 불꽃에 노출되었을 때 합성섬유와 같이 연화 혹은 용융되는 특성을 보인다.

디아세테이트와 트리아세테이트의 차이는 열적 특성에서 나타난다. 디아세테이트의 연화온도는 200℃ 수준으로 비교적 낮기 때문에 130℃ 이하에서 다림질을 해야 하며, 특별한 주의를 필요로 한다. 반면 트리아세테이트의 연화온도는 250℃로 레이온과 유사한 190℃ 내외에서 다림질이 가능하다. 또한 트리아세테이트의 경우 열가소성이 우수하여 열고정성이 있으므로 워시 앤 웨어wash and wear용 의류로 활용할 수 있다.

디아세테이트와 트리아세테이트는 일반 셀룰로오스 섬유와 달리 불 속에서 녹으면서 타고 식초 냄새를 풍기며 불꽃 밖에서도 녹으면서 계속 타는 특성을 보인다.

(6) 흡습성

아세테이트 섬유는 수분에 의한 팽윤성이 낮고 레이온과 비교했을 때 안정성과 내구성이 우수하다. 이는 셀룰로오스의 수산기가 아세틸기로 치환되면서 물과 반응할 수 있는 기능기가 없어졌기 때문이다. 일반적으로 표준수분율은 디아세테이트가 6.0~6.5%, 트리아세테이트가 3.5% 수준이며, 열고정 및 후가공 등에 따라 2.5%까지 감소할 수 있다.

(7) 염색성

아세테이트는 분자구조 내 수산기가 아세틸화되어 물이나 염료와 같은 분자와 결합할 수 있는 기능기가 없어져 일반 염료로는 염색이 어렵다. 따라서 아세테이트 섬유는 분산염료를 사용하여 염색을 진행한다.

(8) 내약품성

아세테이트는 산에 약해서 손상되며, 알칼리에 의해서는 감화되어 아세테이트로서의 특성을 잃는다. 따라서 pH 9.5 이상의 알칼리성 세제의 사용은 피하는 것이 좋다. 드라이클리닝 용매에서는 안정한 편이고, 과산화수소, 차아염소산나트륨 등의 표백제에 대해서는 적절하게 사용하면 손상받지 않는다.

(9) 내일광성

아세테이트의 내일광성은 나일론이나 견보다 우수하고 면과 유사하지만 장기간 일광에 노출되면 강도가 저하된다.

(10) 내충, 내균성

곰팡이나 해충에는 비교적 안전하다.

2) 아세테이트의 용도 및 관리

디아세테이트 섬유는 습윤성과 대전방지성, 부드러운 촉감 등으로 속옷용 소재로 주로 사용되었고, 폴리에스터와 복합하여 여성복, 스포츠 의류에도 사용되고 있다. 고도의 내구성을 요구할 경우에는 불소계 수지와 같이 불소 알킬기를 측쇄에 가지는 가공제나 가교제 성분을 아크릴레이트 구조 내에 첨가하여 품질을 향상시킨다.

아세테이트 섬유는 산에 약해서 쉽게 손상되며, 알칼리에 의하여 광택 및 촉감이 변할 수 있으므로 물세탁보다는 드라이클리닝이 안전하다. 또한 열에 약하므로 다림질할 때는 약 130℃ 수준에서 진행한다.

2.3 재생 단백질 섬유

1) 카제인 섬유

카제인 섬유는 우유 단백질인 카제인을 이용한 것으로 우유로부터 버터를 분리한 탈지유에 산을 가함으로써 응고, 분리되는 단백질을 사용한다. 순수한 카제인 섬유의 경우 강도가 너무 약하므로 의복재료로 부적당하기 때문에, 카제인에 아크릴로니트릴을 공중합함으로써 강도와 습윤강도를 향상시켜 사용한다.

비중이 1.3이고, 수분율이 14%로 양모와 비슷하며 촉감과 광택, 강신도가 견 섬유와 유사하다. 특히 수분을 흡수했을 때 강신도의 변화가 견 섬유보다 작아 구김 회복성이 양호하다. 우유단백질의 천연 항균성을 유지하고 있으며, 인체친화적이고 생분해성을 자랑하여 친환경성을 갖추고 있다 그림 5-15 .

2) 글리시닌 섬유

대두콩을 주원료로 하는 천연의 식물 단백질 섬유로 기름을 제거한 대두

그림 **5-15** 독일 생화학자 앙케 도마스케(Anke Domaske)가 개발한 카제인 섬유 큐밀크(Qmilch)

잔여물로부터 구형의 단백질인 글리시닌glycinin을 추출하고 공간구조를 변화시켜 습식방사를 통해 제조한다. 글리시닌 섬유는 대두유 생산 시 남은 대두박을 활용하여 저렴하고 생산 과정에서 환경, 대기, 물, 인체에 해를 주지 않아 친환경섬유로도 인정을 받고 있다.

글리시닌 섬유는 천연견의 부드러운 광택과 면 섬유의 수분전달성 및 보온성을 가지며, 다양한 섬유와 혼방하거나 합사함으로써 사용된다 **그림 5-16** .

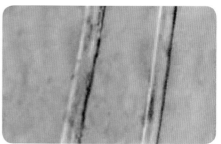

그림 **5-16** 콩섬유의 단면(좌) 및 측면(우) 현미경 사진

3 합성섬유

합성섬유란 간단한 분자로부터 형성된 합성중합체를 원료로 하는 섬유를 말한다. 오늘날 합성섬유는 용도에 따라 다양하게 제조되며, 가공기술의 발달로 사용 중 발생하는 여러 가지 단점도 개선되고 있다. 간단한 분자인 단량체로부터 고분자를 합성하기 위해서는 고분자 사슬 내에 2개 이상의 작용기를 가져야 한다. 이는 각기 다른 작용기들이 서로 반응하면서 선형의 고분자를 만들어낼 수 있기 때문이다. **표 5-4** 는 고분자 중합에 활용되는 작용기와 반응에 따라 생성되는 결합을 나타낸 것이다.

중합이란 고분자를 합성시키는 반응을 의미하는 것으로 세부적으로는 축

표 5-4 작용기의 종류와 반응에 따른 결합

작용기 A	작용기 B	반응의 형식	생성되는 결합	
$-NH_2$	$-Cl$	축합반응	$-NH-$	폴리아민
$-OH$	$-Cl$	축합반응	$-O-$	폴리에터
$-COOH$	$-OH$	축합반응	$-COO-$	폴리에스테르
$-COOH$	$-NH_2$	축합반응	$-CONH-$	폴리아미드
$-NCO$	$-OH$	부가반응	$-NHCOO-$	폴리우레탄
$-NCO$	$-NH_2$	부가반응	$-NHCONH-$	폴리우레아

합중합과 부가중합 등이 있다. 축합중합은 2개의 분자가 결합할 때 물, 알코올과 같은 가장 간단한 분자를 분리하면서 결합하는 반응이다. 따라서 축합중합체는 아미드기($-NHCO-$)나 에스터기($-COO-$)와 같이 특징적인 원자단이 반복되는 구조를 지닌다. 반면 부가중합은 불포화 화합물, 즉 이중결합이나 삼중결합을 가진 분자에서 이중결합이나 삼중결합이 열리며 다른 분자와 결합하는 반응이다. 부가중합은 탄소와 탄소의 결합으로 축합중합에서처럼 부산물 생성이나 특별한 원자단 등이 없다.

대표적인 합성섬유로는 폴리아미드섬유, 폴리에스터 섬유, 아크릴 섬유 등이며, 이들을 3대 합성섬유로 지칭하기도 한다.

3.1 나일론

폴리아미드계 섬유란 선형 혹은 고리 형태의 지방족에 연결된 아미드 결합($-NHCO-$)이 최소 85% 이상인 선형 고분자로 제조된 섬유를 총칭한다. 세부적으로는 지방족 폴리아미드와 방향족 폴리아미드로 구분되는데, 전자는 나일론, 후자는 폴리아라미드로 불린다.

나일론은 1928년 듀폰Dupont 사의 캐러더스Wallace Hume Carothers에 의하여 최초로 상업화가 진행되었으며, 1938년 새로운 합성섬유로서 시장에 출시되었다. 2차 세계대전 동안 나일론 섬유는 방수용 텐트, 경량의 낙하산 등의 군용 제품으로 널리 사용되었다.

일화에 의하면 나일론이라는 명칭은 나일론 필라멘트 섬유의 섬세함을 강조하기 위하여 붙여진 상품명으로, 나일론 1파운드로 뉴욕NY과 런던LON 사이의 거리만큼의 길이를 가진 섬유를 제조할 수 있다는 자부심이 담겨있다.

1) 나일론의 제조

나일론은 제조 방법에 따라 여러 가지 종류가 있으나, 현재 의류소재로 사용되고 있는 것은 나일론-66과 나일론-6이다. 이 두 가지 나일론은 서로 특성이 유사하여 세부적으로 구분하지는 않으며, 나일론-6의 제조 과정이 상대적으로 간단하여 생산량이 증가하는 추세이다.

나일론-66은 헥사메틸렌디아민hexamethylenediamine과 아디프산adipic acid 을 축합중합하여 만들어진 폴리헥사메틸렌아디프아미드poly(hexamethylene adipamide)이라는 중합체를 이용하여 제조된다. 중합된 나일론 칩은 건조하여 수분을 제거하고, 노즐을 통해 용융방사함으로써 섬유상으로 방사 및 고화시킨다. 이후 배향하기 위하여 연신 공정을 통해 열 고정함으로써 최종 섬유로 제조한다.

$$nH_2N - (CH_2)_6 - NH_2 + nHOOC - (CH_2)_4 - COOH$$

헥사메틸렌디아민   아디프산

$$\longrightarrow \quad H + HN - (CH_2)_6 - NH - CO - (CH_2)_4 - CO +_n - OH + (2n-1)H_2O$$

폴리헥사메틸렌아디프아미드

그림 5-17 나일론-66의 반응 메커니즘

반면 나일론-6은 카프로락탐caprolactam을 단량체로 개환중합하여 얻어지는 폴리카프로락탐polycaprolactam으로 만들어진다. 이렇게 합성된 중합체의 용융방사를 통해 섬유화가 이루어지며 섬유축 방향으로 연신시켜 강도를 향상시킨다.

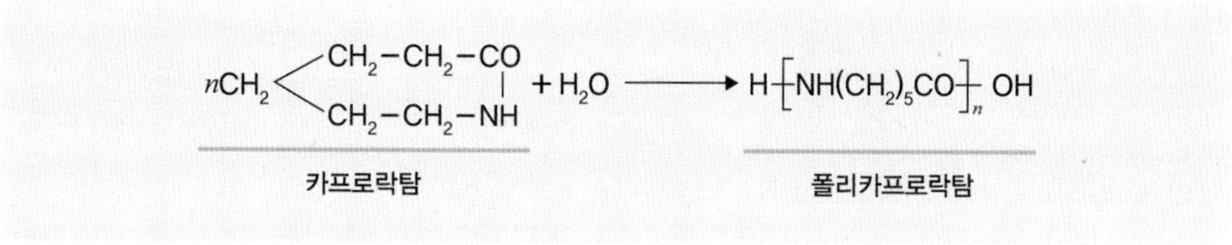

그림 5-18 나일론-6의 반응 메커니즘

이때 나일론 종류를 표시하는 데 사용되는 숫자는 폴리아미드 중합체를 이루는 단량체의 탄소 수를 의미한다. 즉, 나일론-66의 경우, 헥사메틸렌디아민과 아디프산이 각각 6개의 탄소를 가졌고, 나일론-6은 단량체인 카프로락탐의 탄소가 6개임을 알 수 있다.

나일론은 상업적인 용도에 따라서 다양한 형태로 생산되고 있다. 광택에 따라 무광택사full-dull yarn, FD, 반광택사semi-dull yarn, SD, 광택사bright yarn, BRT로 제조되며, 강도나 신도에 따라서도 여러 가지 특성으로 구분된다. 특히 나일론은 유리전이온도가 낮기 때문에 상온에서 냉연신이 가능하고, 가열하에 연신하면 분자 간의 결합력이 낮아져 연신이 용이함에 따라 타이어코드나 어망 등의 고강력사로도 제조된다.

2) 나일론의 특성

(1) 형태

나일론 섬유의 측면은 유리와 같이 대단히 매끄럽다 그림 5-19 . 섬유의 광택 수준에 따라 소광제를 첨가하게 되는데, 첨가량에 따라 매끄러웠던 섬유 측면이 그림 5-20 과 같이 불균일해질 수 있다. 또한 나일론 섬유의 단면은 일반적으로 원형이나 용도에 따라 그림 5-21 과 같이 이형단면으로도 방사가 가능하다.

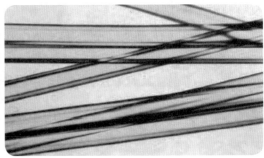

그림 **5-19** 나일론의 단면(좌)과 측면(우) 형태

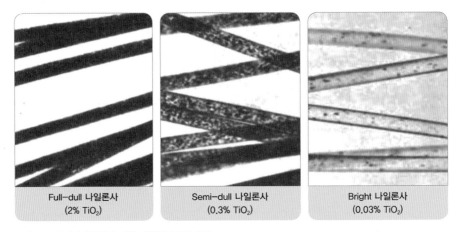

Full-dull 나일론사
(2% TiO_2)

Semi-dull 나일론사
(0.3% TiO_2)

Bright 나일론사
(0.03% TiO_2)

그림 **5-20** 소광제 첨가량에 따른 나일론의 측면 형태

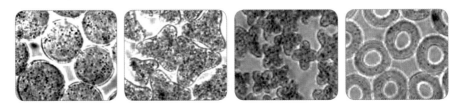

그림 **5-21** 다양한 나일론 이형단면사

(2) 강도 및 신도

나일론 섬유의 강점은 강도와 탄성이 우수하고 인장회복성이 뛰어나다는 것이다. 일반적으로 나일론의 강도는 4.8~6.5gf/d 수준이며 강력 나일론의 경우 최대 10.0gf/d를 자랑한다. 다만 습윤 시 강도는 4.2~5.9gf/d 수준으로 약 15% 정도 저하된다. 이는 수분이 나일론 섬유의 비결정 영역으로 침

투하여 아미노 그룹과 수소결합을 이루기 때문이다. 따라서 습윤강도와 신도는 다소 떨어지지만, 비스코스 레이온과 같은 재생 셀룰로오스 섬유처럼 유의한 수준은 아니다. 나일론은 신도 또한 매우 크다. 나일론 섬유의 신도는 28~45%, 습윤 상태에서는 36~52% 정도 수준이다. 반면 나일론의 초기 탄성률은 15~30gf/d 수준으로 매우 작다. 따라서 이러한 특성을 고려하여 용도를 선정하는 것이 필요하다.

(3) 탄성 및 레질리언스

나일론은 매우 우수한 탄성회복률을 자랑한다. 표 5-5 와 같이 2% 신장에서 100% 회복하며, 심지어 10% 신장에서도 89%까지 회복한다. 다만 회복에 시간이 다소 소요된다. 또한 우수한 레질리언스를 보유하고 있어 구김이 적어 내추성이 우수하다.

표 5-5 나일론의 탄성회복률

섬유	탄성회복률(%)		
	2% 신장 시	5% 신장 시	10% 신장 시
나일론	100	89	89
폴리에스터	85~100	65	51
면	75	52	–
비스코스레이온	82~95	32	23

(4) 비중

나일론의 비중은 1.14로 다른 섬유에 비하여 가벼워 경량의 의류소재로 활용된다.

(5) 내열, 내연성

나일론은 열에 약하다. 하지만 100℃ 수준에서는 장시간 방치하여도 변화되지 않으므로 의류소재로서 활용하는 데에는 무리가 없다.

표 5-6 나일론의 내열성

특성	온도(℃)	
	나일론-6	나일론-66
녹는점(melting point)	215~220	255~260
연화점(softning point)	170	235
최대 다림질 온도	150	180
유리전이온도(Tg)	40~50	40~50

나일론-66과 나일론-6의 차이는 내열성에서 나타나는데, 표 5-6 과 같이 나일론-66이 나일론-6에 비하여 열적 특성이 우수하다. 따라서 나일론-66의 경우 고온에서 열처리가 가능하며 우수한 열고정성을 보인다.

나일론 섬유는 불 속에서 회색의 연기를 내며 녹으면서 타지만 불 밖에서는 타지 않는다. 또한 150℃ 이상의 온도에 장시간 방치하면 황변된다.

(6) 흡습성

나일론은 소수성 섬유이다. 하지만 일반적인 나일론 섬유의 표준수분율은 3.5~4.5%로 합성섬유 중에서는 비교적 높은 편이다. 상대습도가 100%인 환경에서 최대 10%까지 수분을 흡습한다.

(7) 내약품성

나일론은 산에 의하여 강도가 저하되는 반면 알칼리에 대해서는 높은 저항성을 지닌다. 드라이클리닝에 사용되는 일반 용매에는 안정한 편이다. 표백제는 여러 가지로 사용할 수 있으나 아염소산나튜륨이 가장 적당하다.

(8) 내일광성

나일론은 내일광성이 매우 좋지 않아 일광에 의해 쉽게 손상되어 강도가 저하되고 황변된다. 이는 면보다는 좋지 않지만 견보다는 나은 편이다. 또한 일반적으로 광택 나일론이 무광택 나일론보다 내일광성이 좋다.

(9) 내충, 내균성

해충이나 모든 미생물로부터 안전하다. 그러나 가공제가 첨가되어 있을 경우 해충이나 미생물의 피해를 받을 수 있다.

3) 나일론의 용도 및 관리

나일론은 주요 합성섬유 중 하나로 의류용, 실내장식용 및 산업용 등으로 널리 사용된다. 신도가 크고 탄성 및 레질리언스가 우수하여 스타킹, 란제리에 많이 사용되며, 내구성이 좋아 양말, 셔츠, 스포츠 셔츠 등 편성물에 많이 사용된다. 특히 스포츠 및 레저산업이 성장함에 따라 아웃도어 재킷 및 스포츠 의류 등 나일론 직물의 수요가 증가하고 있다.

　뿐만 아니라 벌레 및 곰팡이에 대한 저항성이 좋아 카펫과 같은 실내장식에 많이 사용된다. 그러나 내일광성이 좋지 않아 커튼 및 야외용 제품에는 사용할 수 없다.

　나일론은 세탁과 건조가 쉽고 열가소성이 좋아 워시 앤 웨어 가공wash& wear finishing이 가능하다. 내약품성은 우수한 편이나 산에 약하고 알칼리 세제는 황변의 원인이 되므로 주의하는 것이 좋다. 내열성이 낮으므로 다림질은 150~170℃에서 시행하는 것이 좋다. 또한 습방추도가 불량하여 젖었을 때 생긴 구김이 건조 후에도 남으므로 탈수는 짧게 진행하도록 한다.

3.2 아라미드

방향족 폴리아미드aromatic polyamid인 아라미드aramid 섬유는 방향족 고리들이 아미드 결합(-CONH-)에 의하여 연결된, 즉 두 개의 방향족 고리 사이에 직접 붙은 아미드 결합이 85% 이상인 합성고분자로 정의된다. 세부적으로 아라미드 섬유는 아미드기와 방향족 고리의 결합위치에 따라 메타

meta계와 파라para계로 구분한다. 메타계 아라미드는 열안정성이 뛰어나 고온내열성이 우수하고, 파라계 아라미드는 고온내열성뿐만 아니라 고강도 및 고탄성의 특징을 지닌다. 방향족 폴리아미드는 고분자 자체의 용융온도가 분해온도보다 높기 때문에 용융방사는 불가능하며, 중합체를 적절한 용매에 녹여 방사원액으로 섬유화하는 용액방사법을 사용한다. 습식방사, 건식방사, 액정방사 모두 이용 가능하다.

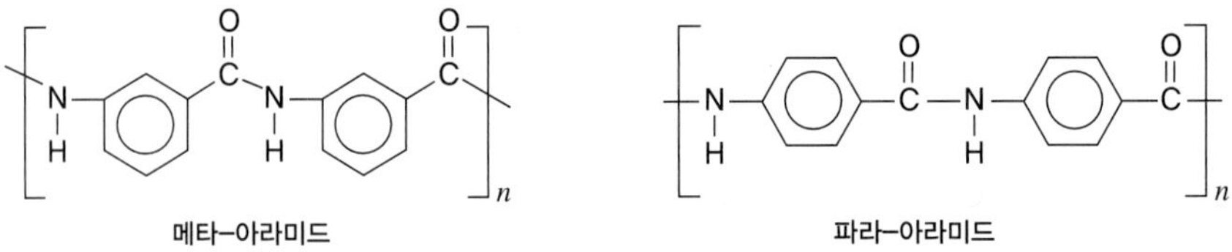

메타-아라미드   파라-아라미드

그림 5-22 방향족 아라미드의 화학구조

한걸음
더

방향족 화합물에서 치환기의 위치

방향족 고리화합물에서 2개의 치환기가 존재할 경우 그 위치에 따라 ortho, meta, para라는 접두어를 사용하여 치환기의 위치를 표시한다.

– ortho(오쏘) : 방향족 화합물의 1과 2 탄소 위치에 치환기가 있는 분자를 나타낸다. 즉, 치환기는 1차 탄소에 인접하거나 옆에 위치하게 된다.

– meta(메타) : 방향족 화합물의 1 및 3 탄소 위치에 치환기가 있는 분자를 나타낸다.

– para(파라) : 방향족 화합물의 1 및 4 탄소 위치에 치환기가 있는 분자를 나타낸다. 즉, 치환기는 1차 탄소와 정반대 위치에 있다.

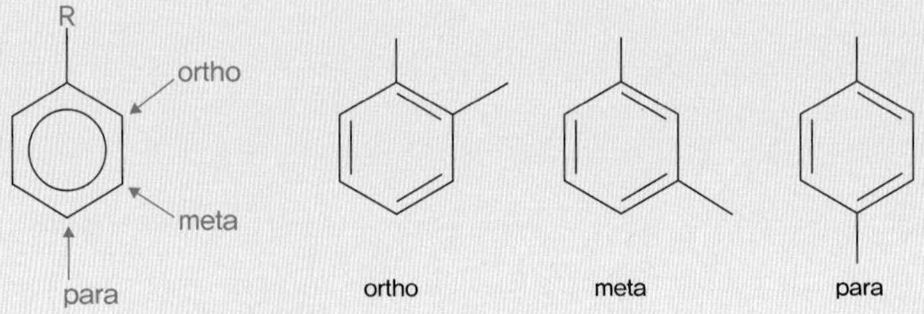

ortho   meta   para

의류소재

1) 메타계 아라미드

방향족 고리가 메타 위치에서 아미드기와 연결된 중합체로 구성된 섬유로 1960년대 출시된 노멕스DuPont™ Nomex®가 대표적이다 그림 5-23 .

메타계 아라미드meta-aramid 섬유는 나일론과 비슷한 강도와 신도를 지녔으나, 열안정성이 매우 좋아서 고온에서 장시간 사용되는 내열용 의류소재 및 고온 필터 등에 활용된다.

2) 파라계 아라미드

방향족 고리가 파라 위치에서 아미드기와 연결된 중합체로 구성된 섬유로, 1965년 듀폰 사에 의해 최초로 개발되어 1974년 상업생산이 개시된 케블라DuPont™ Kevlar®가 대표적이다 그림 5-24 .

Stationwear made with Nomex®

Burn time: 3 sec
Predicted burn injury: 11%

Shirt: 4.72 oz/yd²
Pants: 6.94 oz/yd²

Polyester is powerless

Burn time: 3 sec
Predicted burn injury: 75%

Shirt: 5.13 oz/yd²
Pants: 11.77 oz/yd²

Cotton doesn't cut it

Burn time: 3 sec
Predicted burn injury: 58%

Shirt: 5.27 oz/yd²
Pants: 7.49 oz/yd²

그림 5-23 노멕스(DuPont™ Nomex®)의 열저항성 비교 실험

그림 5-24 케블(DuPont™ Kevlar®)라 직물의 표면(좌)과 다양한 제품 형태(우)

　　파라계 아라미드para-aramid 섬유는 막대상의 강직한 분자사슬을 지녀 고강도, 고탄성률, 경량성, 내열성, 내충격성 등의 특징을 가진다. 이에 유리섬유, 철, 석면 등의 대체재로서 폭넓게 사용되고 있다. 의류에서는 장갑이나 작업복 등의 안전방호 의류, 방탄조끼, 헬멧, 스포츠 의류 등으로 활용된다.

　　방향족 아라미드의 특성은 **표 5-7** 과 같다. 강철에 비하여 탄성률은 떨어지지만 강도가 크고 신도가 우수하다. 특히 비중이 작아 강철과 동일한 강도를 가지고도 가벼운 소재로 활용할 수 있다. 또한 일반적인 의류소재와 비교했을 때, 높은 내열성과 난연성을 자랑하며, 강도, 탄성, 형태회복성이 우수하다. 반면 흡습성이 낮으며, 산에 대해서는 나일론보다 강하지만 폴리에스터보다는 떨어지고, 알칼리에 대해서는 우수한 저항성을 갖는다. 곰팡이 및 벌레에 대한 내성이 있고, 일광 및 대기에 대해서는 내일광성이 떨어지므로 태양 및 자외선 등의 직사광은 피하는 것이 좋다. 캐티온 염료를 이용하여 염색하나 염색성이 좋지는 못하여 색상에 한계를 지닌다.

표 5-7 방향족 아라미드의 물성 비교

물성	메타 아라미드(노멕스)	파라 아라미드(케블라)	강철
비중	1.38	1.44	7.85
강도(gf/d)	5.6	22	3.4
탄성률(kgf/mm²)	800	6,000~13,000	20,000
신도(%)	38	2.4~3.8	1.7
분해온도(℃)	371	498	–

3.3 폴리에스터

폴리에스터는 에스터 결합(-COO-)에 의하여 단량체가 연결된 선형 고분자로 만들어진 섬유이다. PETpoly(ethylene terephthalate), PTTpolytrimethylene telephthalate, PBTpoly(butylene terephthalate) 등 다양한 산 성분과 알코올 성분이 에스터 결합으로 연결된 구조의 고분자가 포함되나, 일반적으로 폴리에스터 섬유는 폴리에틸렌테레프탈레이트PET를 일컫는 것으로, 폴리에스터 생산량의 대부분을 차지한다.

나일론의 발명자인 캐로더스Carothers가 처음 폴리에스터 섬유의 합성을 시도하였으나, 당시에는 지방족 폴리에스터로 융점이 낮아 실용성이 떨어졌다. 이후 1941년 영국의 칼리코 프린터스 사Calico Printers Association의 윈필드Whinfield와 딕슨Dickson이 방향족 테레프탈산과 에틸렌글리콜의 에스터 결합을 통해 융점이 높은 폴리에틸렌테레프탈레이트 제조에 성공하였고, 이후 영국 I.C.I 사와 공동으로 테릴렌Terylene®이라는 상품명을 개발하였다. 1953년 미국에서 듀폰 사에 의해 처음으로 상품화되었고, 1960~1970년대 생산량이 크게 증대되며 각광을 받았다. 폴리에스터는 원료가 저렴하고 섬유자체가 범용성을 가지고 있어 광범위한 분야에서의 전개가 자유로워 크게 성장하였다. 특히 천연섬유와 같은 촉감, 염색성, 기능성 등을 구현하기 위한 기능성 섬유로 발전 중이다.

1) 폴리에스터의 제조

폴리에스터 섬유는 에틸렌글리콜ethylene glycol($HO(CH_2)_2OH$)과 테레프탈산 terephthalic acid($HOOC-C_6H_4-COOH$) 혹은 디메틸테레프탈레이트dimethyl terephthalate($CH_3OOC-C_6H_4-COOCH_3$)를 그림 5-25 와 같이 축합중합하여 만들어진 폴리에틸렌테레프탈레이트poly(ethylene terephthalate)로 제조된다.

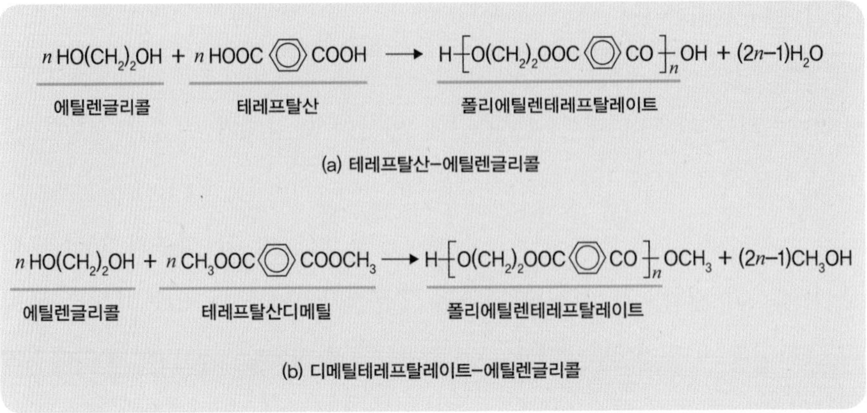

$$n\ HO(CH_2)_2OH + n\ HOOC\ \langle\bigcirc\rangle\ COOH \longrightarrow H\!\!\left[O(CH_2)_2OOC\ \langle\bigcirc\rangle\ CO\right]_n\!\!OH + (2n\!-\!1)H_2O$$

에틸렌글리콜   테레프탈산   폴리에틸렌테레프탈레이트

(a) 테레프탈산-에틸렌글리콜

$$n\ HO(CH_2)_2OH + n\ CH_3OOC\ \langle\bigcirc\rangle\ COOCH_3 \longrightarrow H\!\!\left[O(CH_2)_2OOC\ \langle\bigcirc\rangle\ CO\right]_n\!\!OCH_3 + (2n\!-\!1)CH_3OH$$

에틸렌글리콜   테레프탈산디메틸   폴리에틸렌테레프탈레이트

(b) 디메틸테레프탈레이트-에틸렌글리콜

그림 5-25 폴리에스터 반응 메커니즘

열가소성 고분자인 폴리에틸렌테레프탈레이트를 융점(약 290℃) 이상의 온도에서 방사구금을 통해 압출하여 냉각·고화시킨 뒤 권취하는 용융방사 공정으로 섬유화하며, 용융방사된 미연신사에 강도를 부여하기 위하여 섬유구조에 배향 및 결정화를 유도하는 연신 공정을 거쳐 연신사를 제조한다. 이때 연신은 80~100℃에서 3~5배 진행하는데, 이는 냉연신을 하는 나일론 제조 방법과 다른 점이다.

2) 폴리에스터의 특성

(1) 형태

폴리에스터는 표면이 매끄럽고 균일한 외관을 보이며, 단면은 원형에 가깝다. 하지만 섬유의 용도에 따라 그림 5-26 과 같이 다양한 이형단면을 가진 섬유도 제조 가능하다.

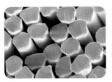 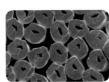 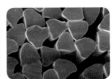 

그림 5-26 다양한 폴리에스터 이형단면사

(2) 강도 및 신도

폴리에스터의 강신도는 제조 공정에서의 연신 정도에 따라 다르다. 일반적으로 인장 강도는 4.5~9.5gf/d, 신도는 30~38% 수준이다. 폴리에스터는 흡습성이 매우 작아 습윤 상태의 강신도 변화가 거의 없는 섬유이다.

신도는 나일론 대비 작지만 초기탄성률이 다른 합성섬유에 비해 커 의류소재용으로 가장 적합하다.

(3) 탄성 및 레질리언스

폴리에스터 섬유는 2% 신장 후 탄성회복률이 약 85~100% 수준으로 천연섬유보다 우수하나 나일론과 비교했을 때에는 다소 떨어진다. 그러나 작은 신장 후의 즉시회복이 나일론보다 우수하기 때문에 의복으로 착용했을 때 작은 신장을 받는 경우가 많은 의류소재로 더 적합하다 **표 5-5 참고** . 폴리에스터는 레질리언스가 우수하여 주름의 보존성이 좋고, 구김으로부터의 회복성 또한 뛰어나다.

(4) 비중

폴리에스터 섬유의 비중은 1.37~1.39 정도로 양모(1.32) 및 아세테이트(1.32)와 유사하다.

(5) 내열, 내연성

폴리에스터의 융점은 255~260℃로 나일론과 비슷하지만, 나일론처럼 열에 의하여 변색되지는 않는다. 열가소성이 우수하여 220℃ 내외에서 열고정시키면 사용 중 열탕이나 다림질에 의한 변화가 없고, 수축이나 늘어나는 일도 없다. 하지만 열처리하지 않은 폴리에스터 직물은 높은 온도에서 수축된다. 이처럼 내열성 및 열가소성이 우수하여 의류용 섬유 중에서도 가장 큰 시장성을 갖춘 섬유라 할 수 있다.

불 속에서는 녹으면서 타며 검은 연기를 일으킨다. 불꽃 속에서 꺼내면 저절로 꺼지며 딱딱한 덩어리를 남긴다.

(6) 흡습성

폴리에스터의 표준수분율은 0.4%이며, 상대습도 100% 환경에서도 수분율이 0.8%에 그쳐 매우 낮은 흡습성을 보인다. 따라서 수분으로 인한 강도와 신도의 변화가 거의 없다. 이러한 낮은 흡습성은 세탁 후 건조가 빠르고, 형체 안정성을 지니므로 워시 앤 웨어 의복으로 활용이 가능하다.

반면 이러한 낮은 흡습성은 표면에 정전기를 축적하고, 염색을 어렵게 하여 특수한 처리를 필요로 한다. 또한 의류로 적용 시 인체에서 발산하는 열과 수분을 흡수하지 못하므로 불쾌감을 유발할 수 있다. 하지만 폴리에스터는 모세관 현상으로 인하여 침윤성이 비교적 우수하므로 적당한 섬유와 혼방하거나 적절한 조직을 선택하면 수분을 잘 투과시킬 수 있어 혼방직물로서 많이 활용한다.

(7) 염색성

폴리에스터는 흡습성이 작고 염료를 흡착할 만한 작용기가 없어 염색이 어렵다. 이에 따라 폴리에스터 섬유는 분산염료로 고온·고압하에서 침투제를 사용하거나 특수염색법을 사용한다.

(8) 내약품성

폴리에스터는 내약품성이 좋은 섬유이다. 내산성이 우수하여 강산에는 실온, 묽은 무기산에는 가열해도 손상되지 않는다. 알칼리에 대해서도 저항성이 우수하지만, 짙은 알칼리 용액에서 가열하면 가수분해된다. 이를 활용하여 그림 5-27 과 같이 섬유 표면을 거칠고 가늘게 하는 알칼리 감량 가공을 진행하기도 한다. 알칼리 감량 가공한 폴리에스터는 촉감이 부드러워지고 유연성 및 염색성이 향상되어 견과 같은 특성을 구현할 수 있다.

드라이클리닝에 사용되는 용매에 대해서 안정하며, 여러 가지 표백제에

| 가공 전 | 감량가공 후 |

그림 **5-27** 폴리에스터 섬유의 알칼리 감량 가공

대해서도 안정한 편이나 아염소산나트륨이 가장 적당하다.

(9) 내일광성

내일광성은 우수하지만, 직사일광에 장시간 노출되면 자외선에 의하여 강도가 떨어진다. 그러나 유리를 통과한 광선에 의해서는 유리로 인해 자외선이 차단되므로 강도가 떨어지지 않는다. 일반적인 착용 환경에서는 노화현상 및 황변이 없다.

(10) 내충, 내균성

해충에 대해서는 침식되는 일이 없으며, 첨가제로 곰팡이가 생길 수도 있으나 쉽게 제거된다.

3) 폴리에스터의 용도 및 관리

폴리에스터는 다른 섬유와 혼방하여 많이 사용되는데, 폴리에스터와 면 혼방사는 50/50, 65/35의 혼용률로 보통 제조되며 셔츠, 파자마, 란제리, 유니폼 등 다양한 의류제품에 활용된다. 폴리에스터와 양모는 보통 55/45의 혼용률을 보이며 정장, 스포츠재킷 및 유니폼 등에 사용된다. 폴리에스터와 마, 폴리에스터와 비스코스 레이온 혼방사는 주로 여름용 의류제품에 적용된다.

반면 100% PET의 경우 완전연신사fully drawn yarn, FDY나 부분배향사 partially oriented yarn, POY를 가연기술로 텍스처링하여 넥타이 및 경편성물 등에 사용하고 있다. 그 외에도 벽지, 가구, 침대용 시트 등의 인테리어용, 타이어코드, 로프, 부직포 등의 산업용, 인조혈관 및 수술용 봉합사 등의 의료용으로도 사용이 활발하다.

폴리에스터는 세탁 관리가 쉬운 섬유로 기계세탁이 가능하며 합성세제 및 표백제 사용도 가능하다. 다만 오래된 기름때는 제거가 어려우므로 오염 즉시 세탁하는 것이 효과적이다. 안전한 다림질 온도는 150℃ 수준이다.

4) 기타 폴리에스터 섬유

세계적으로 널리 사용되고 있는 PET 섬유 외에도 에스터 결합을 이루는 산 성분과 알코올 성분에 따라 다양한 종류의 폴리에스터 섬유가 사용된다.

(1) PBT

PBTpolybutylene terephthalate 섬유는 1,4-부탄디올1,4-butanediol과 테레프탈 산을 중합하여 만들어진 섬유로 **그림 5-28** 과 같은 구조를 지닌다.

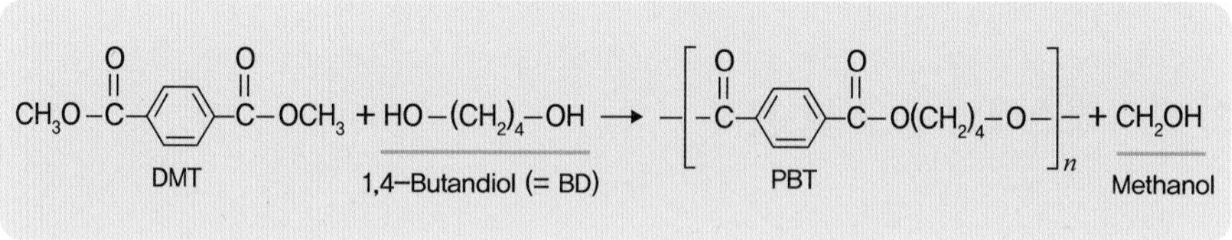

그림 5-28 PBT 반응 메커니즘

신축성과 탄성회복성 등의 물리적 특성은 나일론과 비슷하면서도 내일광성, 내황변성 등의 화학적 특성은 폴리에스터 섬유로서의 장점을 그대로 가지고 있다. 특히 염색성과 염색견뢰도가 PET보다 우수하며 주로 스타킹, 양말, 수영복, 카펫 등에 사용된다.

(2) PTT

PTTpolytrimethylene telephthalate 섬유는 테레프탈산과 1,3-프로판디올 1,3-propanediol의 축합중합에 의하여 만들어진 섬유로 PPTpoly(propylene terephthalate)라고도 한다. 그러나 일반적으로는 PTT라는 명칭이 PPT보다 더 널리 사용된다.

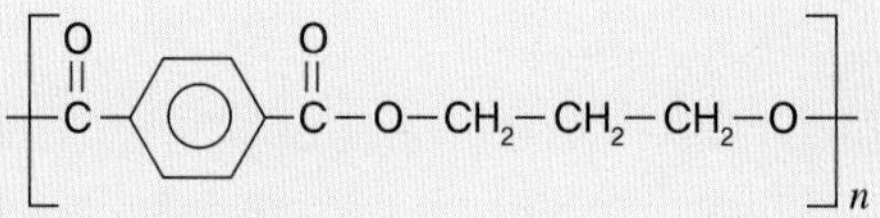

그림 5-29 PTT의 화학구조

PTT 섬유는 **표 5-8** 과 같이 화학적인 특성은 PET 섬유의 장점을 그대로 유지하면서도 물리적 특성은 나일론 수준이며, 특히 탄성회복률이 월등히 우수하여 카펫이나 스포츠웨어용 스트레치 소재로 활용되고 있다.

표 5-8 여러 폴리에스터 섬유의 물성 비교

물성 \ 섬유	PET	PBT	PTT
강도(cN/dtex)	3.7~4.4	3.5	2.8~3.5
신도(%)	30~38	38	45~53
탄성률(cN/dtex)	97	23	20
20% 신장회복률(%)	29	40	67~88
비중	1.38	1.34	1.34
수분율(%)	0.4	0.4	0.4
융점(℃)	255	230	230
유리전이온도(℃)	69	25	51

(3) PLA

PLApolylactic acid 섬유는 앞서 살펴보았던 폴리에스터 섬유와 달리 재생원료를 근간으로 하여 생분해가 가능한 고분자 섬유이다. 원료가 되는 락트산

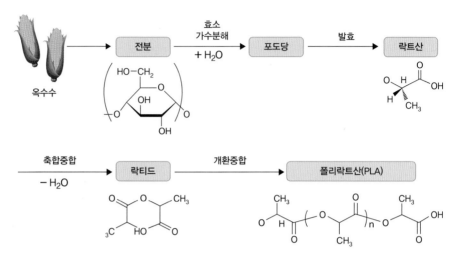

그림 5-30 PLA 섬유 반응 메커니즘

lactic acid은 옥수수나 고구마, 사탕수수 등을 통해 얻는 전분 혹은 당sugar 등을 발효하여 만든다. 제조는 2단계로 진행되는데, 1단계에서는 전분인 글루코오스glucose가 발효되어 락트산lactic acid을 만들고, 2단계에서는 락트산이 축합되어 락티드lactide가 되면서 촉매하에 개환 중합을 통해 폴리락트산 PLA으로 만들어진다 **그림 5-30** .

PLA 섬유는 일반적인 폴리에스터 섬유와 마찬가지로 용융방사를 통해 섬유화 된다. 물성은 폴리에스터나 나일론과 유사하며, 탄성률은 나일론과 폴리에스터의 중간으로 부드러운 섬유이다. 다만 **표 5-9** 와 같이 PLA 섬유는 융점이 낮아서 열에 약한 결점이 있다. 이러한 한계를 해결하기 위하여 복합 고분자를 기반으로 하는 보다 높은 융점을 가진 PLA 섬유가 연구 중이다.

PLA 섬유의 가장 큰 장점은 친환경 섬유라는 것이다. 원료가 되는 락트산은 옥수수와 같은 재생 가능한 재료로부터 얻을 수 있다. 그리고 원료를 추출하는 과정에서도 석유로부터 추출하는 과정보다 약 25~55%의 에너지 및 자원 절감 효과가 있다. 또한 PLA 섬유는 땅속에서 1~2년 내에 거의 분해되는 생분해성 섬유임에 따라 플라스틱 폐기물 축적과 관련된 문제들을 해결할 수 있는 친환경 자원이다.

표 5-9 PLA와 PET의 물성 비교

물성 \ 섬유	PLA	PET
비중	1.25	1.39
융점, T(℃)	130~175	254~260
강도(gf/d)	6.0	6.0
탄성회복률(5% 신장 시)	93	65
표준수분율(%)	0.4~0.6	0.2~0.4
가연성	불꽃 제거 후에도 2분간 지속적으로 연소	불꽃 제거 후에도 6분간 지속적으로 연소
한계산소지수(LOI, %)	26	20~22

PLA는 의료용, 환경 친화성 필름 및 포장용, 의류 및 부직포 등 다양한 분야에서 활용된다. 특히 수분조절 능력이 우수하여 스포츠웨어 제품에 많이 활용되고 있다.

3.4 폴리우레탄 섬유

폴리우레탄계란 분자 내에 우레탄 결합(-OCONH-)을 가진 고분자 화합물을 총칭하는 것으로 화학조성 및 구조에 따라 매우 다양한 물리적 특성을 나타내어 섬유, 고무, 도료 등의 산업용 자재로 사용되고 있다. 섬유로서는 1937년 독일의 바이에르O. Bayer 등이 헥사메틸렌 디이소시아네이트 hexamethylene diisocyanate와 1,4-부탄디올1,4-butanediol의 반응에서 얻어진 결정성 폴리우레탄 섬유, 펄론 U를 개발하면서부터 시작되었으며, 본격적인 상품화는 1958년 미국 듀폰 사가 개발한 스판덱스spandex로 시작되었다. 스판덱스는 우레탄 결합을 갖는 분자사슬이 섬유구조상 최소 85% 포함하는 합성고분자를 가리킨다. 유럽에서는 엘라스테인elastane이라 부르기도 한다.

폴리우레탄 섬유는 **그림 5-31** 과 같이 강한 결합력으로 인하여 결정 구조를 가져 분자의 움직임이 제한되는 하드 세그먼트hard segment와 2차 전

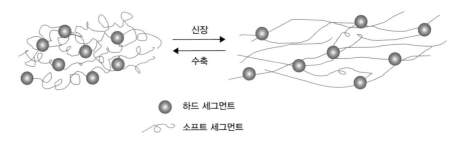

신장 →
← 수축

● 하드 세그먼트
∿ 소프트 세그먼트

그림 5-31 폴리우레탄의 화학구조

이 온도가 실온 이하로 굴곡성이 풍부하고 고무와 같이 부드러운 소프트 세그먼트soft segment로 구성된 공중합체이다. 따라서 섬유를 길게 신장시키면 소프트 세그먼트는 길게 늘어나는 반면 하드 세그먼트는 가교결합으로 분자사슬 간 미끄러짐을 억제하여 형태를 유지한다. 이후 신장을 제거하면 소프트 세그먼트는 탄성에 의해 원래의 길이로 돌아온다.

1) 폴리우레탄의 제조

폴리우레탄의 중합체는 일반적으로 디이소시아네이트diisocyanate와 에스터 폴리올ester polyol 또는 수산기말단에테르hydroxyterminated ether를 이용하여 초기 중합반응체prepolymer를 합성하고, 이후 디올diol이나 디아민diamine 등 저분자량의 활성수소를 갖는 화합물을 반응시켜 중합도를 높이는 사슬연장 반응을 수행한다. 이때 중합반응체가 디아민과 반응할 때에는 요소urea 결합이 형성되고 디올과 결합하면 우레탄urethane 결합이 형성된다. 이렇게 만들어진 고분자는 선형의 구조를 가지며 화학적으로 이중 블록 공중합체 diblock copolymer의 분자구조를 갖는다.

대부분의 스판덱스 섬유는 건식방사에 의하여 섬유화되고 있으나 습식, 용융방사를 통해 섬유화할 수도 있다. 건식방사 시에는 필라멘트의 단면 형상이 용제의 급속한 제거에 의하여 표면 부위가 함몰되면서 아령형으로 되고, 용제의 증발이 완만할수록 원형에 가깝게 형성된다. 반면 습식방사를 통해서는 필라멘트의 단면형상이 불규칙하고 표면도 거칠게 형성된다. 따라서 방사 시 방사원액의 농도와 점도, 방사 속도를 조절하여 섬유의 물성을 균일화하는 것이 중요하다.

2) 폴리우레탄 특성

(1) 형태

스판덱스 섬유 내에서 폴리우레탄 분자는 다른 섬유처럼 배향되어 있는 것이 아니라 코일상으로 얽혀 있어, 신장 시 분자가 직선상으로 펼쳐지면서 크게 늘어난다. 또한 분자 간 하드 세그먼트에 의한 가교결합으로 크게 늘어날 때 분자가 서로 미끄러져 변형되는 것을 방지하여 외부로부터의 힘이 사라지면 신속하게 본래의 길이로 돌아온다.

(2) 강도 및 신도

폴리우레탄 섬유는 다른 합성섬유에 비하여 강도는 낮으나 고무보다 강하고 가벼우며 탄성이 극히 우수하다. 강도는 0.6~1.2gf/d 정도이고 신도는 450~800%이다.

(3) 탄성 및 레질리언스

폴리우레탄 섬유의 특징은 매우 우수한 탄성력이다. 표 5-10 과 같이 탄성은 50% 신장에서 98% 이상 회복 가능하며, 400% 신장에도 90% 수준의 회복력을 보여 천연고무에 견줄만할 정도로 매우 우수하다.

표 5-10 폴리우레탄 섬유와 천연고무의 탄성회복률 비교

구분		폴리우레탄 탄성섬유	천연고무
탄성회복률(%)	50% 신장	100	100
	200% 신장	95	99
	400% 신장	90	98

(4) 비중

폴리우레탄 섬유의 비중은 1.0~1.3 수준으로 천연고무보다 약간 무겁다.

(5) 내열, 내연성

일반적으로 폴리우레탄의 융점은 230~270℃ 사이로 고무에 비하여 높은 온도에서 잘 견딘다. 불에는 녹으면서 잘 탄다.

(6) 흡습성

표준수분율은 0.3~1.3% 정도로 낮은 편이다.

(7) 내약품성

스판덱스는 내약품성이 좋다. 그러나 높은 온도의 강알칼리에서는 강도가 떨어질 수 있다. 드라이클리닝 용제, 화장품 및 기타 기름에 대한 저항성이 고무보다 우수하다.

(8) 내일광성

일광에 의해 황변되나 고무보다는 우수하다. 그러나 장기간 직사광을 받으면 황변되면서 강도가 감소한다.

3) 폴리우레탄 섬유의 용도 및 관리

폴리우레탄 섬유는 마찰계수가 커서 제직, 제편 공정에서 너무 늘어나기 때문에 100% 폴리우레탄으로 사용하지 않고, 폴리우레탄을 심으로 하고 나일론이나 폴리에스터로 피복한 커버링사로 사용한다.

천연고무와 비교하여 내구성, 특히 피지와 땀에 잘 견디므로 의류소재로 적합하다. 수영복, 스케이트복 등 파워 스트레치 편성물 등에 널리 사용하며, 최근 스포츠 및 여가활동 증가에 따라 운동복 및 캐주얼 의류에도 많이 사용된다.

폴리우레탄 섬유는 산에는 안전하나 뜨거운 알칼리에 의해 쉽게 손상될 수 있으므로 세탁 시 세제와 온도에 유의해야 한다. 또한 염소 및 염소계 표백제, 오염된 공기 중의 산화질소에 의해서는 황변되고 강도도 떨어지므로 주의가 필요하다. 다른 섬유에 비하여 내열성이 낮으므로 건조기 및 다리미 사용 시 낮은 온도로 처리하며, 일반적으로 150℃ 이하에서 다림질하는 것이 좋다.

3.5 아크릴

아크릴계 섬유는 비닐 단량체를 중합하여 얻은 부가중합체를 방사하여 제조한 비닐계 섬유의 하나이다. 제2의 단량체에 따라 제조 방법이 상이하며 결과적으로 섬유의 물성도 달라진다. 따라서 일반적으로 아크릴은 아크릴로니트릴

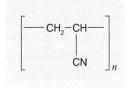

그림 5-32 폴리아크릴로니트릴

acrylonitrile(AN)(CH_2=CHCN)이 85% 이상 포함된 선형의 고분자를 일컫는다.

아크릴로니트릴을 사용하여 아크릴 섬유를 개발하는 연구는 1931년 독일에서 시작되었다. 아크릴로니트릴로부터 얻어진 중합체는 융점에 도달하기 전에 열분해를 일으키기 때문에 적당한 용매를 찾아 방사원액을 만드는 것이 과제였다. 1942년 독일의 이게I.G. 사와 미국의 듀폰 사가 거의 동시에 디메틸포름아미드dimethylformamide를 용매로서 활용할 수 있음을 발견한 뒤 1948년 올론orlon이라는 상품명으로 아크릴 섬유의 공업화가 이루어졌고, 1950년부터 본격적으로 생산되기 시작하였다. 이후 다양한 용매가 아크릴 섬유 제조에 적용되고 있다.

아크릴 섬유는 아크릴로니트릴 단위를 주성분으로 하지만, 아크릴로니트릴만으로는 염색성 및 용해성 등의 문제로 섬유가 되기 어렵기 때문에 염화

비닐이나 초산비닐 등의 제2단량체와 공중합하여 섬유화하며, 그에 따라 성질이 다른 섬유가 제조되고 있다.

1) 아크릴 섬유의 제조

아크릴로니트릴 단량체는 아세틸렌과 시안화수소로부터 합성되며, 현탁중합과 용액중합으로 제조된다. 현탁중합법은 물을 사용하여 온도를 조절하면서 고분자를 중합하는 방식이다. 이렇게 만들어진 고분자는 물에 용해되지 않으므로 중합 후 용매의 회수와 분리가 쉽다는 장점을 지닌다. 반면 용액중합법은 고분자가 용해되는 용매에 단량체를 희석하여 균일한 용액 상태로 고분자를 중합하는 방식이다. 따라서 용매에 용해된 고분자는 바로 방사용액으로 사용할 수 있어 신속하고 경제적이다. 그러나 유기용매를 사용하기 때문에 습식방사로 섬유화해야 하고, 온도조절이 어려워 생성되는 고분자의 분자량을 높이기 어렵다는 단점이 있다.

아크릴 섬유의 방사법은 제조사마다 다르다. 습식방사, 건식방사 및 용융방사 모두 사용 가능하지만 습식방사법이 가장 많이 사용된다. 용융방사의 경우 가소제를 사용하여 고분자를 용융시킬 수 있지만 고분자의 안정성 문제로 상업적으로는 거의 사용하지 못하고 있다.

2) 아크릴 섬유의 특성

(1) 형태

아크릴 섬유는 사용하는 제2의 단량체에 따라 방사법이 달라지므로, 결과적으로 형성된 섬유 또한 그림 5-33 과 같이 다양한 단면 형태를 지닌다. 일반적으로 원형의 방사구를 사용하면 섬유의 단면이 둥글거나 덤벨 모양으로 형성된다. 덤벨 모양의 단면은 섬유가 응고되는 과정에서 표피가 얇게 만들어지는 동시에 섬유 중심으로 용매가 확산되어 부피는 감소되면서 형성

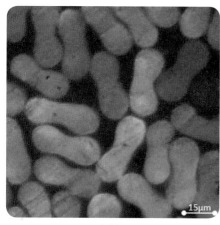
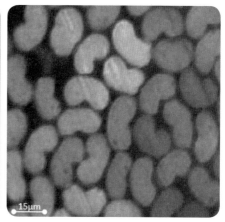

건식방사	습식방사

그림 **5-33** 방사 방법에 따른 아크릴의 단면 형태

된 것으로 주로 건식방사법을 통해 얻어진다. 반면 둥근모양의 섬유 단면은 모양을 균일하게 만들기 위하여 응고 속도를 증가시켜 표피를 두껍게 만들거나, 응집의 속도를 감소시켜서 용매의 확산을 균일하게 조절한 결과로 습식방사법을 통해 만들 수 있다. 또한 아크릴 섬유는 대부분 토우(tow)의 형태로 방사되며, 스테이플사로 만들어진다.

(2) 강도 및 신도

아크릴 섬유의 강도와 신도 또한 제품마다 차이가 있다. 평균적인 아크릴 섬유의 물성은 **표 5-11** 과 같다. 강도는 2.5~5.0gf/d로 합성섬유 중에는 비교적 약한 편이며 습윤 시에는 1.5~3.0gf/d로 떨어진다. 반면 신도는

표 **5-11** 아크릴 섬유와 다른 섬유와의 물성 비교

물성 섬유	강도(gf/d)	신도(%)	파단일(gf/d)	초기탄성률(gf/d)
아크릴	3.05	25	0.53	70
나일론-66	4.18	43	1.14	11.3
폴리에스터	4.31	37	1.34	99
면	5.09	6.5	0.17	82.5
양모	1.24	42.5	0.35	26

25~50% 수준이며 습윤 시에는 증가한다. 초기탄성률은 25~62gf/d로 유연한 섬유이다.

(3) 탄성 및 레질리언스

탄성은 나일론만큼은 아니지만 비교적 우수한 편이다. 2% 신장 후 탄성회복률은 종류에 따라 다르지만 대략 80~99% 정도이다. 다만, 5% 신장에는 50~95% 수준으로 신장이 증가함에 따라 회복성이 급격하게 떨어진다.

아크릴 섬유는 레질리언스가 좋다. 따라서 구김이 잘 생기지 않고 생긴 구김도 잘 펴진다. 특히 벌크 가공된 아크릴 섬유는 매우 우수한 레질리언스를 지닌다.

(4) 비중

비중은 1.14~1.17로 양모에 비하여 가볍다. 벌크 가공된 아크릴 섬유의 경우 겉보기 비중이 작아 더 가볍게 느껴진다.

(5) 내열, 내연성

아크릴 섬유의 연화점은 190~240℃로 열에 대한 내성은 좋지만 그 이상의 온도에서는 용융되지 않고 분해된다. 나일론이나 폴리에스터와 달리 열고정이 완전히 되지는 않으나 적절한 열처리를 진행하면 변형된 형태를 오랜 기간 보존하는 특성이 있다. 이를 열에 대한 준 안정성이라 하는데, 이를 활용

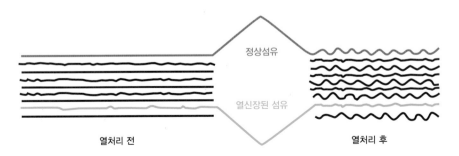

그림 **5-34** 벌크가공의 원리

하여 벌크가공을 진행할 수 있다. **그림 5-34** 와 같이 벌크가공은 열연신된 섬유와 정상 섬유를 혼합 방적하고 증기로 열처리함으로써 열 신장된 섬유의 수축에 따른 정상섬유의 권축을 유도하는 것이다. 벌크가공을 통해 만들어진 부풀은 실을 벌크사bulked yarn 혹은 하이벌크사high bulked yarn라고 한다.

(6) 흡습성

아크릴은 표준수분율이 1.2~2.0% 수준으로 흡습성이 작다. 일반적으로 물에 영향을 받진 않지만 물에 침적하면 다소 팽윤된다. 따라서 염색이 어렵고 표면전기가 축적되어 정전기가 발생하는 문제가 있다.

(7) 내약품성

아크릴 섬유는 내약품성이 좋아서 거의 모든 무기, 유기산에 영향을 받지 않는다. 유기용매에 대해서도 좋은 내성을 가지므로 드라이클리닝 시 사용하는 용매에 안전하다. 모든 표백제에도 안정한 편이나 일반적으로 아염소산나트륨을 사용한다.

(8) 내일광성

아크릴 섬유는 현재 사용되는 모든 섬유 중에서 내일광성이 가장 좋은 섬유이다. 또한 자외선에 대한 저항성도 좋아 6개월 이상 야외에 두어도 원래 강도의 77% 수준을 유지한다.

(9) 내충, 내균성

대부분의 해충이나 균에 대하여 저항성을 가지므로 이로 인해 침식되는 일이 거의 없다.

3) 아크릴 섬유의 용도 및 관리

아크릴 섬유는 100% 단독 혹은 양모와 혼방하여 사용한다. 니트 드레스, 코트, 남성용 양복지에 주로 사용되며 드레스셔츠 및 넥타이 등에도 활용된다. 특히 벌크 가공된 아크릴 섬유는 부드러운 외관과 부피감으로 편성물에 가장 적합하여 스웨터나 겨울 내의 등 양모 대용으로 많이 사용된다. 또한 우수한 내일광성을 바탕으로 차양천막, 텐트, 옥외가구 등의 옥외비품용, 커튼, 양탄자 및 모포 등의 옥내비품용, 가방, 여과용 필터 및 화학약품 보호천 등의 산업용 등으로 활용된다.

아크릴 섬유는 약품에 강하여 모든 세제와 표백제에 대해 안정한 편이다. 그러나 열에 약하므로 주의가 필요하며, 특히 화재 위험이 높은 환경에서는 사용을 피하는 것이 좋다. 아크릴 편성물의 경우 필링이 쉽게 생길 수 있어 마찰이 강한 세탁은 피하도록 한다.

4) 모드아크릴 섬유

모드아크릴 섬유는 비닐계 섬유 중 아크릴로니트릴을 35% 이상 85% 미만 함유한 섬유를 말한다. 1948년 미국의 유니온 카바이드Union Carbide 사에서 아크릴로니트릴 60%와 염화비닐 40%로 구성된 연속 필라멘트사인 비닐엔Vinyl N과 방적사인 다이넬Dynel을 최초로 소개하면서 모드아크릴 섬유가 제품화되었다.

아크릴로니트릴과 함께 사용되는 제2의 단량체 종류와 함량에 따라 다양한 형태를 지니는데, 염화비닐과 염화비닐리덴, 염화브롬이 주로 사용된다. 모드아크릴 섬유 또한 아크릴 섬유와 마찬가지로 다양한 방사 방법이 모두 적용 가능하나 주로 습식방사법을 가장 많이 사용한다. 방사용매와 응고조건에 따라 섬유의 형태는 달라져 원형모양이나 땅콩모양의 단면을 지닌다.

모드아크릴의 강도와 신도는 아크릴 섬유와 비슷한 반면 탄성회복률은

그림 5-35 모드아크릴의 단면(좌)과 측면(우) 형태

아크릴 섬유보다 우수하다. 반면 내열성은 낮아서 낮은 온도에서 수축되어 다리미질을 할 때에는 낮은 온도에서 진행하는 것이 좋다.

　모드아크릴 섬유의 대표적인 특징은 내연성이 우수하다는 것이다. 한계산소지수limited oxygen index, LOI가 25 이상으로 내연소성이 우수하여 불꽃 속에서는 타지만, 불꽃에서 꺼내면 스스로 꺼지는 성질이 있다. 따라서 이러한 특성으로 카펫, 커튼, 실내장식과 같이 내연성이 필요한 제품이나 다림질을 필요로 하지 않는 파일직물, 모포, 편성물 등에 사용된다.

　또한 합성섬유 중 외관이 천연 동물의 털과 가장 흡사하여 가발이나 인조모피로도 사용할 수 있다.

표 5-12 아크릴과 모드아크릴 섬유의 물성 비교

물성 섬유	비중	강도 (N/tex)	신도 (%)	탄성회복률 (2% 신장) (%)	연화점 (℃)	LOI	표준수분율 (%)
아크릴	1.14~1.17	0.09~0.33	25~45	80~99	245~254	18	1.2~2.0
모드아크릴	1.28~1.37	0.13~0.25	25~45	95~100	149	27	1.5~3.5

3.6 폴리프로필렌

폴리프로필렌PP 섬유는 프로필렌의 부가중합에 의하여 만들어진 열가소성 고분자로서 단량체가 분자 내 이중결합을 하나 가진 올레핀olefin이기 때문에 올레핀 섬유라고도 한다.

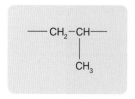

그림 5-36 폴리프로필렌의 구조

1950년 카를 치글러Karl Ziegler가 올레핀의 중합촉매로서 유기금속을 제안하였고, 1955년 이탈리아의 나타Natta, G.팀은 종래의 무정형인 고무 형태의 폴리프로필렌에 입체규칙성 및 높은 결정성을 부여하여 새로운 개념의 폴리프로필렌을 발명하였다. 이렇게 개발된 고분자는 용융방사법을 통해 섬유화 된다.

1) 폴리프로필렌의 특성

(1) 형태

폴리프로필렌 섬유의 단면은 원형 혹은 타원형이며 측면은 유리막대 같이 매끄럽다. 다양한 이형단면을 가진 섬유가 제조되고 있으며, 스플리트 사나 슬리트 사로도 생산된다. 화학적으로 탄소와 수소로만 이루어진 탄화수소이므로, 마치 비누처럼 미끈미끈한 촉감을 가진다.

그림 5-37 폴리프로필렌 섬유의 외관(좌) 및 현미경 사진(우)

(2) 강도 및 신도

일반적인 섬유의 강도는 중합 방법과 중합도, 연신 정도에 따라 다르지만 대략 4.5~7.5gf/d이며, 신도는 15~60%이다. 산업용은 8~9gf/d로 강한 섬유 중 하나이다. 폴리프로필렌은 소수성으로 수분을 거의 흡수하지 않기 때문

의류소재

에 습윤 시의 강도 및 신도 변화는 없다. 초기탄성률은 40~120gf/d로 나일론보다 크다.

(3) 탄성 및 레질리언스

2% 신장 시 75~100%의 탄성회복률을 보인다. 레질리언스는 좋은 편이나 나일론이나 폴리에스터보다는 회복이 느리다.

(4) 비중

폴리프로필렌 섬유는 비중이 0.91로 합성섬유 중에서도 가장 가벼워 물에 뜨는 섬유이다.

(5) 내열, 내연성

폴리프로필렌의 연화점은 140~160℃, 융점은 165~173℃이다. 그러나 열안정성이 좋지 않아 분해되기 쉽다. 열안정제를 첨가하여 안정화를 진행하면 155℃ 이하의 온도에서는 치수나 형태가 변하지 않아 의류소재로도 사용 가능하다. 반면 열가소성이 우수하여 열고정이 가능하기 때문에 가공성이 좋다. 화염에 노출되었을 때, 불속에서는 녹으면서 타고, 불꽃 밖에서도 계속 연소된다.

(6) 흡습성

물과의 친화성이 없어 표준수분율이 0%에 가깝다. 완전히 물에 침지시켜도 0.1% 이하의 수분만 흡수하여 흡습성이 대단히 나쁘다. 흡습성은 적지만 화학구조상 정전기 발생이 적어 대전성은 나일론이나 폴리에스터보다 작다.

(7) 염색성

폴리프로필렌은 염료를 흡착할 원자단이 없고 소수성이어서 일반적인 방법으로 염색하기 어렵다. 일반적으로는 분산염료로 염색이 가능한데 일광, 세탁, 마찰 등의 염색견뢰도가 떨어지며 중색까지 염색할 수 있다. 그래서 색사는 원액염색을 진행한다.

최근에는 섬유의 화학구조 개질과 염색법의 발전으로 분산염료, 산성염료, 배트염료 등으로 염색된 폴리프로필렌 섬유를 사용할 수 있다.

(8) 내약품성

산과 알칼리에 대한 내성은 매우 좋은 편이고, 유기용매에서도 대체로 안정하다. 그러나 드라이클리닝의 용매로 사용되는 퍼클로로에틸렌과 같은 염화탄화수소에서는 팽윤되고 강도도 저하되므로 주의해야 한다. 대부분의 표백제에 안정한 편이나 흡습팽윤성이 없어 표백의 효과를 기대하기는 어렵다.

(9) 내일광성

폴리프로필렌은 장시간 일광에 노출되면 강도가 현저히 떨어져 내일광성이 좋지 않다.

(10) 내충, 내균성

해충이나 미생물에 대한 피해를 전혀 받지 않는다.

2) 폴리프로필렌의 용도

폴리프로필렌은 경량성이 우수하고 좋은 강도와 내약품성을 가지고 있어 방호복이나 마스크 등의 안전보호용 제품과 로프, 텐트 등의 산업용으로 많이 사용된다. 반면 흡습성과 염색성이 떨어지고 촉감과 착용감이 좋지 않아 의류용 소재로는 많이 사용하지 않았다. 그러나 최근 염색의 어려움이 해결되고 후가공성이 확보되면서 스웨터, 스포츠 및 아웃도어 웨어, 인조모피, 부직포 등으로 용도를 넓혀가고 있다. 필름의 경우 연신 방향의 직각방향으로 찢어지기 쉬워 포장용 끈으로 활용되고 있다.

3.7 폴리비닐알코올

폴리비닐알코올PVA 섬유는 다른 부가중합체와 달리 비닐알코올을 직접 중합하여 만드는 것이 아니라 초산비닐을 라디칼 중합하여 폴리초산비닐을 합성하고, 이를 알칼리 혹은 산으로 가수분해하여 제조한다. 이는 현재 세계적으로 가장 많이 생산되는 수용성 합성 고분자이다. 수용성의 폴리비닐알코올을 습식방사하며, 황산나트륨(Na_2SO_4)을 응고제로 하여 고체 형태의 섬유를 얻는다. 이후 포리말린 처리를 통해 포름알데히드로 아세탈화하여 내수성 섬유로 만든다.

폴리비닐알코올 섬유는 1939년 일본 교토대학 연구진에 의하여 처음 발명되었고, 1948년부터 의류용 섬유로 공업화되었다. 현재 일본을 비롯한 아시아 지역에서 주로 생산되고 있으며, 비닐론vinylon이라는 이름으로 통용되고 있다.

1) 폴리비닐알코올 섬유의 특성

(1) 형태

폴리비닐알코올 섬유의 단면은 U자로 굴곡되어 있으며, 측면은 매끄럽고 길쭉하다 그림 5-38 .

그림 **5-38** 폴리비닐알코올 섬유의 단면(좌)과 측면(우) 형태

(2) 강도 및 신도

폴리비닐알코올의 강도와 신도는 섬유 제조 시 연신의 정도에 따라 달라진다. 일반적으로 스테이플 섬유의 강도는 4.0~6.5gf/d이고 신도는 12~26% 수준이다. 습윤 시에는 건조 시보다 약 75% 수준으로 강도가 떨어진다.

(3) 탄성 및 레질리언스

탄성은 좋지 못한 편으로 천연섬유인 면이나 레이온 수준이다. 2% 신장 시 72%, 5% 신장 시 60%의 회복률을 보인다. 따라서 구김이 잘 생기고 형태 안정성도 나쁘다.

(4) 비중

폴리비닐알코올의 비중은 1.26~1.30으로 면 등의 셀룰로오스 섬유보다 가벼운 편이다.

(5) 내열, 내연성

연화점은 220~230℃로 다른 합성섬유에 비해 높은 편이다. 불꽃 속에서는 녹으면서 타고, 불꽃 밖에서도 계속 탄다.

(6) 흡습성

폴리비닐알코올 섬유는 표준수분율이 5%로 합성섬유 중에서도 가장 흡습성이 커서 면과 유사한 합성섬유로 불린다.

(7) 내약품성

내약품성이 비교적 좋은 편으로 내알칼리성이 좋고 산에도 잘 견딘다. 또한 일반 유기용매에 대한 내성이 좋으며 표백제로는 일반 염소표백제가 사용된다.

(8) 내일광성

폴리비닐알코올은 장시간 직사광선 하에서도 크게 손상되지 않고 변색도 적어 내일광성이 대단히 좋다.

(9) 내충, 내균성

해충에 대해서는 침식되는 일이 없으며, 첨가제로 곰팡이가 생길 수도 있으나 쉽게 제거된다.

2) 폴리비닐알코올의 용도

폴리비닐알코올 섬유는 마모강도와 굴곡강도가 커서 실용적인 섬유이나 염색성이 나빠 고급 의류용으로는 적당하지 않다. 다른 섬유와 혼방하여 교복, 작업복, 레인 코트 등 의류용으로 사용되거나 로프, 어망, 공업용 봉제사 등의 산업용으로 사용된다.

3.8 기타 섬유

1) 폴리에틸렌

폴리에틸렌 섬유는 에틸렌을 부가중합하여 합성한다. 고압법과 저압법으로 중합하는데 제법에 따라 고분자의 성질이 매우 다르다. 폴리에틸렌은 주로 열가소성 수지로 이용되어 섬유로도 특수용도에만 사용되고 있다.

화학적 안정성이 매우 우수한 섬유이나 내열성이 낮아 의류용보다는 산업용으로 사용된다. 주로 필터, 방충망, 어망, 모기장 등으로 사용되고 있다.

최근에는 분자량이 100만 이상인 초고분자량 폴리에틸렌이 합성되어 고강도, 고탄성의 슈퍼섬유 중 하나로 주목받고 있다.

2) 폴리염화비닐

폴리염화비닐은 염화비닐이 85% 이상 포함된 중합체로 만들어진 섬유이다. 에틸렌의 염소화에 따라 디클로로에탄을 만들고 이를 열분해하여 염화비닐을 만든다. 건식방사법 및 용융방사법으로 섬유를 제조한다.

폴리염화비닐 섬유의 강도는 2.7~3.7gf/d이고, 신도는 20~25% 수준이다. 내수성, 내약품성, 비부식성이 있으며, 불연성이고 연화점이 매우 낮다.

인테리어용으로는 불연성 커튼 및 카펫으로 사용되며, 그 외 로프, 전선 피복, 방충망, 필터 등의 산업용으로 사용된다.

3) 폴리염화비닐리덴

폴리염화비닐리덴은 염화비닐리덴이 80% 이상 함유된 공중합체로 제조된 섬유이다. 폴리염화비닐리덴은 결정성 고분자로 딱딱하여 가공하기 어렵기 때문에 일반적으로는 염화비닐(13%)과 아크릴로니트릴(2%)을 공중합하여 용융방사를 통해 섬유로 만든다.

폴리염화비닐리덴 섬유는 염소를 많이 포함하고 있어 염색 시 색이 선명하고 견뢰도가 우수한 장점을 지니며, 난연성, 내약품성, 내마찰성, 내후성이 우수하여 방충망, 텐트, 커튼, 카펫 등으로 사용된다.

비중이 1.71로 무겁고 흡습성이 전혀 없으며, 연화점도 116℃로 낮아 의류용 소재로는 적당하지 않다. 반면 기체를 통과시키지 않는 가스 차단성이 가장 높은 고분자이므로 식품포장용 필름 및 가정용 랩으로 사용되고 있다.

의류소재

주요 인조섬유 정리

인조섬유 중 의복 재료로 많이 사용되는 레이온, 아세테이트, 나일론, 폴리에스터, 아크릴 섬유의 주요 성질과 용도를 아래에 정리하였다.

성분	재생섬유		합성섬유		
섬유	레이온	아세테이트	나일론	폴리에스터	아크릴
원료 중합체	셀룰로오스	아세트산 셀룰로오스	폴리아미드	폴리에스터	폴리아크릴로니트릴
주요 결합	수소결합	수소결합	아미드결합	에스터결합	탄소-탄소결합
방사 방법	습식방사	건식방사	용융방사	용융방사	습식방사, 건식방사
성질	• 흡습성이 매우 우수함 • 강도가 약하고 특히 습윤 시에는 크게 저하됨 • 탄성과 레질리언스가 좋지 않아 구김이 잘 생김 • 고온에 비교적 잘 견디며 높은 온도에서 다림질이 가능함	• 우아한 광택 및 선명한 발색성을 보임 • 강도는 약한 편이나 습윤 시 강도저하는 레이온보다 덜함 • 탄성 및 레질리언스가 좋아 구김이 덜 생기고 잘 펴짐 • 트리아세테이트는 열가소성이 우수하여 열고정 가공이 가능함 • 흡습성과 염색성이 낮음	• 강도와 탄성이 우수하나 초기탄성률은 작음 • 탄성 및 레질리언스가 우수하여 구김이 적고 회복성이 우수함 • 비중이 작아 경량 소재로 활용함 • 열에 약하며, 열고정성이 있음 • 소수성 섬유이나 합성섬유 중에는 수분율이 비교적 높은 편임 • 내일광성이 좋지 않아 일광에 의해 손상됨	• 강도와 신도가 우수하고 흡습성이 낮아 습윤 시에도 강신도 변화가 없음 • 탄성과 레질리언스가 우수하며 작은 신장 시 즉시 회복성이 뛰어남 • 열가소성이 있어 열고정이 가능함 • 흡습성이 매우 낮아 세탁 후 건조가 빠름 • 정전기발생 및 염색성이 떨어짐 • 내일광성이 우수하여 일반 착용 환경에서 손상 및 황변이 없음	• 강도는 합성섬유 중에서 약한 편임 • 유연하고 탄성이 우수하여 구김이 잘 생기지 않음 • 비중이 작아 양모보다 가벼움 • 열에 대한 준안정성이 있어 벌크가공에 활용함 • 흡습성이 작아 염색이 어렵고 정전기발생의 문제가 있음 • 모든 섬유 중 내일광성이 가장 좋음
용도	의복안감, 커튼, 레이스, 여름용 실내복	속옷, 넥타이, 여성복, 스포츠웨어	스타킹, 속옷, 양말, 셔츠, 스포츠웨어, 카펫, 실내장식	캐주얼의류, 유니폼, 정장, 스포츠웨어, 인테리어용 및 산업용	스웨터, 내의, 모포 및 인조모피, 텐트, 야외의자 등 야외용품

참고문헌

- 김동복, 박정호(2003). 전기방사에 의한 나노섬유 제조 및 응용. 전기의 세계, 52(8), 33-40.

- 김성련(2016). 피복재료학. 제3개정증보판. 교문사.

- 김정규, 박정희(2011). 패션소재기획. 개정판. 교문사.

- 박윤철, 김갑진(2010). 면 셀룰로스 재생섬유. 섬유기술과 산업. 14(2), 71-77.

- 이홍재, 유해욱(1996). 아크릴 섬유. 고분자과학과 기술. 7(1), 14-22.

- 임대우, 조태홍(1992). 액정폴리에스터. 고분자과학과 기술. 3(3), 216-226.

- 조길수(2006). 최신의류소재. 초판. 서울: 시그마프레스.

- 조성무(2010), 친환경 셀룰로오스섬유(리오셀섬유). 패션정보와 기술. 7, 1-9.

- 한국섬유공학회(1999), 인조섬유. 형설출판사.

- 한인식, 이창배(2006). 아라미드 섬유의 특성 및 응용. 섬유기술과 산업. 10(4), 339-349.

- 환경부(2019), 섬유염색가공업의 환경오염방지 및 통합관리를 위한 최적가용기법 기준서.

- Anwar J. Sayyed, Nitten A. Deshmukh, Dipak V. Pinjari(2019). A critical review of manufacturing processes used in regenerated cellulosic fibers: viscose, cellulose acetate, cuprammonium, LiCl/DMAc, ionic liquids, and NMMO based lyocell. Cellulose, 26, 2913-2940.

- Askash Sharma, Shailesh Nagarkar, Shirish Thakre, Guruswamy Kumaraswamy(2019). Structure-property relations in regenerated cellulose fibers: comparison of fibers manufactured using viscose and lyocell processes. Cellulose, 26, 3655-3669.

- B.L. Deopura, R. Alagirusamy, M. Joshi, B. Gupta(2008). Polyesters and Polyamides, Woodhead Publishing Limited: Cambridge, England.

- Bhuvanesh Gupta, Nilesh Revagade, Jons Hilborn(2007). Poly(lactic acid) fiber: An overview. Progress in polymer science. 32, 455-482.

- C.J. Luo, Simeon D. Stoyanov, E. Stride, E. Pelan, M. Edirisinghe(2012). Electrospinning versus fibre production methods: from specifics to technological convergence. Chemical Society Review, 41, 4708-4735.

- Cristina Prisacariu(2011). Polyurethane elastomers: From morphology to mechanical aspects. New York, Springer.

- Esra karaca, Nalan Kahraman, Sunay Omeroglu, Behcet Becerir(2012). Effects of fiber cross sectional shape and weave pattern on thermal comfort properties of polyester woven fabrics. Fibers & Textiles in Eastern Europe. 20, 3(92), 67–72.

- H.P. Fink, P. Weigel, H.J. Purz, J. Ganster(2001). Structure formation of regenerated cellulose materials from NMMO–solutions. Progress in polymer science. 26, 1473–1524.

- J.E. McIntyre(2005). Synthetic fibres: nylon, polyester, acrylic, polyolefin. Woodhead Publishing in textile: Oxford, England.

- Li, X., Wang, X., Gong, Y., Wang, R., Yang, S., & Pei, Y.(2019). Multifunctional composite fibers with conductive and magnetic properties. Journal of Engineered Fibers and Fabrics, 14, 1558925019850571.

- Max M. Houck.(2009). Identification of textile fibers. Woodhead publishing limited: Cambridge, England.

- Mi Seon Han, Yaewon Park, Chung Hee Park(2016). Development of superhydrohpobic polyester fabrics using alkaline hydrolysis and coating with fluorinated polymers. Fibers and Polymers, 17(2), 241–247.

- Ozan Avlnc, Akbar Khoddaml(2009). Overview of poly(lactic acid)(PLA) fiber. Fibre Chemistry, 41(6).

- Pakravan, H. R., Jamshidi, M., Latif, M., & Pacheco–Torgal, F.(2012). Influence of acrylic fibers geometry on the mechanical performance of fiber–cement composites. Journal of applied polymer science, 125(4), 3050–3057.

- Rivera–Gómez, C., Galán–Marín, C., & Bradley, F.(2014). Analysis of the influence of the fiber type in polymer matrix/fiber bond using natural organic polymer stabilizer. Polymers, 6(4), 977–994.

- S.J. Eichhorn, J.W.S. Hearle, M. Jaffe, T. Kikutani(2009). Handbook of textile fibre structure. Woodhead publishing Limited: Oxford, England.

- Sohel Rana, Subramani Pichandi, Shama Parveen, Raul Fangueiro(2014). Regenerated cellulosic fibers and their implications on sustainability. Roadmap to sustainable textiles and clothing, textile science and clothing technology, New York, Springer.

- T. Nakajima(1994). Advanced fiber spinning technology; Woodhead publishing: Oxford, England.

- Tomas Roder, Johann Moosbauer, Kateryna Woss, Sandra Schlader, Gregor Kraft(2013). Man–made cellulose fibres–a comparison based on morphology and mechanical properties. LENZINGER BERICHTE, 91, 7–12.

- Xiaoya Jiang, Yuanyuan Bai, Xuefeng Chen, Wen Liu(2020). A review on raw materials, commercial production and properties of lyocell fiber. Journal of Bioresources and Bioproducts. 5. 16–25.

- Xin Li, Xichang Wang, Yan Gong, Rui Wang, Sheng Yang, Yonfu Pei(2019). Multifunctional composite fibers with conductive and magnetic properties. Journal of engineered fibers and fabrics. 14. 1–9.

자료 출처

표 5-1	김성련(2000). 피복재료학. 교문사.
표 5-2	김성련(2000). 피복재료학. 교문사.
표 5-3	Sohel Rana, Subramani Pichandi, Shama Parveen, Raul Fangueiro(2014). Regenerated cellulosic fibers and their implications on sustainability. Roadmap to sustainable textiles and clothing, textile science and clothing technology, Springer, 239-276.
표 5-4	한국섬유공학회(1999). 인조섬유. 형설출판사.
표 5-5	J.E. McIntyre(2005). Synthetic fibres: nylon, polyester, acrylic, polyolefin. Woodhead Publishing in Textiles.
표 5-6	김성련(2000). 피복재료학. 교문사.
표 5-7	김성련(2000). 피복재료학. 교문사. KOTITI(www.kotiti-global.com)
표 5-8	Ozan Avlnc, Akbar Khoddaml. Overview of poly(lactic acid)(PLA) fiber. Fibre Chemistry 2009, 41(6).
표 5-9	한국섬유공학회(1999). 인조섬유. 형설출판사.
표 5-10	S.J. Eichhorn.(2009). Handbook of textile fibre structure. Woodhead publishing in textiles.
표 5-11	M. Houck.(2009). Identification of textile fibers. Woodhead publishing in textiles. J.E. McIntyre. Synthetic fibres: nylon, polyester, acrylic, polyolefin. Woodhead publishing in textiles.
그림 5-8	Deopura B.L.(2008). Polyesters and Polyamides. Woodhead Publishing Series in Textiles, 203-218.
그림 5-9	https://textilestudycenter.com/viscose-manufacturing-process
그림 5-11	https://www.asahi-kasei.co.jp/fibers/en/bemberg/products/lining/difference.html
그림 5-12	Tomas Roder, Johann Moosbauer, Kateryna Woss, Sandra Schlader, Gregor Kraft(2013). Man-made cellulose fibres-a comparison based on morphology and mechanical properties. LENZINGER BERICHTE 91, 7-12.
그림 5-14	https://www.asahi-kasei.co.jp/fibers/en/bemberg/products/lining/difference.html
그림 5-15	https://www.qmilkfiber.eu

그림 5-16	https://www.swicofil.com/commerce/products/soybean/152/properties
그림 5-18	J.E. McIntyre(2005). Synthetic fibres: nylon, polyester, acrylic, polyolefin. Woodhead Publishing in Textiles
그림 5-19	J.E. McIntyre(2005). Synthetic fibres: nylon, polyester, acrylic, polyolefin. Woodhead Publishing in Textiles
그림 5-20	J.E. McIntyre(2005). Synthetic fibres: nylon, polyester, acrylic, polyolefin. Woodhead Publishing in Textiles
그림 5-23	https://www.dupont.com/content/dam/dupont/amer/us/en/personal-protection/public/documents/en/Nomex-stationwear-comparison-data-sheet.pdf © 2022 DuPont.별도의 언급이 없는 한 DuPont™, 타원형 DuPont 로고 및 TM, SM 또는 ® 표시가 있는 모든 상표와 서비스 마크는 DuPont de Nemours, Inc. 계열사의 소유입니다.
그림 5-24 (좌) (우)	https://www.dupont.com/what-is-kevlar.html DuPont-Kevlar-Consumer-Products-Brochure © 2022 DuPont.별도의 언급이 없는 한 DuPont™, 타원형 DuPont 로고 및 TM, SM 또는 ® 표시가 있는 모든 상표와 서비스 마크는 DuPont de Nemours, Inc. 계열사의 소유입니다.
그림 5-26	Esra karaca, Nalan Kahraman, Sunay Omeroglu, Behcet Becerir.(2012). Effects of fiber cross sectional shape and weave pattern on thermal comfort properties of polyester woven fabrics. Fibers & Textiles in Eastern Europe, 3(92), 67-72.
그림 5-27	Mi Seon Han, Yaewon Park, Chung Hee Park.(2016). Development of superhydrohpobic polyester fabrics using alkaline hydrolysis and coating with fluorinated polymers. Fibers and Polymers, 17(2), 241-247.
그림 5-31	김성련(2000). 피복재료학. 교문사.
그림 5-33	Pakravan, H. R., Jamshidi, M., Latif, M., & Pacheco-Torgal, F.(2012). Influence of acrylic fibers geometry on the mechanical performance of fiber-cement composites. Journal of applied polymer science, 125(4), 3050-3057.
그림 5-34	김성련(2000). 피복재료학. 교문사.
그림 5-37	Rivera-Gómez, C., Galán-Marín, C., & Bradley, F.(2014). Analysis of the influence of the fiber type in polymer matrix/fiber bond using natural organic polymer stabilizer. Polymers, 6(4), 977-994.
그림 5-38	Li, X., Wang, X., Gong, Y., Wang, R., Yang, S., & Pei, Y.(2019). Multifunctional composite fibers with conductive and magnetic properties. Journal of Engineered Fibers and Fabrics, 14, 1558925019850571.

의류소재

TEXTILE

CHAPTER 6

가공과 신소재

가공과 신소재

기술의 발전과 함께 소비자들은 기존의 섬유에서 갖지 못하는 성능을 요구하는 경우가 많아졌다. 새로운 성능을 구현하기 위한 초기의 접근 방법은 혼섬이나 혼방과 같이 두 가지 이상의 섬유를 섞어서 사용하는 것이었다. 예를 들어, 면 섬유와 폴리에스터 섬유를 혼방하여, 면 섬유의 쾌적성과 폴리에스터 섬유의 관리편이성을 같이 누릴 수 있도록 하였으며, 두 섬유를 혼방한 직물은 지금도 널리 사용되고 있다. 하지만 이렇게 두 가지 이상의 섬유를 단순히 섞는 것만으로는 소비자의 요구사항을 모두 만족시킬 수 없기 때문에 가공법이나 새로운 소재를 개발하고자 하는 시도들이 꾸준히 진행되어 왔다. 가공은 기존의 의류제품에 추가적인 가치를 부여하기 위한 기계적 또는 화학적 공정으로, 옷감이 가지고 있는 본연의 단점을 보완하거나, 외관 변화 또는 기능성 부여 등을 목적으로 한다. 하지만 가공으로 인해 섬유나 직물 본연의 특성을 잃어버리는 경우도 생기고, 종래의 섬유만으로는 요구성능을 만족시킬 수 없는 경우도 많아, 각각의 용도에 특화된 새로운 섬유를 개발하는 사례도 늘어나고 있다. 이러한 흐름에서 신합섬(新合纖, Shin-gosen)이라는 용어의 등장은, 새로운 섬유를 개발하고자 하는 많은 노력을 가늠해 볼 수 있게 한다. 하지만 이후 기술의 발달에서 가공과 신소재의 구분이 명확하지 않은 경우도 생겨, 이에 대한 구분이 큰 의미가 없게 되었다. 따라서 본 장에서는 초기에 개발된 비교적 간단한 가공에 대해 먼저 살펴본 다음, 여러 기능에 따른 신소재에 대해 살펴보고자 한다.

1 직물의 가공

넓은 의미에서 가공은 제직 또는 제편 이후에 가해지는 정련, 표백, 염색까지 포함하기도 하지만 좁은 의미에서는 원래 가지고 있는 특성에 대한 개질 부분을 가공으로 포함하고 있다. 이러한 좁은 의미의 가공은 제직 및 제편, 정련 및 표백, 그리고 염색 공정 후에 가해지는 경우가 일반적이며, 적용되는 기술에 따라 봉제 후 가공 공정이 이루어지기도 한다.

직물의 가공은 방법에 따라 분류할 수도 있고, 가공 목적에 따라 분류할 수도 있다. 가공 방법에 따라 크게 물리적 가공과 화학적 가공 또는 습식 가공과 건식 가공으로 분류할 수 있다. 가공 목적에 따라서는 형체안정성 향상을 위한 가공, 심미성 향상을 위한 가공, 기능성 부여를 위한 가공으로 구분할 수 있다. 하지만 마이크로캡슐이나 플라즈마와 같은 기술의 발전으로 한 번의 가공으로 복합적인 기능을 갖도록 하는 경우가 많아져, 위와 같은 구분이 불명확해지는 경우가 늘어나고 있다. 가공은 기존의 옷감이 가지고 있는 단점을 극복할 수 있다는 장점이 있지만, 이로 인해 다른 성질에도 변화가 생기기 때문에 옷감의 성능 관점에서는 다각적인 해석이 필요하다.

가공의 효과를 극대화하고 직물의 모든 위치에서 동일한 특성을 나타낼 수 있도록, 가공에 앞서 털태우기singeing(모소)나 풀빼기desizing(호발), 정련 및 표백과 같은 전처리 공정을 거치게 된다. 많은 가공들이 화학적 가공제를 이용한 습식 공정의 형태로 진행된다. 습식 공정에서 직물은 침지dipping 과정에서 가공제에 노출되고, 패딩padding 과정을 통해 직물 내부로의 가공제 침투가 이루어진다. 이후 가공제와 직물 사이의 효율적 반응을 유도하기 위한 건조drying 과정이 이루어지며, 마지막으로 가공제의 반응과 고착을 위한 큐어링curing이 진행된다. 이들이 화학적 가공에서 주된 역할을 하는 공정이기 때문에 PDC 공정으로 줄여서 표현하기도 하고, 연속적으로 이루어지는 경우가 많다. 이후 직물과의 반응에 참여하지 않은 가공제를 제거하기 위해 수세-탈수-건조의 공정을 진행한다.

1.1 형체안정성 향상을 위한 가공

직물의 형체안정성은 조직에 의해 영향을 받기도 하지만, 기본적으로 섬유 본연의 성질에서 기인한 경우가 많다. 따라서 직물의 형체안정성을 향상시키기 위해서는 섬유의 성질에 대한 이해가 필요하다.

면이나 마로 대표되는 셀룰로오스계 의류제품은 사용 과정에서 구김으로 인한 문제가 빈번하게 발생하고, 이를 제거하기 위해서는 방추가공이 필요하다. 방추성을 부여하는 간단한 방법은 가교제를 이용하여 셀룰로오스 섬유 분자 사이를 가교시키는 것이다. 여기에서 사용되는 가교제를 수지라고 하여 수지가공이라고 부르기도 하며, 방추성과 함께 방축성도 부여된다. 이러한 방추가공은 기술의 발달로 W&WWash and Wear의 기능을 갖게 되었고, 이는 DPDurable Press라고 지칭하기도 한다. 하지만 이러한 가공은 조직 내 실의 자유도를 떨어뜨려 강도가 저하되거나, 가공제의 영향으로 제품의 황변이 발생하기도 하고 여러 가지 냄새가 발생하기도 한다.

셀룰로오스계 의류제품에서 중요한 가공 중 하나는 방축가공이다. 셀룰로오스는 수분의 흡착과 탈착의 과정에서 수축이 일어나는 경우가 많다. 제조 시 받았던 장력에 의한 수축이 발생하기도 하고 사용 과정에서 겪게 되는 진행성 수축이 발생하기도 한다. 방축가공의 원리는 크게 기계적 방식과 화학적 방식으로 나누어 생각해 볼 수 있다. 기계적 방축가공법은 롤러와 두꺼운 마찰판(펠트 또는 고무판) 사이로 직물을 통과하게 하는 방법으로, 직물이 수축되는 정도를 고려하여 미리 직물을 수축시켜 사용 과정에서는 수축이 일어나지 않도록 하는 방법이다. 대표적인 공정으로는 샌포라이징 공정sanforizing process과 리그멜 공정rigmel process이 있다. 화학적 방축가공법은 팽윤에 의한 수축을 막기 위해 가교제를 사용한다. 가교제는 셀룰로오스 분자 사이의 가교를 통해 방축의 기능을 부여하는 방법이다.

양모의 스케일은 소수성을 띠고 있어 친수성 아미노산과 함께 많은 장점을 갖게 하며, 이를 통해 겨울철뿐 아니라 여름철에도 널리 사용될 수 있다. 스케일은 축융되는 성질을 가지고 있어 펠트와 같은 직물구조를 구성하는 원리로 작동하기도 한다. 하지만 이는 펠트수축이라는 양모직물만의 독특한 수축현상을 유발하는 원인이 된다. 이러한 펠팅 현상은 스케일 사이의 마찰이 이방성을 가지기 때문에 일어난다. 따라서 물리적 또는 화학적 방법을 이용하여 스케일의 구조를 약하게 하거나 완전히 제거하는 방법, 또는 스케일의 표면을 다른 물질로 덮어 매끄럽도록 만들어 수축을 방지할 수 있다. 하지만 스케일로 인해 나타나는 양모의 장점이 많기 때문에, 펠트 수축에 대한 방축가공으로 직물의 특성에도 변화가 나타날 수 있는 점에 유의해야 한다.

견직물은 정련 과정을 통해 세리신을 제거함으로써 우수한 광택과 촉감을 가지게 된다. 여기에 견 섬유의 형체안정성 향상이라는 목적과 함께 여러 가지 가공들이 가해지는데 대표적인 것이 증량가공, 염축가공, 세리신 증착가공 등이다. 견을 이용하여 두꺼운 직물을 만들 때에는 원가 상승이라는 제한점 또한 수반하기 때문에 주석염, 타닌, 합성수지를 이용하여 증량을 하게 되는데, 이는 중량 증가와 함께 형체안정성의 효과도 가져 온다. 이외에도 드레이프성과 촉감에도 영향을 미치며, 수축 방지 효과도 갖게 된다. 염축가공은 견 섬유를 염화칼슘과 같은 진한 수용액에 처리함으로써 문양을 나타내거나 까실까실한 촉감을 갖도록 할 수 있다. 세리신 증착가공은 정련 과정에서 세리신이 일정 부분 남도록 하는 것으로 독특한 촉감과 태를 견직물이 갖도록 한다. 견직물은 섬유 본연이 가지고 있는 광택과 촉감, 견명 등으로 널리 사용되는 것이기 때문에 이러한 가공을 통해 특성을 잃어버리지 않도록 하는 것 또한 중요하다.

합성섬유는 천연섬유와 달리 방사 과정에서 섬유의 특성을 일정 부분 조

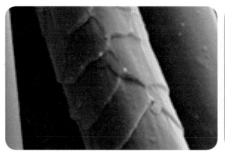
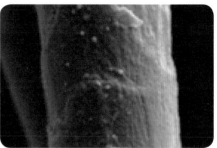

처리 전   처리 후

그림 6-1 양모의 스케일 제거

절할 수 있기 때문에 형체안정 향상을 위한 추가적인 가공은 진행하지 않는다. 일반적으로 방사 과정에서 단면을 다르게하거나, 실을 만드는 과정에서 꼬임 수나 올 수 조절을 통해 용도에 적합한 제품을 만들 수 있다. 텍스처사의 경우, 일반적인 필라멘트사와 달리 벌크한 느낌을 줄 수 있어 촉감이나 신축성을 개선할 수 있고, 광택 또한 일정부분 조절할 수 있다. 또한 양모의 이성분 구조로 생긴 크림프 현상을 모방하기 위해 복합사를 만들기도 한다. 합성섬유는 직물상태에서도 열처리를 통한 형체 고정이 가능한데, 합성섬유를 구성하는 고분자 물질의 연화점과 녹는점 사이에서 원하는 모양으로 고정한 다음 다시 온도를 낮추게 되면 고정된 형태를 유지하게 된다. 합성섬유로 된 플리츠 스커트에 주름을 형성하는 방식이기도 하다. 이후 연화점 이상의 온도에서 세탁 또는 건조하는 경우, 형체가 바뀌거나 주름이 생길 수 있으니 유의하여야 한다.

1.2 광택 가공 및 감광 가공

섬유제품의 외관에 변화를 주기 위해 광택을 조절하는 공정은, 크게 기계적인 방법과 화학적인 방법으로 구분해 볼 수 있다.

    캘린더 가공은 적당량의 습기를 머금고 있는 직물을 두 개의 롤러 사이를

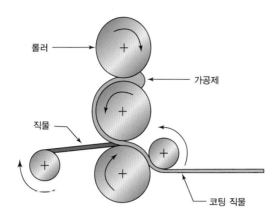

그림 6-2 캘린더 가공의 대표도

지나게 하여 표면을 매끄럽게 만드는 것이다. 사용하는 롤러의 특성에 따라 다양한 표면을 표현할 수 있는데, 대표적인 방법은 글레이즈 가공, 시레 가공, 엠보싱 가공, 슈라이너 가공, 므와레 가공 등이 있다. 가공 방법별 독특한 효과를 나타내기 위해 롤러뿐 아니라 가공제를 사용하기도 한다.

합성섬유의 경우 지나친 광택이 단점이 되는 경우가 있어 광택을 줄이기 위한 가공을 하기도 하는데 이를 감광 또는 소광 가공이라고 한다. 방사원액에 이산화티타늄(TiO_2)과 같은 소광제를 넣어주는 방법과 폴리에스터 직물의 경우 알칼리 감량가공을 통해 매끄러운 표면을 거칠게 만들어 광택을 줄이기도 한다.

1.3 머서화 가공과 워싱 가공

외관 변화를 위해 면 직물에 가해지는 가공에는 머서화 가공과 워싱 가공이 있다. 머서화는 존 머서John Mercer에 의해 발견된 방법으로, 진한 수산화나트륨 용액에 면 직물을 처리하면 리본 모양의 단면이 팽윤에 의해 원형으로 변형되면서 광택이 좋아진다. 면 직물의 광택이 견과 유사해졌다는 의미에서 실켓 가공이라고도 부른다. 머서화 공정은 광택뿐 아니라, 면 섬유의 염색성, 형체안정성, 흡습성, 강도 등에도 영향을 줄 수 있다. 워싱 가공은 주로 데님에 가해지는 가공으로 자연스러운 색상과 부드러운 촉감을 얻을 수 있다. 연속적인 수세를 통한 방법부터, 돌을 이용하는 스톤워싱, 셀룰라아제와 같은 효소를 사용하는 바이오워싱 등 여러 가지 방법들이 개발되어 있다. 하지만 워싱 가공은 강도 저하를 가져올 수 있다는 단점이 있어, 공정 조건에 대한 면밀한 검토가 필요하다.

1.4 기모가공

기모란 직물의 표면을 긁어 털을 일으켜 세우는 것을 의미하며, 이렇게 생겨난 잔털로 인해 부드러운 촉감과 함께 공기를 많이 함유할 수 있어 보온성을 갖게 된다. 초기에는 티즐teasel과 같은 거친 표면을 가진 식물을 이용하는 방법이 주를 이루었다. 이후 작은 철사를 이용하여 기모를 발생시키는 내핑, 사포로 감긴 롤러 사이를 통과시켜 기모를 만드는 스웨이딩, 접착제를 이용하여 짧은 섬유를 표면에 부착시키는 플로킹 등 다양한 방식이 개발되었다.

그림 6-3 폴라플리스

1.5 리플 가공과 번아웃 가공

리플ripple 가공과 번아웃burn-out 가공은 섬유의 내약품성을 이용한 방법이다. 면직물에 수산화나트륨 용액을 처리하였을 때 수축이 일어나는데, 리플 가공은 일정 부위에 수산화나트륨 용액을 처리하여 원하는 모양의 수축을 만들어 내는 것이다. 수축에 의해 나타나는 모양의 형태가 물결과 비슷하다고 하여 리플 가공이라고 하며, 특히 줄무늬를 나타내는 경우 플리세plisse 가공이라고도 한다. 가공 후 시어서커와 같은 외관 및 촉감을 갖게 되어 여름용 소재로 사용되는 경우가 많다. 번아웃 가공은 내약품성이 다른 두 가지 이상의 섬유가 혼합된 직물을 사용하여 만들어 낼 수 있는 방법으로, 발식가공이라고도 한다. 혼방이나 교직, 기모나 파일 직물에 사용할 수 있는 가공법으로 내약품성이 없는 부분은 약품에 용해되어 시스루see-through의 외관을 갖게 된다. 가공제에 염료를 첨가하여 번아웃과 동시에 시스루로 표현된 부분을 착색하기도 하는데, 이를 오팔 가공이라고 한다.

그림 6-4 리플 가공 소재(좌)와 번아웃 가공 소재(우)

2 신소재

현대사회에서 의복에 대한 소비자의 욕구가 다양해지면서 새로운 옷감에 대한 관심도 크게 증대되었다. 또한 과학기술의 발전에 힘입어 섬유·패션산업이 고부가가치를 추구하면서 소재의 고급화, 다양화, 고기능화에 초점을 맞추고 다양한 신소재가 개발되었다.

신소재는 기존의 재료에서 벗어난 새로운 고분자를 옷감의 재료로 활용하거나 생산 과정에서 새로운 가공제나 하이테크놀로지를 적용한 소재를 포함한다. 인조섬유가 처음 개발된 이후, 많은 합성섬유가 개발되었지만, 본 절에서는 합성섬유가 대중화된 이후 개발된 기술 및 신소재를 중심으로 살펴보고자 한다.

2.1 고감성 소재와 기술

합성섬유는 내구성, 관리편이성 등이 우수하지만, 소비자가 선호하는 천연섬유와 같은 자연스러운 외관과 태를 구현하지 못한 한계가 있었다. 1960년대 이후, 섬유생산 기술이 크게 발전하면서 천연섬유와 같은 외관이나 촉감을 가진 합성섬유들이 개발되었는데, 이들을 '신합섬섬유'라고 불렀다. 신합섬섬유의 대표적인 예는 실크라이크silk-like 소재로 삼각단면으로 방사한 폴리에스터 섬유로 견과 같은 광택을 가진 소재이다. 그 외에도 알칼리 감량가공, 초극세화 기술을 접목해서 천연섬유와 유사한 외관과 태를 가진 새로운 합성섬유가 다양하게 개발되었으며, 린넨라이크linen-like 소재, 코튼라이크cotton-like 소재, 피치스킨peach skin 소재와 같은 예가 있다. 신합섬섬유는 천연섬유와 매우 유사하게 보일 뿐만 아니라 쾌적성, 고기능성을 추구하는 방향으로 발전하였다.

의류소재

신합섬섬유 이후에 쾌적성을 중심으로 한 우수한 성능뿐만 아니라 심미성이나 새로운 감성에 초점을 두는 소재 개발이 이어졌다. 이러한 소재를 고감성 소재라고 부르는데, 천연섬유의 장점과 고기능성을 갖추고 동시에 소비자의 다양한 감성을 충족시키는 경향을 보인다. 그 예로 심리적 안정이나 스트레스 완화에 도움이 되는 촉감이나 향을 가진 소재, 건강에 도움이 되는 헬스케어 소재, 섬유 사이 마찰음을 조절해서 기분 좋은 소리가 나거나 마찰음이 없는 소재들이 개발되었다. 이러한 합성섬유의 발전으로 점차 다양해지고 고급화되는 소비자 요구를 충족하여 다양한 패션 감성을 표현할 수 있었고, 합성섬유의 활용 범위 확대에 크게 기여하였다.

합성섬유의 한계를 극복하고 신합섬섬유, 고감섬소재로 이어지는 합성섬유의 발전에는 고분자합성, 방사 및 제직, 염색과 가공 기술의 발전이 관련이 깊다 **표 6-1** . 특히 극세화 기술, 이형단면 방사, 이수축혼섬 가공기술은 신합성섬유의 핵심기술로 의류소재의 고기능화, 고성능화, 고부가치화를 이끌었다.

표 6-1 신합성섬유의 주요 기술과 효과

주요 기술	내용	효과
알칼리 감량	견의 정련 공정처럼 섬유 표면의 일부를 녹여 제거해서 불규칙한 표면을 만듦	드레이프성, 유연성, 광택 제어
이형단면 방사	견의 삼각단면을 모방하여 섬유 단면의 형태를 제어해서 빛반사량을 조절함	광택, 견명, 촉감
초극세화	이성분복합방사 및 방사 후 가공을 통해서 견 섬유보다 가늘게 섬유를 방사해서 견과 같은 외관 및 다기능성을 구현함	촉감 및 태의 개선, 경량화
이수축 혼섬	합성섬유의 열가소성, 열에 대한 준안전성을 활용해서 수축의 정도를 조절해서 벌크성을 구현함	부드럽고 따뜻한 촉감, 벌크성,
중공섬유	면 섬유와 같이 섬유의 가운데가 빈 상태로 방사됨	보온성, 경량성
복합재료 방사	방사용액에 무기물이나 금속입자 등을 혼입하여 방사하는 것으로 혼입된 입장의 성질에 따라 섬유의 성능에 영향을 미침	광택 제어, 드레이프성, 청량감

1) 극세화 기술

일반적으로 섬유의 굵기가 약 1데니어(약 10㎛) 이하이면 극세사라 하고, 0.1데니어(3㎛) 이하로 가늘어지면 초극세사로 구분한다. 최근에는 0.0001 데니어 이하 수준의 초극세사 방사도 가능해졌는데 이것은 이성분복합방사 기술에 기반하고 있다. 이성분복합섬유conjugate fiber는 **그림 6-5** 와 같이 화학약품이나 열에 대한 반응이 서로 다르며 섞이지 않는 원료를 함께 방사한 섬유이다. 이성분복합섬유를 방사한 후, 약품처리하면 섬유가 가늘게 여러 가닥으로 분할되면서 극세섬유가 된다. 섬유가 여러 가닥으로 분할되는 원리에 따라서 분할형과 해도형으로 구분할 수 있는데, 분할형은 화학약품에 대한 반응 차이를 이용해서 여러 가닥으로 분할하는 방법이고, 해도형은 용해성의 차이를 활용해서 일부를 녹여내는 방법이다.

분할형 극세섬유는 쐐기와 그 외 부분이 서로 다른 성분으로 이루어져 약품에 대한 팽창 혹은 수축 반응이 서로 다른 점을 이용해서 방사 후, 처리하면 한 올이 여러 가닥의 극세섬유로 갈라진 섬유이다 **그림 6-7** . 후처리 약품으로 쐐기와 쐐기 외 부분이 다르게 팽창하거나 수축하면서 분할이 이루어지는데, 주로 나일론과 폴리에스터 성분의 수축성 차이가 이용된다. 쐐기 외 부분은 바깥쪽으로 부상하면서 분할되어서 옷감의 부피감과 유연성이 증대된다. 후처리 약품으로는 주로 알코올과 같은 약품이 사용되

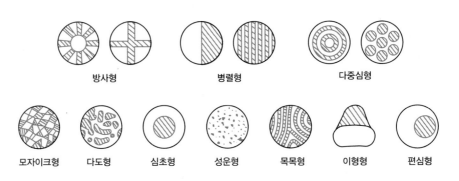

그림 **6-5** 이성분복합섬유의 다양한 단면

고 제직·편직 후 염색 공정 중에 알코올을 함께 넣어서 처리된다. 분할형은 0.1~0.2데니어 수준의 극세사로 팽창 혹은 수축 차이를 이용하기 때문에 재료 손실이 적고, 벌키한 초극세 소재를 얻을 수 있다는 장점이 있다.

해도형 극세섬유는 해(바다)와 도(섬)부분이 약품에 대한 용해성이 서로 달라서 복합방사하고 후처리하면, 해부분은 용해되면서 제거되고 남는 도 부분이 극세섬유가 된다 **그림 6-8** . 주로 해부분에는 폴리스틸렌, 도부분은 폴리에스터가 쓰인다. 해도형은 가공이 용이한 가장 일반적인 극세사 생산 방법으로 최대 0.0001데니어 미만 수준의 초극세사를 생산할 수 있다.

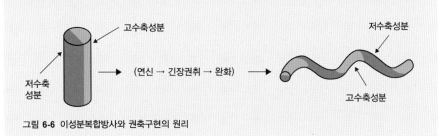

이성분복합방사를 활용한 인공권축

오르토 코텍스(ortho cortex)와 파라 코텍스(para cortex)로 이루어진 양모 섬유처럼 특정 약품이나 화학적 처리에 대한 반응이 다른 두 가지 성분을 함께 방사하고 후처리하면 수축량이 다르게 수축되면서 권축이 나타난다.

그림 6-6 이성분복합방사와 권축구현의 원리

그림 6-7 분할형 극세사 단면(Huvis PNTM)

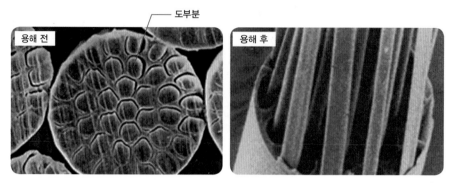

그림 6-8 해도형 극세사 단면(Huvis PNTM)

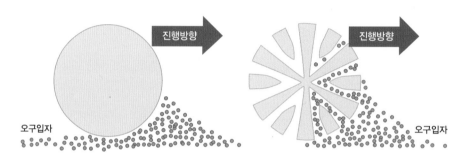

그림 6-9 일반사(좌)와 극세사(우)의 흡착효과 비교

    섬유는 극세화될수록 옷감의 촉감이 부드럽고, 유연해져서 드레이프성이 증대된다. 그래서 견 섬유와 같은 광택과 촉감이 합성섬유에서 구현될 수 있다. 또한 초극세사 소재는 일반 소재에 비해서 섬유 사이 미세한 공극이 더 많이 형성되므로 투습성, 보온성이 향상되고 고밀도 경량 소재로도 개발이 가능하다. 초극세사 소재는 섬유 사이, 실 사이 기공이 매우 작기 때문에 액체 상태의 물방울이 통과하기 어렵다. 이 점을 활용해서 고밀도로 제직한 극세사 소재 표면에 발수가공을 하면, 가벼운 비나 눈, 바람을 막을 수 있는 방수성, 발수성, 방풍성이 부여된다. 또한 극세사는 섬유 표면적이 커지고 섬유 사이 미세공간이 많으므로 먼지 흡착이 쉬운데, **그림 6-9**를 보면, 일반 굵기의 섬유보다 극세사가 오구입자의 흡착에 유리함을 알 수 있다.

    이런 극세화의 효과로 극세사는 실크 라이크 소재, 인조 스웨이드, 투습방수 소재, 발수 소재, 고감성 소재, 방진복 소재 등으로 폭넓게 활용되고 있다.

2) 이형단면 방사기술

고유한 단면 형태를 가진 천연섬유와 달리 인조섬유는 방사구의 모양을 다변화시켜서 원형이 아닌 삼각형, 사각형, 오각형, 다각형, Y형, W형, 중공형 등으로 다양한 이형단면 섬유를 얻을 수 있다. 천연섬유는 섬유 종류에 따라 고유한 섬유의 단면 형태가 있고 그에 따라 특유의 태와 특성을 가진다. 면 섬유는 중공을 가져서 보온성을 높일 수 있고, 견 섬유는 삼각 단면으로 인해서 특유의 은은한 광택을 가진다. 이처럼 섬유의 단면 형태는 옷감의 광택, 레질리언스, 피복성, 촉감, 필링성 등 여러 가지 의류소재의 성능에 영향을 미치므로 용도에 적합한 형태로 섬유의 단면 형태를 제어하는 기술은 매우 유용하다.

일반적인 합성섬유는 섬유 단면이 원형이고 매끈한 표면을 가져서, 지나치게 미끌미끌한 촉감이나 광택으로 인해 사용 용도가 제한적인 한계가 있다. 이형단면으로 섬유를 방사할 때, 방사원액에 무기물질이나 특정 성분을 혼입하면 효과적으로 천연섬유와 같은 태를 얻을 수 있고 냉온감, 심색성, 보온성 등을 조절할 수도 있다 표 6-2 .

섬유 단면 형태와 광택 및 색감은 관계가 깊은데, 광택은 표면의 거칠기에 따른 빛의 반사와 흡수 특성에 따라 결정되기 때문이다. 예를 들면 섬유 단면이 원형에 가까울수록 빛의 반사량이 커서 광택이 금속의 광택처럼 강렬해지고 심색 표현이 어렵다. 반면에 섬유 단면이 삼각형, 다각형으로 변화

표 6-2 섬유의 단면 형태와 특성

구분	극세화 + 이형단면	이형단면	무기질 혼입 + 이형단면	무기질 혼입 + 중공섬유
섬유 형태				
소재 특성	• 드라이터치 • 자연스러운 외관 • 흡한속건성	• 부피감 • 견명	• 드라이터치 • 심색성	• 굽힘강성 증대 • 드레이프성 증대 • 보온성 증대 • 경량성 증대

할수록 빛의 반사와 산란이 적절히 일어나 은은하거나 진주와 같은 광택이
나기도 한다.

3) 이수축혼섬 가공

이수축혼섬사는 수축률이 다른 두 종류의 섬유를 혼섬한 실을 후처리해서
부피감이 생긴 실을 의미한다. 이수축혼섬의 원리는 열에 의해서 수축이 크
게 일어나는 실과 수축이 적게 일어나는 실을 한 가닥으로 합사하고 열처
리하면, 수축이 적게 일어난 실의 여유분에 의해서 섬유와 섬유 사이 공간
이 생긴다. 즉, 그림 6-10 과 같이 수축률이 작은 실이 수축률이 큰 실로 인
해서 미세한 루프를 형성하면서 실 사이 공간으로 인해 부피감이 증대된다.
이수축혼섬사를 효율적으로 만들기 위해서 미리 열처리를 충분히 해서 더
이상 수축이 일어나지 않는 섬유와 고수축섬유를 혼섬하여 이수축혼섬의
효과를 극대화할 수 있다. 또한 섬유 고분자의 결정화도와 배향성을 제어해
서 열에 대한 수축이 크게 나타나도록 개발한 고수축섬유를 활용할 수도
있다.

　섬유의 팽윤과 건조 속도의 차이를 활용해서 이수축혼섬사를 만들 수도
있다. 즉, 섬유 굵기가 다르면, 팽윤의 정도가 다르고 건조시간도 달라지므
로 굵기가 서로 다른 섬유를 혼섬하고 정련하고 열처리하면 팽윤되었다가
건조시간의 차이로 인해서 섬유의 위치가 달라지고 섬유 사이 공간이 형성
된다. 이러한 원리로 실의 표면에 미세한 루프와 불균일성이 부여된다. 비슷

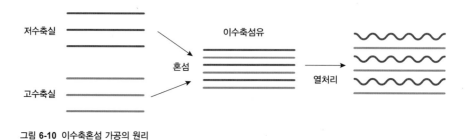

그림 6-10 이수축혼섬 가공의 원리

한 원리로 초기신장률이 서로 다른 섬유를 혼섬하고 가연 가공하면 부피감이 크게 증대된 실을 얻을 수 있다.

이수축혼섬사로 만든 소재는 부피감과 함께 표면 탄성, 반발탄력성, 부드러운 촉감, 불균일한 표면 형태에 의한 자연스러운 외관을 가져서 다양한 고감성 소재에 주로 활용된다.

**한걸음
더**

반발탄력성

직물의 강연성, 레질리언스, 탄성, 굽힙강성, 전단강성, 밀도 등과 관련 깊은 옷감의 특성으로 태를 표현할 때 많이 사용한다. 일반적으로 굽힙 강성이 크고, 탄성과 레질리언스가 적당히 우수하면 반발탄력성이 크다고 표현한다.

2.2 고감성 소재

1) 뉴실키 소재

실크라이크silk-like 소재는 삼각단면 방사 및 알칼리 감량, 극세사와 같은 비교적 간단한 기술을 활용해서 견 섬유와 유사하게 보이도록 개발한 폴리에스터섬유를 일컫는다. 또한 실크라이크 소재가 개발된 후에도 시각적인 유사성을 넘어 자연스러운 외관과 촉감, 착용감까지 견 섬유와 유사한 특성을 가진 소재들이 개발되기 시작했는데, 이들을 뉴실키 소재라고 부른다.

뉴실키 소재는 고분자 합성단계부터 후처리 가공단계까지 다양한 기술을 복합적으로 적용해서 광택, 태, 색상, 부피감, 청량감 등 대부분의 특성을 견 섬유와 유사하게 제어한다. 섬유 단면을 제어하고 극세화하면 광택과 섬도, 드레이프성을, 이수축혼섬 가공, 알칼리 감량가공을 더해서 부드러운 촉감과 부피감과 반발탄력성을 주고 심색성까지 구현할 수 있다. 그 외에도 고분자 용액에 유·무기 미세입자를 첨가해서 섬유 표면에 미세기공을 만들어, 유연성을 높이고, 흡수성을 부여할 수도 있고, 연신과 배향의 조건

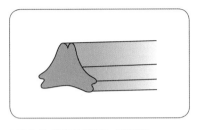

그림 6-11 견명이 구현되는 이형단면

을 다르게 처리해서 유연성, 부피감을 증대시켜서 야잠견과 같은 자연스러운 외관을 만들 수 있다. 한편, 섬유 단면을 그림 6-11 과 같이 방사해서 섬유 사이 마찰음을 제어함으로써 견 섬유 특유의 견명scrooping까지도 구현할 수 있다.

2) 울라이크 소재

양모 섬유는 권축과 낮은 초기탄성률 때문에 부드러운 촉감과 우수한 레질리언스를 가졌다. 울라이크woo-like 소재는 양모 소재의 특성을 모방하여 자연스러운 외관과 부피감, 폭신폭신한 탄력성을 가진 합성소재를 일컫는다. 울라이크 소재는 이수축혼섬 가공기술을 기반하거나 초기탄성률이 낮은 실이 중심의 초기탄성률이 높은 실을 감싸도록 가연해서 만들어진다. 또한 텍스처사 가공 기술을 적용해서 미세한 루프를 무수히 형성해서 소모직물과 유사하도록 개발된 소재를 뉴워스티드 소재new worsted라고 부르기도 한다.

텍스처사를 생산하는 가공 방법은 다양하다. 양끝을 고정하고 실의 중간을 잡고 꼬임을 주면, 실의 꼬임은 서로 반대가 된다. 이것을 열처리한 후, 꼬임을 풀어 주면 권축이 만들어진다. 이러한 원리로 실의 텍스처링이 이루어지는데, 꼬임 시 조건, 꼬임 수을 조절하면 신축 가공도 가능하다. 에어제트 텍스처사airjet textured yarn는 합연하는 과정에서 난류공기를 불어넣어서 섬유가 서로 꼬이거나 루프가 형성된 실이다 그림 6-12 . 에어제트 텍스처

사를 활용하면 가연가공보다 더 큰 부피감을 얻을 수 있다. 텍스처사를 구성하는 중심 섬유와 표면 섬유의 굵기와 초기신장률을 다르게 설계하면 표면 감촉, 유연성, 드레이프성을 다양하게 조절할 수 있다.

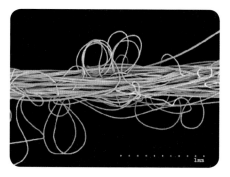

그림 6-12 에어제트 텍스처사의 확대 모습

3) 리넨라이크 소재

마 섬유와 같은 특성을 가지도록 합성섬유를 다공질로 방사하고 가연가공한 소재를 리넨라이크 소재라고 한다. 마 섬유는 뻣뻣하면서 까슬까슬한 촉감을 가졌고, 흡수·흡습성과 열전도율이 높기 때문에 착용하면 시원한 느낌을 주는 대표적인 여름용 소재이다.

마 섬유의 뻣뻣하면서 까슬까슬한 촉감을 모방하기 위해서 섬유의 녹는점보다 조금 낮은 온도에서 꼬임을 주면서 부분적으로 섬유가 융착되도록 가공하거나, 실을 부분적으로 융착과 미해연해서 까슬까슬한 촉감과 불규칙한 표면을 얻을 수 있다. 마 섬유와 같은 강연성을 얻기 위해서 굵기가 다른 실을 혼섬하거나, 부분적으로 연신하는데, 그 결과 뻣뻣하면서 미세한 요철로 피부와의 접촉면적을 최소화하여 시원한 느낌을 줄 수 있다. 또는 중공섬유로 방사하거나, 무기입자를 혼입하여 방사한 후, 이를 녹여내서 모세관 현상을 도와서 흡수성을 증대시키고 청량감을 부여하기도 한다. 합성섬유에 기반한 리넨라이크 소재는 마 소재와 달리 구김이 잘 생기지 않고, 세탁 및 관리가 편리한 장점이 있다.

최근에는 극세사 필라멘트를 알칼리 감량가공하거나 무기입자를 이용한 미세다공 형성과 같은 방법으로 땀의 흡수와 확산 속도를 높여 청량감을 준 드라이터치 소재들도 매우 다양하게 개발되었다.

4) 레더라이크 소재

초극세섬유 부직포의 표면을 폴리우레탄 수지 등을 이용해 매우 얇게 코팅해서 천연가죽, 스웨이드와 같은 외관을 가진 소재를 레더라이크 소재 leather-like라고 한다. 레더라이크 소재는 직물·편성물에 우레탄 등의 수지를 코팅해서 만든 합성피혁에 비해서 투습성이 높고 좀 더 자연스러운 외관과 촉감을 가진다. 이러한 차이는 초극세사섬유 제조와 박막코팅 기술에 의해서 가능하다.

천연가죽은 동물 표피 아래에 부직포 구조와 같은 콜라겐 성분의 극세섬유 다발이 적층된 구조체가 있어서 투습성과 보온성이 우수하고 주름이나 굴곡된 부분이 자연스럽다. 이러한 구조를 모방해서 표면평활성과 내굴곡성이 우수한 섬유의 부직포를 제조하는데, 주로 해도형 초극세사로 만든 부직포가 콜라겐 구조체를 대신한다. 부직포 위에 폴리우레탄을 얇게 코팅하는데 코팅 후, 폴리우레탄이 응고하면서 유기용매가 빠져나오면 다공성의 얇은막이 형성된다. 이 미세 다공성의 코팅막으로 인해 천연가죽처럼 자연스러운 외관과 투습성을 유지할 수 있다.

한편 초극세섬유 부직포를 보다 치밀한 3차원 구조로 만들어서 인조 스웨이드를 만들 수도 있다. 이렇게 만들어진 인조 스웨이드는 천연 스웨이드와 구조, 외관, 특성이 동일하고 관리 편의성은 오히려 우수하다. 최근 레더라이크 소재는 콜라겐 닥백질을 혼입한 수지를 코팅해서 촉감과 쾌적성을 증대시키기도 하고, 기존 폴리우레탄 수지 대신 새로운 코팅가공제를 활용하기도 하였다.

천연가죽은 특유의 외관과 패션성으로 패션소재로서의 활용도가 높지만, 물에 젖으면 탈색 혹은 경화와 같은 손상이 쉽게 일어나고, 오염이 쉽게 제거되지 않으며, 방균·방충성이 낮아서 세탁과 보관이 어려운 소재이다. 레더라이크 소재는 천연가죽의 단점을 보완하였으며, 윤리적 소비를 강조하는 패션산업의 환경 변화에도 부합해서 앞으로도 수요가 확대될 것이라 예상된다.

5) 피치스킨 소재

초극세 직물을 기모하여 표면의 미세한 잔털을 일으켜서 부드러운 촉감과 부피감을 증대시킨 소재를 피치스킨peach skin 소재라고 하는데, 마치 복숭아 껍질의 잔털을 연상시키는 데서 유래한 이름이다. 기모가공은 표면에 마찰을 통해서 잔털을 일으키는 방법으로 가공 조건에 주의가 필요하다. 본래 직물의 물리적 특성을 저하시키거나 색상 변화를 초래하지 않도록 조건을 면밀하게 설정해야 한다. 특히 진한 색의 초극세 소재를 기모하면 표면 잔털로 인해 색상이 흐려 보이기 싶다.

기모 가공을 대신해서 고수축사와 저수축사를 이용한 이수축혼섬사를 활용하면 미세한 루프로 인해 유사한 효과를 낼 수 있다.

6) 고발색 소재

염색물에서 발색성이 우수하다는 것은 색이 선명하고 깊이 있게 염색되었다는 종합적인 의미이다. 의류소재의 색상은 염색기법을 포함해 섬유가 가진 빛의 굴절 특성, 섬유 형태와 굵기, 실 종류와 꼬임 수, 조직 종류와 밀도 등의 영향을 받는다 표 6-3 .

표 6-3 섬유의 형태에 따른 광택과 발색성

특성 \ 섬유	면	양모	견	레이온	아크릴	나일론	폴리에스테르
섬유 형태							
굴절률	1.56	1.56	1.56	1.48	1.55	1.55	1.62
광택	소	소	중	중	중	대	대
빛의 흡수	중	중~대	중	대	대	소	소
발색성	하	상	상	중	상	중	하

빛의 굴절률은 섬유 고유의 특성으로 백색 광 반사량에 영향을 미치는데, 빛 굴절률이 클수록, 입사각이 클수록, 빛의 반사가 크게 일어나고 발색성이 나빠진다. 반면 빛의 굴절률이 작고, 표면의 빛 반사량이 작으면 발색성이 좋아진다. 또한 소수성 섬유일수록 염색이 어렵고 친수성 섬유일수록 선명하고 진하게 염색이 된다. 그래서 폴리에스터 섬유는 섬유의 빛 굴절률이 크고 표면이 매끈하여 빛 반사가 크고 빛의 흡수량은 작아서 의도한 색을 얻거나 심색 표현이 어려운 경우가 있다. 특히 극세한 폴리에스터 섬유인 경우, 일반 섬유에 비해서 표면적이 증가하면서 빛 반사율이 더욱 높아지고 심색 표면이 어렵다. 그래서 최근 섬유의 극세화 경향으로 염색성이 우수한 초극세 소재에 대한 관심이 높아졌다.

과거에는 저굴절률의 수지를 코팅해서 빛의 반사량을 줄이고 발색성을 증대시키는 방법을 사용했었다. 최근에는 섬유 표면의 구조를 제어해서 빛 반사 및 산란을 제어하여 폴리에스터 섬유의 발색성을 높일 수 있다. 섬유 표면에 수 마이크로 혹은 나노 수준의 거칠기를 형성하는 새로운 방법이 활용되고 있다. 표면이 거칠어서 빛의 반사보다 흡수와 산란이 많이 일어나면서 선명하고 진한 색으로 보이게 된다. 그림 6-13 을 보면 매끈한 표면에서는 빛의 정반사가 많이 일어나지만, 거친 표면에서는 정반사가 줄고 내부로의 반사와 흡수가 많아지는 것을 알 수 있다. 표면의 거칠기는 레이저, 플라즈마 등을 활용해서 섬유 표면을 깎아내는 방법으로 얻는다. 혹은 방사 용

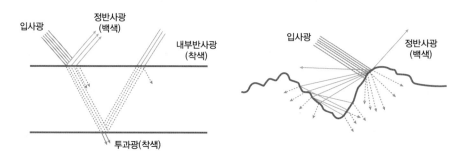

그림 6-13 표면의 거칠기 구조와 빛의 반사 및 산란 특성

액에 무기 입자를 혼입하고 방사한 후 입자를 용출시키거나 알칼리 감량가공과 같이 섬유 일부를 녹여내는 방법으로 섬유 표면에 거칠기를 형성하는 것도 가능하다. 또한 섬유 표면의 거칠기 형성과 저굴절률 수지 코팅을 병행하면 효과적으로 심색 표현이 가능하다.

한편, 폴리에스터 섬유를 개질하는 방법도 가능하다. 폴리에스터 섬유는 주로 분산염료를 사용해서 염색하지만, 분산염료는 선명한 색으로 염색하기 어렵다. 그래서 선명한 색이 표현되는 염기성 염료와 폴리에스터 섬유사에 친화력을 가지도록 화학적으로 개질하는 방법이 개발되었다. 이렇게 개질된 폴리에스터 섬유는 염기성 염료와 결합을 형성할 수 있는 반응기를 가졌기 때문에 선명하고 진하게 염색할 수 있고 염색견뢰도도 우수하다. 또한 일반 폴리에스터 섬유는 고온·고압의 조건에서 염색하기 때문에 천연섬유와의 혼방이나 교직이 어렵지만, 개질된 폴리에스터 섬유는 이러한 한계에서 벗어날 수도 있다.

7) 편광효과 소재

몰포Morpho나비는 남미에서 서식하는 나비인데, 날개의 색이 청색과 금속성의 광택이 섞여서 각도에 따라 다른 색으로 보여서 '변한다'라는 의미의 몰포나비라고 불린다. 몰포나비의 날개 표면에는 수백 나노 크기의 주름이 잡힌 미세기둥이 무수히 많은데, 이 표면에서는 빛의 일부가 반사하고 일부는 기둥 사이에서 빛의 간섭과 굴절이 반복된 결과로 보는 각도에 따라 특유의 색으로 보인다 그림 6-14. 이와 같이 특별한 색소성분이 없어도 표면 구조로 인해서 색이 나타나면 구조발색이라고 하며, 진주조개 껍데기나 공작의 날개에서도 유사한 현상이 나타난다.

편광효과 소재는 몰포나비 날개의 표면 구조를 모방해서 미세한 홈이 파인 다중편평 섬유를 방사하고 그 다발에 1inch에 80~120개의 꼬임을 준다.

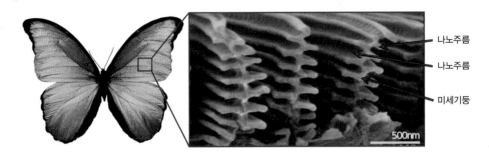

나노주름

나노주름

미세기둥

500nm

그림 **6-14** 몰포나비(좌)의 날개 표면 구조(우)

이 실로 옷감을 직조하면 길이방향에 수직으로 깊고 가는 홈이 나란히 있는 구조가 만들어지고 이 부분에서 빛의 반사, 굴절, 간섭이 반복되면서 특유의 색과 광택을 가질 수 있다 그림 6-15 .

　다중편평 소재는 일반소재보다 진하고 선명한 특유의 색이 표현되고 관찰 각도에 따라 광택이 달라져서 색이 여러 가지로 보이기도 한다. 편광효과 소재는 염색 공정 없이 개성 있는 색 표현이 가능하다는 점에서 친환경적이며 부가가치가 높다.

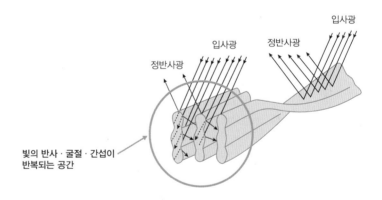

입사광

정반사광

입사광

정반사광

빛의 반사 · 굴절 · 간섭이
반복되는 공간

그림 **6-15** 다중편평 섬유 꼬임과 다중 편광 효과

2.3 쾌적성 소재

최신 의류소재의 동향을 살펴보면, 쾌적하고 건강한 의생활을 위한 다양한 쾌적 기능성 소재가 일상복까지 폭넓게 상용화되는 경향을 보인다. 과거에는 수축하거나 변형이 없는 소재, 다림질이 필요 없는 소재, 때가 잘 타지 않는 소재 등 의류소재의 한계를 극복하고 우수한 성능을 부여하는 것이 중요했다. 최근에는 의복의 주요 소비성능으로 착용자의 쾌적성이 크게 부각되면서 보온성, 흡수·흡습성, 속건성, 경량성, 방수성, 방풍성, 신축성 등이 우수한 소재를 선호하게 되었다. 이러한 쾌적 기능성 소재는 아웃도어 웨어를 중심으로 발전하다가 점차 일상복의 영역까지 활용이 확대되고 있다.

1) 보온성 소재

보온성은 의복 착용의 기본적인 목적 중 하나인데, 최근 급격한 한파와 같은 기후 변화의 영향으로 보온성이 우수한 소재에 대한 소비자의 관심이 높아지고 있다.

보온성 소재는 보온의 원리에 따라 크게 3가지로 분류할 수 있다. 첫째, 공기의 열전도율이 낮다는 점을 이용해서 소재에 충분한 정지 공기층을 확보하는 것이다. 둘째, 신체로부터의 복사열, 태양광선을 활용해 열에너지로 변환할 수 있는 세라믹, 금속, 상전이 물질phase change material을 이용하는 방법이다. 셋째, 섬유의 흡습발열 반응이 극대화되도록 섬유를 개질하거나 가공하는 방법이다.

① 중공섬유 소재

북극곰의 털이나 오리 깃털의 단면은 가운데가 비어 있는 구조인데, 그 중공(中空) 때문에 보온 효과가 높다. 일반섬유는 공기에 비해서 약 2~10배

큰 열전도율을 가지고 있으
므로 중공으로 정지 공기층
을 확보하면 효과적으로 보
온성을 향상할 수 있다.

합성섬유는 극세화 기술,
이형단면 방사기술을 활용해
서 중공섬유를 방사할 수 있

그림 6-16 중공섬유의 단면(Huvis의 Polarfil)

다 그림 6-16 . 중공섬유는 부피대비 표면적이 크고 섬유 사이 공극이 많이
형성되므로 정지 공기층이 많아져 보온성이 증대된다. 중공섬유와 유사한
원리로 보온성이 확대된 예가 기모 소재이다. 미세한 잔털이 일어난 표면은
미세한 잔털 사이에 정지 공기를 많이 함유하기 때문에 보온성이 증대된다.

중공 소재는 중공률에 따라서 10~30%까지 무게가 감소한다. 의복이 무
거우면 행동에 제약을 주고 피로감이 쌓이기 쉬울 뿐만 아니라 무게에 의
해서 옷 사이, 섬유 사이 정지 공기층이 감소해서 보온성이 감소할 수 있다.
따라서 중공은 정지 공기층의 효과와 함께 경량화에도 기여하기 때문에 보
온성 증대에 더욱 효율적이다. 한편, 강력한 보온효과를 원하는 소재 트렌드
에 따라 중공섬유에 다양한 보온성 가공을 동시에 적용하거나 다층구조의
일부로 중공섬유를 추가해 개발되고 있다.

② 체열반사 소재

인체의 열은 복사, 전도, 대류 및 땀의 증발에 의해서 외부로 이동하는데,
그중 복사에 의한 열이동의 비율이 가장 높다 그림 6-17 . 그래서 적극적으
로 복사에 의한 열의 이동을 방지하는 방법으로 보온성을 향상시킬 수 있다.

체열반사 소재는 인체 복사열을 소재가 다시 반사하거나, 복사열을 흡수
한 후 소재가 원적외선의 형태로 방사하도록 개발되었다. 금속은 인체의 복
사열을 쉽게 반사시킬 수 있는데, 이러한 반사 현상을 응용한 보온성 소재
가 상용화되어 있다. 최근까지 개발된 기술은 금, 은, 알루미늄 등의 금속 입

그림 6-17 열화상 카메라로 촬영한 인체 복사열 방사

자를 수지 속에 분산시킨 후 소재에 코팅시키거나 그림 6-18, 의류소재 표면에 증착 또는 스퍼터링sputtering 가공으로 직접 금속 입자를 부착시키는 방법이 있다. 금속입자를 코팅하는 가공 방법은 코팅된 표면 때문에 땀의 흡수를 방해하거나 촉감이 저하되는 문제 때문에 내의류에 적용하기에는 한계가 있고 방한용 재킷에 적합한 방법이다.

복사열을 흡수하여 원적외선을 방출하는 세라믹의 특성을 활용한 보온성 가공도 가능하다. 즉, 인체는 세라믹이 방출하는 원적외선을 만나면 동일한 파장에서 공명과 진동으로 열이 발생하여 보온효과를 가질 수 있다. 원적외선 방사체로는 산화규소, 산화망간, 산화알루미늄, 탄화규소, 탄화지르코늄 등이 주로 사용되는데, 원적외선 방사 효율이 높기 때문이다. 이 물질들은 대부분 분말 형태로 방사 단계에서 섬유에 혼입되거나, 수지에 분산해서 코팅 및

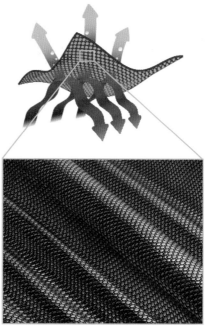

그림 6-18 인체 복사열을 반사키키는 Omni-Heat®
TM 소재(하)와 표면의 반사기능(상)

라미네이팅하는 후가공으로 적용된다. 원적외선을 방출하는 보온성 소재는 인체의 복사열이 손실되지 않도록 우선 단열되어야 하는데 세라믹 소재의 단열 효과가 높지 않다는 한계가 있다. 또한 원적외선 노출에 의한 발열 및 보온성 증대 효과에 대한 추가연구가 필요한 실정이다.

③ 흡광축열 소재

흡광축열 소재란 태양광선을 흡수하고 열에너지로 다시 방출하는 등 흡광축열 물질을 한 보온성 소재이다. 주로 사용되는 탄화지르코늄 또는 산화지르코늄은 단파장 영역에서의 흡수율이 높고 열선인 원적외선으로 전환해서 방사하는 반면, 원적외선 영역에서의 반사율이 높다. 특히, 탄화지르코늄은 승온 속도가 빠르고, 빛이 사라져도 열이 탄화지르코늄 내에 축적되어 냉각 속도가 상대적으로 느려서 보온효과가 높다.

일반적으로 탄화지르코늄을 고분자에 혼입하여 중공사로 방사하는 방법이 많이 적용되었다. 그러나 흡광축열 소재는 태양 빛이 없거나 실내에서는 보온효과를 크게 기대할 수 없기 때문에 활용 용도가 한정적인 단점이 있다. 또한 흡광축열 물질 중 카본나노튜브, 유기색소 등은 유해성 논란이 제기되었다.

이러한 단점을 보완하기 위해서 세라믹 등을 동시에 처리하여 복합물질의 보온성 소재가 제품화되기도 하였다. 또한 태양광을 받으면 분자 간 충돌과 진동으로 열이 발생하는 특수 화학약품을 활용한 흡광축열 가공제가 개발되었다. 그림 6-19 은 동일한 중량의 거위털 충전 소재와 흡광축열가공 소재의 보온효과를 비교한 것인데, 광원을 조사하고 20분이 경과하면 6~7℃의 보온효과가 있음을 보여 준다.

④ PCM 보온성 소재

상전이 물질Phase Change Materials, PCM은 환경 온도에 따라 열을 흡수하거나 발산하면서 형태가 변화하는 물질로 의류소재에 주로 사용되는 상전이 물

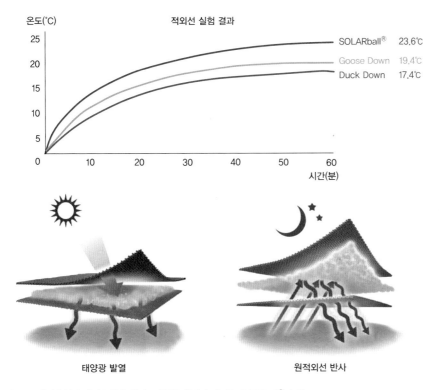

태양광 발열   원적외선 반사

그림 **6-19** 흡광축열 소재의 보온효과(좌 : 거위털 충전 소재, 우 : SORAball® 소재)

질은 주변 온도가 상승하면 녹으면서 열을 흡수하여 냉각효과를 주고, 주변
온도가 낮아지면 열을 방출하면서 고체가 되어 보온효과를 주는 물질을 의
미한다. 다양한 상전이 물질이 존재하지만 의류소재에 주로 활용되는 상전
이 물질로는 폴리에틸렌글리콜Polyethylene Glycol, PEG 및 그 화합물, 파라핀
류가 있다. 상전이 물질을 의류소재
에 적용하는 방법으로는 중공섬유
의 중공에 상전이 물질을 넣어 방사
하는 방법, 직접 의류소재에 코팅하
는 방법, 상전이 물질을 주입한 마이
크로캡슐을 의류소재 표면에 코팅하
는 방법이 있다.

마이크로캡슐 가공은 일반적으로

그림 **6-20** 마이크로캡슐의 구조

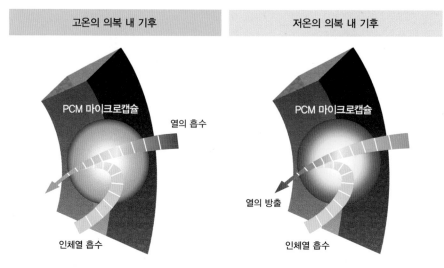

고온의 의복 내 기후	저온의 의복 내 기후

그림 **6-21** PCM을 활용한 Thermocules™ 가공제의 보온과 냉각 원리(Outlast®)

10~30μm 크기의 캡슐 심부에 가공물질을 주입하여 의류소재에 바인더 등을 이용해서 부착하는 가공으로 의류소재의 기능성 가공분야에서 폭넓게 적용되는 가공이다 그림 6-20 .

그림 6-21 은 상전이 물질을 주입한 마이크로캡슐 가공을 한 대표적 보온성 소재로 의복 내 온도가 상전이 물질의 상전이 온도보다 낮아지면 열을 방출하면서 고체화되고, 다시 의복 내 온도가 상승하면 열을 흡수하는 과정을 설명한다. 상전이 물질의 융점은 분자량에 따라 변화하는데, 소재의 사용 용도를 고려해서 상전이 물질을 선택하면 보온효과뿐만 아니라 주변의 열을 흡수하면서 의복 내 기후를 쾌적하게 유지할 수도 있다.

⑤ 흡습발열 소재

의류소재가 흡습하면 약간의 발열 현상이 나타나는데 이를 수분 흡착열이라고 한다. 이것은 수증기가 섬유에 흡착하면 공기 중에 기체 상태로 있는 것보다 물체에 흡착한 상태가 물리적으로 안정되고 에너지 준위가 낮아지므로 에너지 전환이 일어나서 열이 발생하는 것이다. 흡착열은 흡습량이 클수록 크게 발생하며, 섬유 내 관능기, 분자 구조에 따라 섬유마다 흡습량에

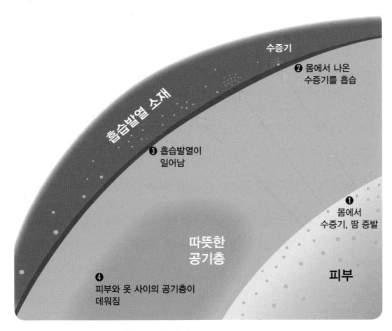

그림 6-22 흡습발열 Heattech® 소재의 발열 과정

따른 발열량은 다르게 나타난다. 따라서 흡습성이 우수한 양모 섬유가 발열의 절대량은 가장 크지만 95%까지의 흡습량은 6%가 증가해서 흡습발열 소재로 활용하기에 한계가 있다.

흡습발열 소재는 적극적으로 흡습발열을 유도하기 위해서는 많이 빠르게 흡습하는 친수성 고분자 물질을 활용한 복합소재화가 필요하다. 그림 6-22 는 흡습발열을 극대화하기 위해서 친수화되고 고가교화된 아크릴레이트 섬유와 레이온 섬유를 활용한 흡습발열 소재의 보온 원리를 나타낸다.

2) 투습방수 소재

투습방수 소재는 외부의 비나 눈을 막고 인체로부터의 땀은 투습되도록 의류소재의 기공을 통해 수증기의 투습과 확산을 제어한 소재로 쾌적성이 우수한 방수 소재를 일컫는다. 아웃도어 웨어 분야에서는 일찍이 다양한 방수 소재가 개발되었지만 방수 가공으로 인해서 투습성이 저하되면서 불쾌감과 안전상의 문제점이 있었다. 인체는 항상 일정한 양의 땀이 나고 원활히 배출되지 않아서 의복이 젖으면 습윤감이 있고 활동을 방해하는 등의 불쾌감이 발생한다. 특히 극한의 저온 환경에서는 땀이 투습되지 않으면 결로가 생기는데, 동상과 같은 건강상의 문제로 이어지기 때문에 투습성을 개선하기 위한 다양한 기술개발이 시도되었다.

투습방수성의 구현 원리는 물방울과 수증기의 입자 크기 차이를 이용하는 것으로 상반된 2가지의 성능을 동시에 구현할 수 있다. 일반적으로 눈이나 비는 액체 상태로 물의 입자 크기는 100~3,000μm 이상이고, 인체로부터의 땀은 수증기 상태로 투습·확산되는데 입자 크기는 0.0004μm 수준이다. 즉, 옷감의 기공은 물방울은 통과하지 못하고 수증기는 통과할 수 있는 수준으로 조절하면 투습방수성을 구현할 수 있다 그림 6-23 .

투습방수는 가공기술에 따라 라미네이팅형, 코팅형, 고밀도직물형으로 분류할 수 있다. 가공제 및 가공 방법에 따라 태, 투습성, 방수성의 차이가 크므로 용도에 적합한 성능을 부여할 수 있는 가공제와 가공 방법을 선택해야 한다. 특히 최근에는 투습방수 소재가 아웃도어에서 점차 일상복으로 사용 범위가 확대됨에 따라서 요구 성능에 맞춰서 가공 방법을 결정하는 것이 중요하다. 예를 들면 일상복 용도의 투습방수 소재는 방수성보다는 투

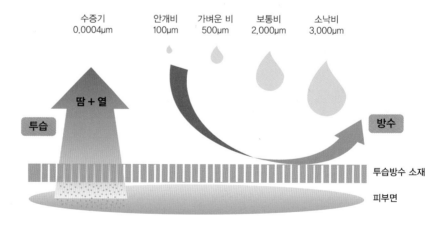

그림 6-23 투습방수성능의 구현원리

습성에 초점을 두고 쾌적성을 구현해야 하므로 투습성이 우수한 고밀도형 투습방수 소재를 선택하는 것이 적절하고, 아웃도어 용도이거나 극한 환경에서 사용한다면 방수성과 투습성이 동시에 우수한 소재를 사용해야 한다.

① 고밀도형 투습방수 소재

고밀도형 투습방수 소재는 0.2~0.3데니어 수준의 초극세 섬유를 고밀도로 제직하여 얻는데, 기공 크기가 물방울의 크기보다 작아서 방수성을 구현할 수 있다. 코팅형, 라미네이팅형과 비교해서 방수성은 낮지만, 기공을 막는 직접적인 가공을 하지 않았기 때문에 투습성이 가장 우수하고 소재의 태나 색상, 드레이프성 등이 변함없이 유지된다.

고밀도형은 이슬이나 가벼운 비에 대한 방수성을 가지지만 소낙비와 같이 많은 비나 장시간 강수에는 점차 젖게 된다. 그래서 표면에 가벼운 발수 가공을 하는 경우가 많은데, 투습성이 유지되면서 내수압이 증가하는 효과적인 방법이다. 또한 시레 가공과 같은 방법으로 공극을 줄이고 표면 거칠기가 증대되어서 발수성이 생겨나 결과적으로 내수압을 보완할 수도 있다.

한걸음 더

시레 가공

두 개의 롤러 사이에 옷감을 통과시켜 광택을 부여하고 촉감을 매끈하게 정리하는 캘린더 가공의 일종이다. 옷감이 고온의 롤러에 의해 압력을 받으면서 통과하면 섬유 사이, 실 사이 간격이 감소하고 섬유가 납작하고 단단해진다. 원하는 광택의 정도와 발수성을 고려해서 열과 압력, 가공 횟수를 조절한다.

그림 6-24 시레 가공 소재

이와 같은 후처리 역시 직접적으로 기공을 막는 코팅형이나 라미네이팅형 소재에 비해서 고유한 소재 특성은 유지하면서 투습성을 우수하게 유지할 수 있다. 또한 고밀도형 투습방수 소재는 가벼워서 쾌적성이 우수한 일상용 투습방수 소재로 활용도가 높다.

② 코팅형 투습방수 소재

옷감 표면을 방수용 수지로 얇은 피막을 형성하여 방수 성능을 구현한 소재이다. 코팅막은 친수 무공형과 미세다공형으로 구분되는데 투습 매커니즘이 다르고 방수성과 투습성의 차이가 있다.

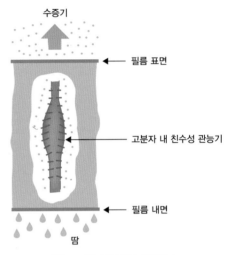

그림 6-25 친수 무공형의 투습방수 구현원리

친수 무공형은 주로 폴리우레탄에 친수성 관능기를 갖도록 개질한 가공제를 코팅한 투습방수 소재로, 피막 내 친수성 관능기를 따라서 수분이 확산되어 투습된다 그림 6-25 . 친수 무공형의 투습성은 가공제의 친수성과 코팅막의 두께에 따라 결정되며, 다공형에 비해서 투습성이 낮은 편이다. 친수 무공형은 가공 공정이 간단하고 생산성이 높으며 원료 가격도 저렴하다는 장점이 있다. 하지만 라미네이팅형, 미세다공형 코팅형에 비해서 소재의 태가 저하되고 세탁이 반복되면 방수 성능이 감소한다.

미세다공형은 그림 6-26 과 같이 코팅막에 미세한 기공이 무수히 존재하고 그 기공을 통해서 투습이 이루어진다. 대표적인 미세가공형 가공제는 디메틸렌포름아미드demethlene formamide, DMF에 용해한 폴리우레탄인데, 가공제에 직물을 침지하고 응고욕을 통과시키면 DMF 용매가 제거되면서 미세

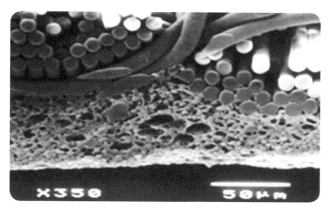

그림 6-26 미세다공형 투습방수 소재의 단면

다공이 형성된다. 기공의 크기는 0.5~3㎛ 정도 수준이고 코팅 조건을 달리해서 기공의 정도를 조절하는 것이 가능하다. 미세다공형은 친수 무공형에 비해서 방수성과 투습성이 우수하고 균일하며 내구성이 좋다. 또한 가공으로 인한 소재의 태의 변화가 미미한 장점이 있다.

③ 라미네이트형 투습방수 소재

라미네이트는 바닥직물에 기능성 필름이나 멤브레인을 접합하는 가공 방법인데, 라미네이트형 투습방수 소재는 이형지 위에 방수 가공제를 코팅해서 만든 투습방수 필름을 제조한 후 접착제 등을 이용해서 바닥 직물에 접합하여 만든다.

투습방수 필름의 성질과 기공의 유무에 따라 불소계 미세다공형, PU계 미세다공형, 친수 무공형, PET계 친수 무공형 등으로 구분되는데, 투습성이 다르게 나타난다. 또한 접합 방법에 따라서도 제품의 내수압과 투습성이 달라지고 내구성에도 영향을 미쳐서 최종 제품의 성능도 달라진다.

라미네이트형은 고밀도형에 비해서 높은 내수압을 가지고 코팅에 비해서 투습 성능도 우수하고 바닥직물 본래의 태와 유연성을 손상시키지 않는다.

그림 6-27 은 가장 대표적인 투습방수 소재로 0.2~10㎛ 정도 크기의 미세 구멍이 1inch^{2}에 약 90억 개 정도 형성된 PTFEpolytetrafluororethylene 필

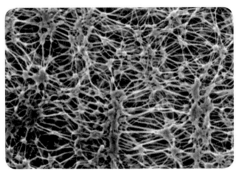

그림 6-27 Gore-tex®의 투습방수성(좌)과 PTFE 필름 표면 확대 이미지(우)

름을 라미네이팅하여 우수한 투습성과 방수성을 동시에 구현하였다. 최근에는 투습방수 소재 내면에 흡습성이나 보온성을 가진 레이어로 덧붙여 다층구조로 이루어진 제품들이 개발되었다. 이들은 결로현상을 방지하여 보온성을 증가시키며, 마찰로 인한 멤브레인 손상을 방지해 내구성을 증가시키는 방향으로 고기능화되었다. 한편, 미세다공형 투습방수 소재는 세탁 후 미세기공이 먼지나 세탁 잔여물에 의해 막히거나 마찰에 의해서 투습성이 저하될 수 있는데 필름면에 레이어를 추가해서 문제점을 보완할 수도 있다.

친수 무공형 방수 필름을 접합한 투습방수 소재도 다수 상용화되었는데, 최근에는 열가소성 폴리우레탄을 가공제로 활용한 무공형 투습방수 소재도 개발되었다. 열가소성 폴리우레탄 필름은 땀이 나고 체온이 올라가 열가소성 폴리우레탄의의 연화온도 수준에 이르면 분자운동이 활발해지고 고분자쇄가 느슨해지면서 물분자가 쉽게 빨리 침투하여 확산되는 원리로 투습이 이루어진다 그림 6-28 .

최근, 나노웹Nanoweb을 활용한 투습방수 소재의 활용도 가능해졌다. 나노웹은 전기방사electrospining로 방사된 나노 단위의 섬유가 무수히 적층된 웹non-woven구조로 나노 수준의 기공을 가져서 투습방수 성능이 구현된다. 나노웹이 라미네이트된 투습방수 소재는 가볍고, 투습성은 매우 우수한 반면, 고어텍스와 비교하면 방수성이 낮고 박리강도와 같은 내구성도 다소 취

의류소재

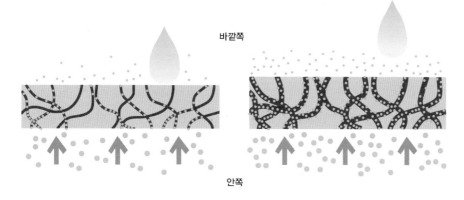

바깥쪽

안쪽

그림 6-28 심파텍스®의 투습방수 원리

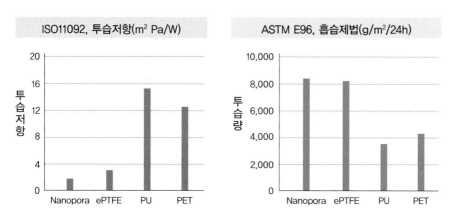

그림 6-29 기존 투습방수 소재와 Nanopora™의 투습성능 비교

약한 편이다 그림 6-29 . 최근 전기방사 기술이 비약적으로 발전하면서 대량 생산이 가능해졌고, 내구성도 점진적으로 개선되고 있어서 가벼운 용도의 아웃도어 웨어를 중심으로 나노웹 투습소재의 상용화와 대중화가 기대된다.

3) 발수 소재

발수성은 의류소재 표면의 물리·화학적 특성으로, 물방울이 표면에 부착되지 않고 흘러가 옷감이 젖지 않는 성능이다. 발수 가공의 기본 원리는 의류 소재의 표면에너지를 낮추어 물방울이 섬유 표면에 부착되지 않도록 하는 것인데 표면에너지가 낮은 불소화합물 혹은 실리콘계열, 피리딘계열 가공제를 주로 코팅하는 방법이 적용된다.

발수성은 발수제의 종류에 따라서 다른데, 가장 우수한 발수성을 보이는 가공제는 불소계 발수 가공제이다. 불소계 가공제는 표면에너지가 극히 낮아서 발수성뿐만 아니라 발유성까지 나타나고 세탁이나 마찰에 대한 내구성도 우수한 가공제이다. 하지만 최근에 과불화합물poly-& per-fluorinated Compounds, PFCs의 유해성과 국제적인 사용규제로 인해서 일부에서는 불소를 사용하지 않는 가공제에 대한 연구가 활발하다.

발수 가공 방법으로는 가공제에 침지하는 침지 코팅, 표면에만 처리하는 스프레이 코팅, 나이프 코팅, 폼 코팅 등 다양한 가공법이 개발되었다. 대부분 의류소재의 종류에 구애받지 않고 간단하게 가공이 가능하다. 최근에는 소비자가 필요에 따라 직접 뿌려서 발수기능을 구현하는 스프레이형 가공제가 다수 상품화되기도 하였다. 가공 후 급격히 투습성이 저하되는 방수가공과 달리 발수 소재는 의류소재의 쾌적성능에 미치는 영향이 작아서 가벼운 눈이나 비가 오는 환경에서는 방수 소재를 대신하여 폭넓게 활용할 수 있다.

최근 나노기술의 발전으로 연잎과 같은 표면이 마이크로 수준의 돌기와 낮은 표면에너지의 나노 결정이 뒤덮인 표면 특성으로 물에 젖지 않고 진흙이나 먼지입자는 굴러떨어지는 물방울과 함께 제거되는 강력한 초소수성이 구현된다는 것이 밝혀졌다 그림 6-30 . 이러한 현상을 연잎효과라고 하는데 이를 의류소재의 표면에 모사한 초소수성 가공기술이 상용화되었다.

그림 6-31 은 의류소재의 표면에 초소수성을 구현하는 원리를 나타내고 있는데 화학약품이나 레이저를 이용해 섬유 표면에 나노구조를 형성시키거나 나노입자를 가공제에 혼입한 발수 가공제를 처리하면 초소수성이 구현된다. 이렇게 나노구조를 가지면 발수제 코팅한 경우보다 훨씬 강력한 초소수성을 가져서 표면에 물이 전혀 스며들지 않고 물방울이 구형을 이루며 굴러떨어지는 현상이 나타나고 그림 6-32 , 유성 액체(기름), 주스와 같은 다른 액체에도 젖지 않는 초발유성 및 방오성까지 구현된다 그림 6-33 .

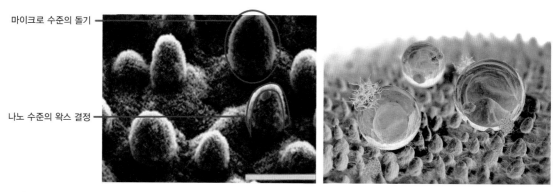

마이크로 수준의 돌기

나노 수준의 왁스 결정

그림 6-30 연잎 표면의 구조와 연잎효과의 원리

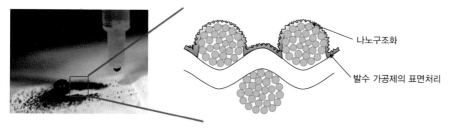

나노구조화

발수 가공제의 표면처리

그림 6-31 초발수성 소재의 표면 구조

그림 6-32 초소수성 표면 위의 물방울

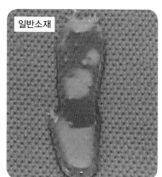

일반소재

Nanospere®

그림 6-33 Nanospere® 소재의 방오성(실험액체 : 꿀)

4) 흡한속건 소재

일반적으로 면, 레이온과 같은 친수성 섬유는 높은 흡습성으로 발한 초기
에는 땀을 잘 흡수하지만 이미 젖은 상태에서는 흡수성이 현저하게 저하되
고 빨리 건조되지 않아서 불쾌감을 준다. 흡한속건 소재는 인체의 땀을 빠

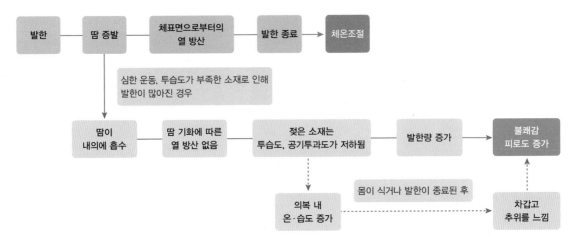

그림 6-34 발한과 체온조절에 따른 쾌적성

르게 잘 흡수하고 신속히 배출하여 증발시킴으로써 체온을 조절하고 땀으로 인한 불쾌감이 없는 소재를 일컫는다.

인체는 땀을 흘리면, 땀이 기화되면서 인체로부터 열을 방산하고 체온을 조절할 수 있는데, 흡습이 원활하지 않거나 젖은 상태의 의류소재는 땀 증발·투습을 방해하고 체온조절이 어려워지면서 다시 발한량이 증가해 불쾌감, 피로도 증가로 이어진다. 또한 땀의 증발이 원활하지 않으면, 의복 내온·습도가 증가하고 젖은 의복을 착용한 상태에서 갑자기 몸이 식거나 낮은 온도의 환경에 노출되면 추위를 느끼고 차가운 촉감으로 불쾌감을 느낀다. 그러므로 땀의 빠른 흡수도 필요하지만 땀의 원활한 확산으로 내의가 젖지 않는 속건성도 쾌적성을 유지하기 위해서 중요한 기능이다 그림 6-34. 또한 땀에 젖은 상태의 의복을 오래 착용하면 미생물 등이 서식하면서 악취의 원인이 될 수 있으므로 흡한속건성은 이너웨어에서도 중요한 기능으로 대두되었다.

흡한속건성을 부여하는 주요 원리는 모세관 현상으로 액체의 표면장력에 의해서 액체가 관을 따라 이동하는 현상이다. 이때 모세관의 굵기가 가늘수록 관의 표면이 매끈하고 소수성일수록 모세관 현상이 가속된다는 점을 활용해서 섬유의 단면, 굵기 조직의 밀도를 조절하여 흡한속건성을 극대화

할 수 있다 그림 6-35 . 즉, 초극세화
되거나 이형단면으로 방사된 소수성
섬유를 활용하면 섬유 측면과 섬유
사이에 공간이 모세관의 역할을 하
면서 모세관 현상이 크게 일어나도
록 조절할 수 있다.

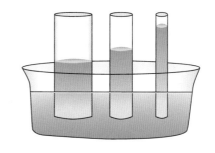

그림 6-35 모세관 현상과 관의 굵기

그림 6-36 은 대표적인 흡한속건
소재의 섬유 단면인데, 폴리에스터 이형단면 섬유로 측면의 굴곡진 4개의
홈이 모세관 역할을 한다. 흡한속건 소재는 주로 나일론, 폴리에스터와 같
은 소수성 섬유를 활용하는데, 섬유 내부로 흡습이 일어나지 않아 젖은 느
낌을 주지 않고 건조 속도가 빠르기 때문이다. 이형단면 외에도 미세다공을
가진 중공섬유에서도 흡한속건성이 구현된다. 미세다공으로 흡수된 수분이
중공 내부로 확산되어서 흡한속건성을 구현하는 것으로, 이형단면 섬유에
비해서 건조감이 향상된다는 장점이 있다.

흡한속건성을 극대화하기 위해서 피부와 닿는 이면과 외부환경 쪽의 표
면의 수분전달 특성을 다르게 제·편직하여 다층 구조화하면, 땀의 흡수가
빠를 뿐만 아니라 외부환경으로의 확산·증발 속도도 크게 증가한다. 소재
의 표면과 피부와 닿는 이면의 소수성의 정도를 다르게 구성하거나 표면과
이면의 밀도가 다르게 설계하면 흡수된 물의 확산 속도를 증대시킬 수 있

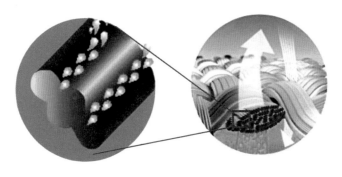

그림 6-36 이형단면으로 다채널 구조를 가진 Coolmax®

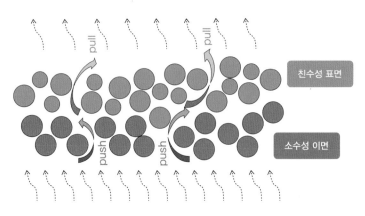

그림 6-37 push－pull effect에 의한 물의 확산 속도 증가

는데, 이를 "push-pull" 효과라고 한다 <mark>그림 6-37</mark>. 이렇게 다층구조를 가진 흡한속건 소재는 일반소재에 비해서 최대 2.5배의 흡수 속도를 보인다고 보고되었다. 유사한 원리로 core-spun 방적사 제조기술을 활용해 소수성 정도가 다른 두 종류 이상의 원사를 이용해 복합하여 흡한속건성을 부여할 수 있다. 즉, 외부의 친수성 섬유는 섬유 사이 수분을 빨리 흡수하고 내부 중심부로 이동시키면 중심부의 소수성 섬유는 섬유 길이방향을 따라 수분을 빠르게 이동시켜 외부 환경으로 배출시킨다.

흡한속건성의 원리를 고려해 보면, 흡한속건 소재는 단시간에 다량의 땀이 나는 경우에 쾌적감을 개선하는 데 효과적인 것을 알 수 있다. 한편, 환경보호와 에너지 절약을 위해서 여름철 쿨비즈coolbiz 패션과 같은 캠페인을 통해서 흡한속건 소재를 활용하자는 주장을 하기도 하는데, 흡한속건 소재가 오히려 불쾌감을 줄 수 있는 착용환경이나 조건도 존재할 수 있다. 예를 들면, 적은 양의 땀이 지속적으로 난다면, 피부 표면적에 밀착된 흡한속건 의복보다 흡습성이 우수한 면 소재 내의가 더 쾌적하게 느껴질 수 있다. 또 운동이나 육체노동이 없고 그늘진 실내 공간에서는 큰 효과를 기대할 수 없으므로 사용조건과 환경을 고려해서 소재를 선택하는 것이 중요하다.

흡한속건 소재는 불쾌한 냄새가 방지되고 속건성으로 세탁관리가 편리하다는 장점도 있다. 이러한 관리편리성 덕분에 기존에는 흡한속건 소재는 여름용 소재로 한정되어 사용되다가 최근에는 보온성을 추가하여 방한용 소재로의 개발도 활발히 이루어졌으며, 아웃도어 웨어뿐만 아니라 전 복종으로 활용이 확대되는 추세이다.

5) 냉감 소재

냉감 소재는 접촉 시 차갑다고 느끼게 되는 소재를 의미하는데, 환경오염과 에너지 고갈에 대한 위기 의식이 높아져 쿨비즈와 같은 개념이 강조되면서 냉감 소재에 대한 관심이 높아졌다. 피부가 텍스타일과 접촉되면 차갑거나 혹은 따뜻하다고 느끼는 감각을 접촉 냉온감이라 한다. 접촉 냉온감은 물질 간의 열이동 현상이 원인으로 섬유의 열전도도가 일차적인 영향요인이 된다. 전통적으로 "시원한 소재"라고 인정되는 섬유는 마, 레이온 섬유 등이 있는데, 열전도율이 높기 때문에 접촉 시 열에너지가 많이 이동하면서 시원하다고 느낀다. 특히 마 섬유의 경우, 뻣뻣하기 때문에 의복 상태에서 피부에 밀착하지 않기 때문에 더욱 시원하다고 느끼게 된다.

냉감을 부여하기 위해서 흡한속건 소재에 흡수흡열 반응을 일으키는 가공제, 혹은 태양열을 차단할 수 있는 가공제 처리하는 방법이 주로 적용된다.

냉감 가공제로 당알코올류(자일리톨, 에리스리톨)를 이용할 수 있는데, 당알코올이 물에 용해되면 흡열반응으로 주변 열을 흡수해서 냉감효과가 일어난다. 즉, 인체의 땀과 당알코올이 반응해서 피부 표면의 열을 가져가서 청량감을 느끼게 된다 그림 6-38 , 그림 6-39 .

또한 태양광선을 차단하는 가공법으로도 피부온 상승을 예방하고 피부를 보호할 수 있다. 태양광선의 근적외선은 피부 깊은 곳까지 침투해서 분자 진동과 회전을 유발시켜 피부 온도를 높인다. 일반적으로 자외선(10~400nm)과 근적외선을 반사하는 물질인 산화티탄, 근적외선을 반사해 차단하는 안티몬주석 산화물Antimony tin Oxide, ATO을 가공제로 활용해서 냉감소재를 개발한다.

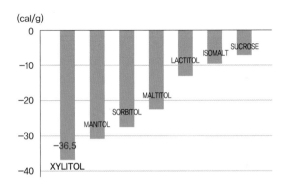

그림 **6-38** 다양한 당알코올 물질의 흡열량

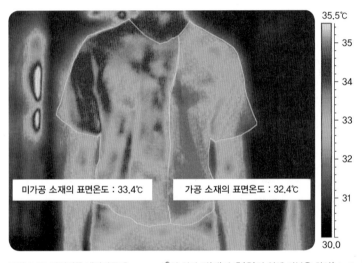

그림 **6-39** 자일리톨 냉감가공제 praacool®의 처리 전(좌)과 후(우)의 인체 피부온 차이(Ventex)

 냉감 가공제를 이용하는 방법 외에도 원사 종류, 조직의 구조 제어 기술을 복합적으로 적용해서 냉감을 증대시킬 수 있다. 즉, 섬유의 형태나 의류소재의 조직구조에 변화를 주어서 섬유와 피부접촉 면적을 넓혀서 냉감을 증대시키는 방법이다. 대표적인 방법은 폴리에스터, 나일론, 레이온, 트리아세테이트 섬유와 같은 비교적 열전도도가 큰 섬유를 편평 단면으로 방사하여 섬유와 피부의 접촉면적을 증대시키면 신체로부터의 열 이동량이 커져서 충분히 냉감을 느낄 수 있도록 할 수 있다 **그림 6-40** . 이러한 방법은 건조 시에는 접촉면적이 커서 냉감이 확보됨과 함께 땀이 많이 나는 경우에

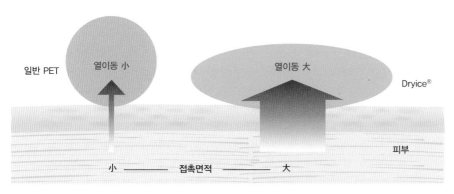

그림 6-40 편평한 단면의 냉감 효과

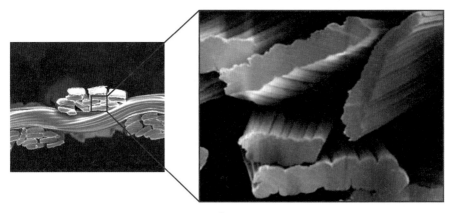

그림 6-41 편평한 단면을 가진 냉감 소재의 섬유(Dryice®)

는 단면 형태에 의한 모세관 현상이 일어나서 흡한속건성도 부여할 수 있다 그림 6-41. 최근에 냉감소재는 흡한속건성과 자외선 차단 기능 등을 겸하여 복합 기능화되어 아웃도어 의류로 많이 활용되고 있다.

2.4 안전 · 건강 기능성 소재

의복을 착용하는 목적 중 하나는 인체를 안전하게 보호하고 건강한 의생활을 영위하는 것이다. 최근에는 건강에 대한 높은 관심과 웰빙well-being 문화, 환경오염의 심화, 주거환경의 변화로 인해서 안전과 건강을 강조하는 기능성 소재들에 대한 관심이 점차 증대되어 왔다. 안전·건강을 지향하는 소재들은 외부의 유해물질을 차단하거나, 안전을 보장할 수 있는 기능성 소재, 건강을 증진할 수 있는 기능이 구현된 소재로 세분화할 수 있다.

1) 제전 · 도전성 소재

물체가 서로 마찰되거나 접촉이 반복되면 정전기가 발생하는데, 일반적으로 섬유의 도전성은 우수한 편이 아니기 때문에 정전기가 분산되지 않고 섬유에 남아서 대전되는 현상이 나타나며, 친수성 섬유보다 소수성의 합성섬유에서 주로 나타난다. 정전기가 쉽게 일어나는 섬유제품은 생산 과정에서 오염이나 먼지 흡착을 유발하여 제품의 불량을 가져오기도 한다. 또 옷의 착용 과정에서는 정전기가 일어나 몸에 들러붙거나 착용자에게 불쾌감을 주기도 한다. 또한 건조한 환경에서는 방전쇼크나 방전에 의한 화재로 이어져서 안전을 크게 위협할 수도 있다. 제전·도전성 소재는 정전기가 축적되지 않고 쉽게 외부로 분산되는 소재를 일컫는데 카펫, 병원용 유니폼, 클린룸의 특수 작업복의 용도로 유용하게 활용된다.

비전도체인 섬유에 도전성을 부여하는 원리는 정전기를 분산시킬 수 있는 물질을 원사에 혼입하여 복합방사하거나 후가공으로 코팅하는 방법이다. 가공물질로는 친수성 고분자, 도전성 물질인 카본블랙나 금속입자를 이용할 수 있는데, 카본블랙이나 금속이 친수성 고분자보다 정전기를 신속하게 분산시킬 수 있고 기능의 내구성이 높다. 또는 금속 섬유를 일반섬유와 혼방하거나 교직하는 것으로도 도전성을 얻을 수 있다. 이외에도 그라프트 공중합체를 이용한 친수성 부여, 친수성 섬유와 소수성 섬유의 혼방, 친수성 물질로의 표면 코팅 등의 방법이 사용되고 있다. 양이온 계면활성제를 포함하는 섬유유연제는 정전기를 방출하는 효과가 있지만, 그 효과가 일시적이다.

2) 전자파 차단 소재

전자제품에 흐르는 전기에 의해서 자기장과 전기장이 형성되고 둘이 겹치면서 주기적인 파동을 가진 전자파가 발생한다. 디지털 시대의 도래로 생활 환경에는 전자파를 발생시키는 전자제품이 많아졌고, 특히 인체 주변에 근접한 전자제품이 다양화되면서 전자파의 유해성과 차단에 대한 관심이 높아졌다. 두통, 피로, 기억력 감소, 암과 같은 질병과 관계가 있으며, 특히 임산부 및 태아와 유아에게 더 큰 영향을 미친다고 알려져 있다. 전자파로부터의 인체 보호 기준에 대한 법규가 제정되었으며, 전자파 차단 소재는 작업복, 앞치마, 임부복, 용접용 보호복, 장갑, 카펫 등으로 활용된다.

전자파 차단 소재는 전도성 재료가 전자파를 반사 및 흡수하여 인체에 도달하는 전자파를 최소화할 수 있다. 일반적인 전도성 재료인 은, 니켈, 탄소 입자를 활용하는데, 그 자체를 방사 과정에서 방사원액에 혼입하거나, 고무나 우레탄 가공제에 혼합해서 옷감에 코팅하는 방법이 있다. 혹은 스테인리스 등 금속 섬유를 일반 소재와 교직하면 쉽게 차단율이 높은 소재를 얻을 수도 있다. 이와 같은 방법들은 소재의 중량이 크게 증가하고 옷감 고유의 자연스러운 태가 사라져서 한계가 있다.

금속을 진공증착하거나 스퍼터링하는 방법, 전기 도금하는 방법도 가능한데 금속의 얇은 박막을 형성할 수 있다는 점에서는 장점이 있지만 기능의 균일성, 내구성, 의류소재의 변형과 같은 문제점이 일부 발생한다는 단점이 있다.

3) 자외선 차단 소재

자외선은 살균이나 소독, 비타민 D의 합성과 같은 순기능을 가지고 있지만, 지나치게 자외선에 노출되는 경우, 피부나 눈에 문제를 일으키는 것으로 알려져 있다. 옷을 입어 피부를 빛을 직접 차단하는 것만으로도 자외선 차단

효과가 있지만, 좀 더 적극적인 자외선 차단을 위해서는 추가적인 공정이 필요하다. 자외선 차단의 원리는 자외선을 산란시키는 방식과 흡수하는 방식으로 나뉜다. 자외선 흡수는 사용하는 물질에 따라 가역파장이 다르게 나타나지만, 대부분 벤젠고리를 가지고 있는 방향족 물질들이 주로 사용되고 있다. 자외선 산란은 입자의 지름이 작을수록 유리하고 직물의 색상에 영향을 미치지 않아야 하므로 산화아연이나 산화티타늄과 같은 금속산화물이 주로 사용되고 있다. 등산복이나 골프웨어, 텐트, 양산 등과 같이 야외 활동에서 빈번하게 자외선에 노출되는 제품에 있어 자외선 차단 가공은 꼭 필요하다고 할 수 있다.

4) 방오 소재

의도하지 않은 물질이 직물에 위치하였을 때 이를 오염soil이라고 하는데, 이러한 오염물질은 직물과 기계적인 힘, 화학적인 힘, 정전기적인 힘에 의해 결합되어 있다. 방오 소재는 이러한 오염이 직물에 잘 부착되지 않도록 하는 방식과 부착된 오염이 쉽게 제거하도록 하는 방식을 통해 만들어진다.

오염물질의 제거가 용이하도록 하는 가공은 폴리에스터와 같은 소수성 섬유에는 친수성을 부여하는 방식으로 이루어진다. 소수성 섬유는 물과의 친화력이 부족하여 세탁 과정에서 오염물질을 제거하기 어렵다는 단점을 갖는다. 그렇기 때문에 친수성을 부여함으로써 세액의 계면 침투가 용이해져 직물로부터 오염물질의 제거가 용이해진다. 카펫이나 소파 등과 같이 세탁이 어려운 제품의 경우, 보다 적극적인 방오 기작이 필요한데, 왁스나 실리콘, 불소를 함유하는 방오가공제를 처리하여 직물의 표면에너지를 낮춤으로써 오염을 방지할 수 있게 된다. 최근 개발된 쉘러Schoeller 사의 나노스피어nanosphere의 경우, 연잎의 표면을 모사하여 직물의 표면에 나노 크기의 돌기를 도입함으로써, 보다 적극적인 의미의 방오성을 의미하는 자가세정self-cleaning 효과를 직물에 부여하였다 그림 6-33 .

5) 항균 소재

미생물은 주변 환경뿐 아니라 인체에서도 쉽게 발견되는데, 이는 각종 냄새의 원인이 되기도 하고 강도 저하를 유발하기도 한다. 여기에서의 미생물에는 균, 곰팡이, 바이러스 등이 포함되므로 항균, 항곰팡이, 항바이러스, 소취 등의 이름으로 분류되기도 한다. 이러한 미생물은 고온다습한 조건에서 잘 번식하며, 합성섬유보다 천연섬유에서 문제가 되는 경우가 많기 때문에 항균 처리가 요구되는 경우가 많다.

항균성의 부여 방법은 방사원액에 항균제를 혼입하는 방식과 제직 후 표면에 항균제를 도포하는 방식이 있다. 항균가공제는 인체에는 무해하면서 살균을 할 수 있어야 하고, 세탁과 같은 과정에 대한 내구성을 가지고 있어야 한다.

6) 방염 소재

방염이란 불에 타지 않게 막는다는 뜻을 가지고 있는데 기능적으로 보았을 때는 불꽃이 가까이 와도 쉽게 타거나 전파되지 않고, 타는 과정에서 유해한 물질을 덜 발생시키며, 불꽃이 없어졌을 때 스스로 불이 꺼지는 자소성을 갖는 것을 의미한다. 대형 화재가 공공시설에서 일어나 많은 인명피해가 있었던 여러 사건을 통해서 실내 섬유제품의 방염성에 대한 관심이 크게 증가하였다. 더불어 소방 관련 법규는 병원, 극장, 지하도, 호텔 등 공공 밀집시설에서 사용되는 섬유제품에는 방염성을 요구하게 되었다. 그 결과 방염소재는 안전 작업복뿐만 아니라 환자복, 어린이용 의복이나 용품, 침구, 커튼, 카펫, 벽지 등에 다양하게 사용되고 있다.

방염의 원리는 열을 만나면, 산소를 차단하거나, 섬유 표면에 난연 물질을 생성시킬 수 있는 가공제로 섬유를 처리하여 연소 사이클을 끊어주는 것이다. 그래서 방염은 섬유 자체가 타기 어려운 성질을 가진 난연 섬유를 이용하거나, 약제를 처리해서 타지 않도록 방염가공을 해서 얻을 수 있다. 최근에는 타지 않는 성질과 함께, 연소될 때 섬유로부터 유해가스가 발생하지 않는 것도 방염 소재의 중요한 조건으로 요구되고 있다.

일반적으로 섬유의 방염성은 LOI한계산소지수 : Limited Oxygen Index를 통해 확인할 수 있는데, 공기의 함량을 살펴보면 질소가 78%, 산소가 21% 가량이기 때문에, LOI가 21을 초과하게 되면 대기 조건에서 쉽게 타지 않는다고 생각할 수 있다. 하지만 실제 화재 상황을 미루어 판단했을 때, 일반적으로 LOI 값이 27~28 이상이면 타지 않기 때문에 방염성이 있다고 평가한다 표 1-12 . 불에 타지 않고 불꽃이 사라지면 스스로 꺼지는 난연성 섬유라고 한다. 난연성 섬유는 내열성이 높은 화학구조로 이루어진 고분자를 이용해 만든 섬유이거나, 일반섬유에 난연 물질을 첨가하여 합성하여 만들 수 있다.

최근에 내열성 화학구조를 가진 고내열성 합성섬유들이 다수 개발되었다. 대표적으로 메타 아라이드m-aramid 섬유, 폴리아미드이미드polyamide-imide, PAI 섬유, 폴리이미드polyaimide, PI 섬유, 폴리벤지이미다졸polybenzimidazole, PBI 섬유, 멜라민melamine 섬유 등이 그 예이며, 대부분 400℃ 전후에서 분해된다. 그중 메타 아라미드 섬유는 약 400℃의 분해온도, 약 800℃의 발화점을 가졌고, 약 205℃의 고온에서도 특성을 유지할 수 있는 우수한 내열성을 가졌다. 또 화염에 노출되어도 녹지 않고 탄화하면서 열을 차단할 수 있고 유해가스 발생도 적은 편이다. 방염 소재로는 주로 메타 아라미드 섬유가 사용되는데 물성, 촉감, 염색성이 폴리에스터와 유사한 면이 있다. 대표적인 상품으로 노멕스DuPont™ Nomex®, 코넥스Conex® 등이 있는데, 방염성을 포함한 물리적 특성이 전반적으로 뛰어나 소방복으로 많이 사용된다.

섬유의 중합단계 또는 섬유형성 단계에서 난연화가 이루어진 난연 폴리에스터, 모다아크릴과 같은 섬유이다. 난연 폴리에스터는 브롬계 혹은 인계 난연제를 첨가해 방사하면 얻어지고, 모다아크릴은 비닐계 단량체를 공중합시키면 난연성을 보다 향상시킬 수 있다. 아크릴 섬유는 원래 쉽게 연소되

표 6-4 고내열성 기능성 신소재의 특성

종류		강도(kg/m²)	탄성률 (X10³m/m²)	분해온도(℃)	LOI
섬유	상품명				
메타아라미드	노멕스, 코넥스	70	1.3	400	30
폴리아미드이미드	Kelmel	40	2.9	380	30
폴리이미드	P84	50	0.4	450	37
PBI	Logo	30	0.5	450	41
멜라닌	Basofil	20	–	450	32
노보로이드	Kynol	18	0.4	350	35
폴리에스터	–	50	0.5	260	22

고 연소 시 유독가스가 다량으로 발생하지만 할로겐 원소가 포함된 비닐계 단량체를 공중합시킨 모다아크릴 섬유는 난연성을 가지며, 용융점도 높아서 안전성이 증대된다. 특히 모다아크릴은 폴리에스터 섬유 등 가연성 섬유와 혼방하면 LOI 지수를 30 이상으로 향상시킬 수 있고 섬유가 용융되면서 일어나는 직접적인 화상을 예방할 수 있어서 방염 소재로 폭넓게 활용되고 있다.

한편, 후처리 가공으로 방염성을 부여할 수도 있는데, 방염제를 섬유에 코팅하는 방법이 일반적이다. 대부분의 섬유에 적용할 수 있는 방법이고, 편리하게 방염성을 부여할 수 있지만 내구성이 부족하고 방염제의 성분에 대한 안전성 논란이 크다. 방염제에는 인(P), 브롬(Br), 염소(Cl)와 같은 원자가 포함되어 있는데, 특히 브롬이나 염소가 사용되면 방염효과가 우수하다. 하지만 할로겐 화합물은 대체로 유독하며, 환경오염의 원인으로 지목되면서 인계, 멜라민계 난연제와 같은 대체재에 관한 연구가 다양하게 이루어지고 있다.

무기질의 유리 섬유, 스테인리스 섬유, 탄소 섬유도 대표적인 불연성 섬유이다. 유리 섬유는 규사와 석회석을 주 원료로 하여 용융액을 방사해서 얻어진다. 유리 섬유는 고내열성과 함께 내일광성, 내약품성, 높은 강도를 가

미처리

난연가공

Time period/sec

그림 6-42 난연가공제 가공한 면 섬유의 방염성 비교 실험

져서 실내 인테리어용 섬유제품, 방음 충전재 등으로 활용할 수 있다. 하지만 의복용으로 사용하기에는 지나치게 무겁다. 유리 섬유가 마찰로 탈락되면서 피부에 자극이 될 수 있으므로 단독 세탁해야 한다. 스테인리스 섬유는 철사를 반복해서 연신하여 8~12μm의 굵기가 되면 의류소재로서의 유연성을 가진 섬유로 얻어진다. 고내열성과 함께 높은 강도를 가져 각종 산업 용도로 쓰인다. 또한 전도성으로 인해서 대전 방지 소재로도 활용된다. 한편, 무겁고, 염색이 불가능하고 특유의 색을 가져 다른 섬유와 혼방이 어렵다는 점, 가격이 높다는 점에서 의류소재로 상용화되기에는 한계가 있다. 탄소 섬유는 불연성일 뿐만 아니라 분해온도가 3,000℃ 이상이어서 가장 내열성과 방염성이 우수한 소재이다.

2.5 고강도 · 탄성 소재

산업분야에서 고급화, 고성능화, 경량화의 요구가 가속화되면서 일반적인 섬유에 비해서 강도와 탄성률이 월등히 우수한 섬유들이 다양하게 개발되었다 그림 6-43 , 표 6-5 . 고강도·탄성 소재들은 유리섬유나 스테인리스 섬유보다 우수한 강도와 경량성으로 기존 재료를 대신해 사용할 수 있어서 건축, 토목, 운송, 에너지, 항공, 선박, 자동차, 전기·전자제품 등 각종 산업의 소재부품으로 다양하게 활용될 수 있다. 뿐만 아니라 각종 보호복, 방탄복,

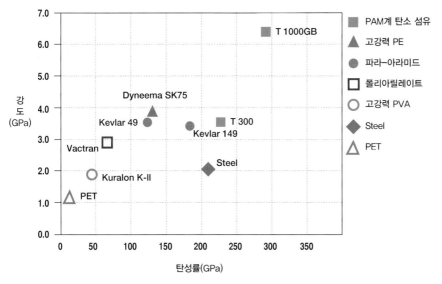

그림 6-43 다양한 고강도 · 탄성 소재의 성능 비교

표 6-5 탄소 섬유, 스테인리스 섬유, 유리 섬유, 케볼라 섬유의 물리적 특성 비교

섬유 물성	탄소 섬유	스테인리스 섬유	유리 섬유	케볼라(Kevlar®) 섬유
비중	1.81	7.85	2.54	1.44
강도(g/d)	15	3.4	9.6	21.6
탄성률(g/d)	2,400	380	300	460
신도(%)	0.6	1.7	4.0	3.8
방염성	불연	불연	불연	약 498℃ 이상에서 분해

안전 장갑 등으로의 사용이 가능해서 가치가 높은 소재이다. 이들 소재는 고강도·탄성뿐만 아니라 방염성, 내화학성 등의 물리적 특성도 매우 뛰어나서 슈퍼 섬유라고도 불린다.

1) 파라-아라미드 섬유

파라-아라미드p-Aramid 섬유는 방향족 고리 사이에 아미드 결합(-NHCO-)이 파라형(1,4위치)으로 결합한 분자 구조를 가진 섬유이다. PPTAPoly p-PhynyleneTrephthalamide의 방사 후 분자 배향 과정을 거치면 액정성으로 인해 치밀한 결정구조(sheet 상)를 가지게 된다. 그림 6-44 와 같은 구조에서는 분자 간 수소결합이 무수히 형성되는데, 이로 인해서 우수한 물리·화학적 특성을 가질 수 있다. 파라-아라미드 섬유는 고강도·탄성을 가지고 동시에 방염성이 우수하고 약 400~500℃ 이상의 고온에서도 용융되거나 수축되지 않는 내열성을 가진 점이 파라-아라미드 섬유의 강점이다. 또한 일반적인 유기용매에 대해서 안정적이고 내피로성, 내충격성, 진동감쇄성, 비마모성 등도 매우 우수한 편으로 군사용품, 방호복, 보호장비, 광케이블, 로프, 타이어 코드, 내마찰용 제품 등 산업용 소재로 광범위하게 활용된다.

파라-아라미드 섬유는 수지와의 접착성이 낮아 다기능성의 복합 재료화가 어렵고, 염색을 할 수 없어서 아웃도어, 스포츠 레저 웨어용으로 활용하기에 한계가 있었다. 하지만 최근에 아라미드 섬유에 염료가 체류할 수 있도록 섬유 표면에 분자크기수준의 기공을 형성시키거나 섬유에 염료를 넣어 고정화하는 기술이 개발되어 아라미드 필라멘트의 치즈cheese 염색이 가능해졌다. 향후 아라미드 섬유의 의류소재로서의 가치가 크게 증대될 것으로 기대된다. 듀폰Dupont 사에서 케블라DuPont™ Kevlar®, 데이진Teijin에서는 트와론Twaron®, 코오롱에서는 헤라크론Heracron®이라는 상품명으로 생산되고 있다.

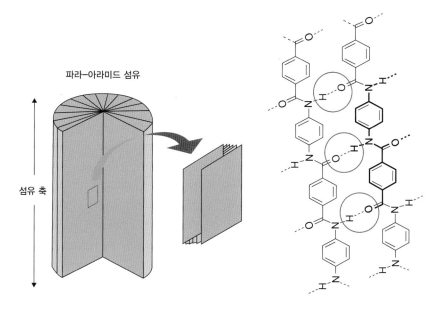

파라-아라미드 섬유

섬유 축

그림 **6-44** 파라-아라미드 섬유의 화학적 구조

2) 탄소 섬유

탄소 섬유는 탄소의 질량 함유율이 90% 이상으로 이루어진 약 5~15㎛의 직경을 가진 무기섬유이다. 탄소 섬유를 생산하는 주재료인 전구체의 종류에 따라 PANpolyacrylonitrile계 탄소 섬유, 레이온계 탄소 섬유, 피치pitch계 탄소 섬유로 구분되는데 각 제조 공정에 차이가 있다. 일반적으로 PAN계 또는 피치계 탄소섬유는 용융 방사한 후, 250~350℃로 열안정화 후,

1,000~1,300℃에서 탄화시켜 얻는데, 고강도·고탄성을 강화하기 위해서 2,000~3,000℃에서 추가적으로 흑연화 공정을 거치기도 한다. 흑연화 공정을 통해서 탄소원자가 육각 고리 결정의 형태가 되기 때문에 강한 강도가 구현된다 그림 6-46 . 탄소 섬유는 유리 섬유나 스테인리스 섬유이 비해서

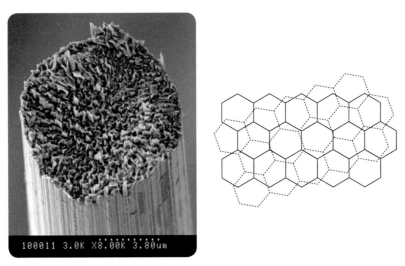

그림 6-45 탄소 섬유의 단면(좌)과 화학구조(우)

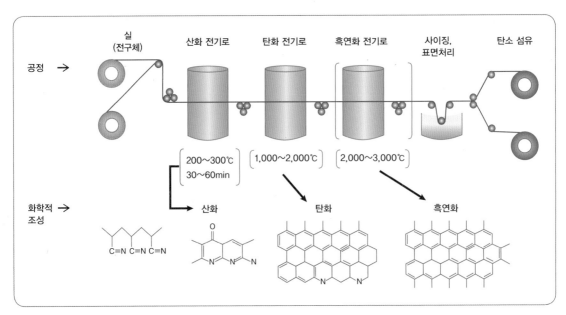

그림 6-46 탄소 섬유의 제조 공정과 화학구조

크게 가볍고, 강도와 인장 탄성률, 내약품성은 우수하다. 또한 탄소 섬유는 수지와 혼합해서 복합가공이 용이해서 탄소 섬유 강화 플라스틱과 같은 복합재료로 활발하게 개발되고 있다. 그래서 탄소 섬유는 경량화가 필요한 항공 우주산업, 자동차, 스포츠, 의료기기 분야 등으로 활용가치가 높다. 탄소 섬유 강화 플라스틱이 항공기 및 우주선 동체, 자동차 차체 등으로 활용된 경우, 기존 금속재료를 50%까지 대신할 수 있고, 20~30%의 무게 감소 효과를 가진다.

3) 초고분자량 PE 섬유

초고분자량 PEUltrHigh Molecular Weight Polyethylen, UHMWPE 섬유는 매우 분자량이 큰 폴리에틸렌 섬유를 방사한 후 고연신하여 섬유 길이방향으로 신장된 초거대 고분자가 배향정렬되어 결정상을 이루는 고강도 섬유로 정의된다. 즉, 분자량이 100만 이상의 PE의 준희박용액을 젤방사한 후, 겔 섬유를 고배율로 연신하여 분자쇄를 완전히 펴 주면 결정화도는 85% 이상이 되고, 분자량은 300만~600만 이상이 된다. 초고분자량 PE 섬유는 파라-아라미드 섬유, 탄소 섬유에 비해서 유연성, 치수 안전성이 높은 편이고, 파라-아라미드 섬유보다 인장 강도, 내마모성, 내굴곡 피로성, 내화학성, UV 안정성 등이 높다. 특히 비중이 매우 작아서 물에 뜨고 매우 가볍다는 점에서 활용가치가 높다. 하지만 분해온도가 150℃로 기타 고강도·탄성 소재 중에서는 현저하게 낮아서 고온 환경에서의 활용은 극히 제한적이다. 주로 방호복 소재, 수송기기, 케이블 피복재, 극저온 절연 소재로 활용된다.

4) 파라-코아라미드 섬유

파라-코아라미드 섬유는 PPTAPoly p-PhynyleneTrephthalamide에 3,4 디아민페닐에틸을 공중합시켜 용해성을 높여 등방성의 폴리머 용액을 준비하고 건·

습식 방사해 한 후, 400~500℃에서 10배 이상 고배율 연신으로 완전한 배향을 이룬 상태로 생산된다. 파라-아라미드 섬유에 비해서 내열성은 다소 낮지만 강도, 내마모성, 내약품성은 우수하다는 강점이 있다. 그래서 고열에서 화학적 안전성이 높게 요구되는 상황에서 유용하다. 데이진에서 테크노라Technora®라는 상품명으로 생산되고 있다.

표 6-6 고강도 · 탄성 섬유의 물리적 특성

종류		강도 (kg/m²)	탄성률 (X10³m/m²)	분해온도 (℃)	LOI	밀도 (g/cm³)
섬유	상품명					
p-Aramid	케블라, 트와론	300	10	430	29	1.45
p-Coaramid	테크노라	300	6.5	500	25	2.4~3.1
탄소 섬유	트레카, 테낙스	460	50	3,000	55	2.4~3.1
UHMWPE	다이니마, 스펙트라	350	15	150	–	0.97
폴리아크릴레이트	벡트란	350	8.5	400	28	–
PBO	자이론	580	23	650	68	–
폴리에스터	–	50	0.5	260	22	1.38

2.6 스마트 소재

최근, IT기술이 급격히 발전하면서 스마트 워치와 같은 IT 제품이 상용화되고 주변의 모든 전자제품들이 통신으로 연결되는 사물 인터넷 시대로 변화하고 있다. 이러한 변화는 패션 분야에서도 예외없이 일어나 의복에 센서, 디스플레이, 통신 기능, 엔터테인먼트 기능 등을 기대하게 되었다. 이러한 의복을 스마트 웨어러블smart wearable이라고 부르는데, 디지털 제어가 가능한 발열 재킷, 생체 신호 모니터링이 가능한 의복, 디지털 신호의 전달이 가능한 의복 등이 다양하게 시도되고 있다 그림 6-47 .

스마트 웨어러블 기술 초기에는 의복에 소형화된 전자장치를 부착하는 방법으로 이루어졌으나, 관리가 어렵고 무겁거나 동작이 어려운 한계가 있었다 **그림 6-48** . 스마트 웨어러블 역시 의복이 갖추어야 할 기본적인 기능 예를 들면 쾌적성, 관리편리성과 같은 기능을 갖춰야 하기 때문에 전자장치의 섬유화가 매우 중요한 과제로 대두되었다.

그림 **6-47** 금속 소재와 전도성 필름을 이용한 스마트 글러브

스마트 의류소재는 전기적인 기능을 가진 섬유 기반의 소재로 유연성, 신축성, 경량성, 세탁성 등 의류소재로서의 기본적 성능이 충족되어야 한다. 섬유, 실, 옷감의 각 단계별로 섬유 재료에 전기전도성, 신호 전달과 같은 기능을 부여하기 위한 다양한 기술이 개발되었다. 섬유 방사단계에서는 전도성을 가진 금속 입자, 전도성 고분자를 혼입하는 방법이 시도되었고, 옷감으로서 사용가능한 섬도와 유연성을 갖춘 금속 섬유가 다양하게 개발되었으며, 전도성 물질을 섬유나 옷감에 코팅하는 방법도 다수 상용화되었다.

현재 스마트 웨어러블 기술은 미흡한 부분이 많고 스마트 소재는 재료의 다양화, 기능적 내구성, 전자 기능의 보완 등 연구되어야 할 부분이 많은 분

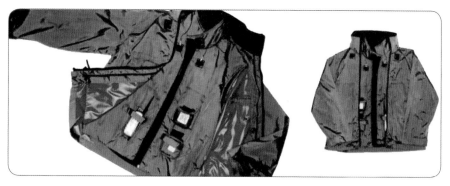

그림 **6-48** 초기 스마트 의류 'moring jacket'의 모습

야이다. 하지만 많은 전문가들이 미래의 의복은 단순한 의복이 아니라 스마트 웨어러블로 빠르게 변화할 것이며 더욱 편리하고 쾌적한 의생활을 할 수 있도록 기여할 것으로 예견하고 있다. 더불어 노동집약적인 패션산업의 성격도 지식집약적 산업으로 변화하고 시장규모 면에서도 비약적인 확장을 기대하고 있다.

1) 전기전도성 소재

섬유에 전도성 재료인 금속, 탄소, 전도성 고분자 등을 적용하여 전기전도성을 부여한 소재로 전기 전도성 구현을 의미해서 'e-텍스타일'이라고 부르기도 한다.

섬유에 전기 전도성을 부여하는 방법으로는 전도성 물질을 혼입하거나 심부분에 전도성 물질을 넣어서 복합방사하는 하는 것이 가능하다. 혹은 일반섬유에 금속을 도금, 증착, 스퍼터링과 같은 방법으로 코팅해서 제조할 수도 있다. 금속 코팅하는 방법은 섬유뿐만 아니라 직물 상태에서도 적용이 가능하다. 하지만 금속 코팅은 전기 전도성이 매우 우수하지만, 내구성이 부족한 단점이 있다.

실의 단계에서는 금, 은, 스테인리스 섬유와 일반섬유를 함께 합사하는 방

그림 6-49 구글과 리바이스의 자카드 프로젝트

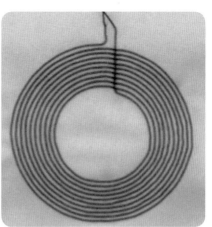

그림 6-50 전도성 실을 자수한 직물형 안테나

법이 일반적이다. 이러한 접근 방법은 실의 신축성과 유연성의 한계가 있는
데, 심사에 폴리우레탄과 같은 섬유를 쓰고, 그 위에 금속사를 커버링하고
일반사로 마무리하는 방법도 개발되었다.

직물에 전도성을 부여할 때는 전도성 실을 일반실과 함께 제·편직하는
방법, 전도성 물질을 코팅하는 방법으로 접근한다. 전도성 실과 일반실을
교직하면 옷감 전체가 전도성을 가지지만, 자카드직기를 이용하면 옷감에
회로를 구성하는 것이 가능하다. 전도성 실이 신축성과 유연성이 부족하
더라도 제·편직하는 방법에 따라 이
를 보완할 수 있다. 그림 6-49 는 구글
과 리바이스가 협업해서 개발한 전기
전도성 소재인데, 자카드직기로 금속
사가 압력 센서와 신호전달이 가능한
회로를 넣었다. 혹은 전도성 사를 자
수하는 방법으로 회로 및 안테나를 구
현하는 방법도 시도되었다 그림 6-50 .
전도성 물질의 코팅액은 금속 입자나
탄소가 분산된 수지가 많이 사용되는

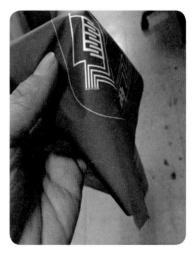

그림 6-51 전도성 잉크로 나염한 직물형 회로

데, 옷감 전체를 도포할 수도 있고 회로를 구성하기 위한 프린팅도 가능하다. 간편하게 회로를 인쇄하기 위해서 전도성 잉크도 다수 개발되고 있다 그림 6-51 .

2) 광섬유

광섬유는 섬유 내부로 빛의 반사가 이어져서 빛과 신호가 빠르게 전달되는 소재이다. 광섬유는 광원과 연결되면 빛이 나는데, 광원색에 변화를 주어 색을 다양하게 표현할 수 있어서 기존의 전도성 소재보다 패션성이 뛰어난 소재로 평가된다 그림 6-52 . 광섬유는 빛의 전달이 일어나는 코어 부분과 빛의 진행을 유도하는 클래딩 부분, 유리 섬유를 보호하는 피복층으로 구성된다.

그림 **6-52** 광섬유

코어 부분의 굴절률이나 굵기가 빛의 전달에 영향을 미치는데, 유리나 플라스틱이 일반적이다.

참고문헌

- 구강, 김성동, 김영호, 류동일, 민병길, 박원호, 신윤숙, 오경화, 이미식, 장진호(2004). 기능성 섬유가공. 교문사.

- 김성련(2000). 피복재료학. 교문사.

- 김성련, 유효선, 조성교(2005). 새의류소재. 교문사.

- 김종준, 최정임(2007). 고감성 텍스타일 표현 기법. 이화여자대학교출판부.

- 안영무(2011). 패션소재 가공실습. 경춘사.

- 유혜자, 이혜자, 한영숙, 송경헌, 김정희, 안춘순(2007). 섬유의 염색과 가공. 형설출판사.

- 조길수(2006). 최신의류소재. 시그마프레스.

- 조대현(2006). 생체모방 섬유재료의 제품화 동향. 섬유기술산업, 10(2), 120-131.

- 조성교, 송화순(2009). 텍스타일 기획과 표현. 한국방송통신대학교출판문화원.

- 익수, 김현진, 장윤영(2012). 고성능 섬유소재의 시장현황과 발전방안. 한국산업기술평가관리원.

- Ali R, Safdar E.(2016), Raminkhajavi and Mohammad BM. A new method for descaling wool fibres by nano abrasive calcium carbonate particles in ultrasonic bath. Oriental Journal of Chemistry, 32(4): 2235-2242.

- Majumdar, Abhijit, Gupta, Deepti, Gupta, Sanjay(2020). Functional Textiles and Clothing 11E. Springer.

- Nam S and Condon BD(2014). Internally dispersed synthesis of uniform silver nanoparticles via in situ reduction of $[Ag(NH_3)_2]^+$ along natural microfibrillar substructures of cotton fiber. Cellulose, 21, 2963-2972.

- Sara J. Kadolph(2010). Textiles 11E. PRENTICEHALL.

- Stoppa M., Chiolerio A.(2014). Wearable Electronics and Smart Textiles: A Critical Review. Sensors, 14(7), 11,957-11,992.

- https://www.textileproperty.com/calendering-textiles/

자료 출처

표 6-1	장지혜(2001). 신피복재료학. 신광출판사.
표 6-2	조길수(2006). 최신의류소재. 시그마프레스.
표 6-3	조길수(2006). 최신의류소재. 시그마프레스.
표 6-4	김경우(2007). Fiber Technology and Industry, 11(4), 205.
표 6-5	김성련(2000). 피복재료학. 교문사.
표 6-6	김경우. (2007). Fiber Technology and Industry, 11(4), 205.
그림 6-1	A New Method for Descaling Wool Fibres by Nano Abrasive Calcium Carbonate Particles in Ultrasonic Bath
그림 6-2	https://www.textileproperty.com/calendering-textiles/
그림 6-7	https://www.huvis.com/kor/
그림 6-8	https://www.huvis.com/kor/
그림 6-9	https://www.huvis.com/kor/
그림 6-12	Wickramasinghe, G. L. D., & Foster, P. W. (2014). Investigation of the influence of effect-yarn draw and effect-yarn overfeed on texturing performance: comparison between air-jet and steam-jet textured yarn. Fashion and Textiles, 1(1), 1-16.
그림 6-14 (우)	https://commons.wikimedia.org/wiki/File:Morpho_sulkowskyi_wings.jpg
그림 6-16	https://www.huvis.com/kor/product/ProductDetail.asp?product_seq=20&cate_seq=0300&cate2_seq=0304
그림 6-18	Copyright Columbia Sportswear Company https://www.columbiakorea.co.kr/technology/view.asp?dc=W02
그림 6-19	벤텍스(주) http://www.ventexkorea.com/
그림 6-21	http://www.outlast.com/en/technology/
그림 6-24	https://pinecrestfabrics.com/product/printable-cire/
그림 6-26	김은애, 유신정(2004). 투습방수 소재 및 평가 기술. Fiber Technology and Industry, 8(3), 271.
그림 6-27	https://www.gore-tex.com
그림 6-28	https://www.sympatex.info/kor/index-2.html
그림 6-30	https://commons.wikimedia.org/wiki/File:Lotus3.jpg
그림 6-33	Schoeller Textil AG

그림 6-36	https://coolmax.com/en/Technologies-and-Innovations/COOLMAX-technologies/NATURAL-TOUCH
그림 6-39	벤텍스(주) http://www.ventexkorea.com/
그림 6-41	섬유정보센터 textopia http://super.textopia.or.kr:8090/
그림 6-42	Exploration of flame retardant efficacy of cellulosic fabric using in-situ synthesized zinc borate particles
그림 6-45	Alagirusamy, R., & Das, A. (Eds.). (2010). Technical textile yarns. Elsevier.
그림 6-47	Wangxi, Z., Jie, L., & Gang, W.(2003). Evolution of structure and properties of PAN precursors during their conversion to carbon fibers. Carbon, 41(14), 2805-2812.
그림 6-48	Gereon H. Buscheret al,(2015). Robotics and Autonomous Systems, 63, 244-252.

TEXTILE

CHAPTER 7

의류소재의 지속가능성

CHAPTER 7

의류소재의 지속가능성

다양한 분야에서의 기술 발전으로 인간은 좀 더 편안하고 윤택한 삶을 누릴 수 있게 되었다. 하지만 이러한 기술 발전이 가져온 환경과 사회적 문제가 쌓이면서 인간의 편안하고 윤택한 삶이 지속되지 못할 수도 있다는 우려 또한 등장하게 되었으며, 여러 가지 기술을 활용하여 만드는 의류소재 또한 이러한 사회적 이슈에서 자유로울 수 없다. 단순히 기능적인 면과 가격적인 면이 의류소재의 발전 방향이었던 관점에서 벗어나, 이제는 의류소재의 개발과 사용을 위한 발전은 반드시 지속가능성의 관점에서 고려되어야 한다.

1 지속가능성과 의류소재

1987년 세계환경개발위원회World Commission on Environment and Development, WCED에서 지속가능한 발전을 '미래세대가 그들 자신의 필요를 충족시키기 위한 능력을 저해하지 않는 범위 내에서 현세대의 필요를 충족시킬' 수 있는 발전'으로 정의하면서, 지속가능성에 대한 논의가 다양한 분야에서 진행되었다. 또한 UN에서는 2015년 모든 인류에게 혜택이 돌아갈 수 있는 지속가능한 발전을 이루겠다는 의지로 지속가능발전목표Sustainable Development Goals, SDGs를 발표하였다. 지속가능발전목표는 사람, 지구 및 번영을 위한 행동계획으로, 17개의 목표와 169개의 세부목표로 구체화되어 있다. 이처럼 다양한 분야와 기관에서 언급되고 있는 지속가능성은 우리가 반드시 달성해야 할 목표가 되었고, 이는 환경적, 사회적, 경제적 차원의 균형을 통해서 달성될 수 있다는 점 또한 강조되고 있다.

의류소재의 지속가능성에 있어 노동인권이나 공정무역 등과 같은 경제적 차원과 사회적 차원도 영향을 미치지만, 가장 큰 관련성은 환경적 차원에 있다고 할 수 있다. 의류소재의 환경적 차원은 환경친화성 섬유 Environmentally Improved Textile Products, EITP라는 개념을 통해 이해될 수 있다. 예를 들어 천연섬유인 면 섬유와 합성섬유인 폴리에스터 섬유 중 어느 것이 더 친환경적이냐는 질문에 대해, 자원고갈이나 생분해성의 관점에서는 면 섬유가 유리하다고 할 수 있지만, 사용 과정의 세탁 및 건조에서 소비되는 에너지 사용량 관점에서는 폴리에스터 섬유가 유리하다고 할 수 있다. 하지만 이러한 결과를 이용하여, 두 섬유의 친환경성을 하나의 단위로 직접 비교하는 것은 불가능하다. 따라서 의류소재의 친환경성을 다른 섬유와의 비교를 통해 판단하는 것은 현재 수준에서는 힘들다. 대신 기존의 동일 섬유제품과 비교하였을 때 에너지 및 자원의 보존, 환경오염의 감소, 인체유해물질의 감소 등의 측면에서 한 가지라도 개선된 사항이 있다면 환경친화성 섬유로 간주할 수 있다. 예를 들어 재활용 폴리에스터 섬유는, 버려지는 PET 병을 모아 만든 것이기 때문에, 자원고갈의 관점에서의 개선점이 있는 환경친화성 섬유라 할 수 있다.

의류소재의 환경친화성을 판단함에 있어, 제품의 전생애에 대한 고려가 필요하다. 다시 말해, 의류소재의 생산과 관련된 input-process-output의 환경친화성뿐 아니라, 이후 유통 과정에서 환경에 미치는 영향, 그리고 소비자들이 사용하는 과정과 제품이 폐기되는 과정에서의 환경친화성 또한 고려되어야 한다. 이처럼 제품의 생애주기를 고려하여 평가하는 것을 전과정 평가Lifecycle Assessment, LCA라 한다. 패션산업에서의 전과정 평가는 해당 산업이 걸쳐 있는 모든 가치사슬들로부터 신뢰성 있는 데이터를 확보함으로써 가능해지는데, Quantis를 주축으로 설립된 WALDBWorld Apparel and Footwear Life Cycle Assessment Database에서 이를 위한 노력을 하고 있다. 이후 살펴볼 의류소재의 지속가능성 및 친환경성도 제품의 생애주기를 토대로 생산 과정, 사용 과정, 폐기 과정으로 구분하여 살펴보도록 하자.

2 의류소재의 생산 과정과 지속가능성

면이나 양모와 같은 천연섬유와 비스코스 레이온과 폴리에스터와 같은 인조섬유를 이용하여 실과 옷감의 형태를 거쳐 옷이 만들어지게 되는데, 이들의 생산 과정이 환경에 미치는 영향은 원료의 특성이나 최종 용도에 따라 달라질 수 있다.

2.1 재료획득 및 생산 공정

천연섬유와 인조섬유를 얻기 위해 다양한 공정을 거치게 된다. 천연섬유 중 면과 같이 식물에서 유래한 섬유의 경우, 경작을 위해 충분한 물과 토지가 필요하고 비료나 살충제를 사용하기 때문에 토양에 많은 영향을 주게 된다. 세계에서 4번째 크기의 호수였던, 카자흐스탄과 우즈베키스탄 사이에 있는 아랄해Aral sea는 면의 경작에 필요한 물을 공급하느라 아래의 그림 7-1 과 같이 물이 부족하게 되어, 주변에 많은 영향을 미치게 되었다. 참고로 아랄 해 관련 문제를 인식하고 개선하기 위한 노력으로 2014년부터는 사진에서 보는 것처럼 개선되는 것을 알 수 있다. 또한 양모와 같은 동물로부터 섬유 를 얻기 위해서는 동물을 사육하는 과정에서 많은 양의 분뇨가 발생하고 이는 또다른 환경오염의 원인이 되기도 한다. 그리고 다양한 모 섬유와 가죽, 모피, 우모 등을 동물로부터 획득하는 과정은 동물학대에 관한 이슈에서

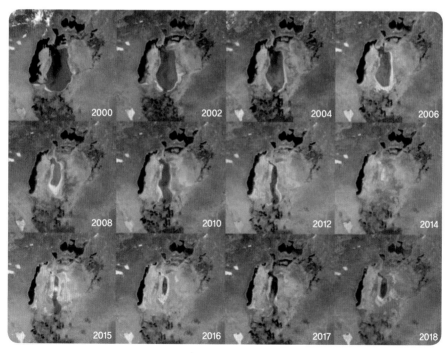

그림 **7-1** 아랄해의 항공 사진(2000~2018년)

자유로울 수 없다. 비스코스 레이온과 같은 재생 셀룰로오스 섬유는 펄프를 주원료로 하고 있는데 이는 자연훼손이라는 부분과 맞물려 있으며, 폴리에스터와 같은 합성섬유의 경우 한정된 자원인 석유를 원료로 합성되는 것이기 때문에 자원고갈에 관한 문제를 안고 있다. 이러한 이슈와 관련하여 많은 노력들이 이루어지고 있는 것 또한 사실이다. 예를 들어, 화학비료와 농약을 사용하지 않는 환경에서 재배 또는 사육하여 얻은 유기농 면과 유기농 양모, 폐페트병을 모아 만든 재활용 폴리에스터 등이 대표적이다.

또한 방적, 방사, 제직, 제편 등과 같이 섬유를 이용하여 실과 옷감의 단계를 거쳐 옷을 만드는 공정에서도 여러 가지 환경 문제들을 유발한다. 예를 들어 제조 공정에서 발생하는 먼지는 작업자들에게 호흡기 질환을 유발하는 경우도 있으며, 비스코스 레이온을 제조하는 과정에서 이산화황이 발생하여 작업자들의 건강을 해치는 경우도 있었다. 하지만 이와 같은 문제를 극복하기 위해, 환경과 인체에 영향을 주지 않으며 에너지 절감이나 유해물질의 발생을 줄일 수 있는 친환경 공정기술들이 개발되어 사용되고 있다. 이와 관련한 대표적인 친환경 의류소재는 라이오셀로, 독성이 약한 용매인 NMMO를 사용하고 이를 회수할 수 있는 공법을 통해 기존 비스코스 레이온의 환경문제를 개선한 소재이다.

2.2 제품 디자인 및 염가공

제품을 기획하고 디자인하는 과정에서도 친환경적인 노력이 필요하다. 가장 기본적인 방식은 친환경적인 소재를 사용한 디자인이라 할 수 있고, 좀 더 확장된 개념에서는 옷본의 형태를 잘 배치하여 버려지는 부분을 최소화하는 노력이다. 또한 프라모델과 같이 옷의 여러 부분을 원하는 형태로 만들어 다양한 분위기를 연출할 수 있도록 하는 재생산과 같은 접근 방법 또한 시도되고 있다. 옷본 전개에서 쓰레기 발생을 없애는 것으로 유명한 디자이

너로는 마크 리우Mark Liu가 있으며, 'Zero-Waste Fashion'이라는 가치와 함께, 그림 7-2 와 같은 디자인 및 패턴을 통한 옷을 선보였다. 또한 코오롱에서는 '래코드RE:CODE'라는 브랜드를 통해, 재고로 소각될 정도의 연한이 된 제품을 수거한 후, 해체 및 재조립하여 만든 옷을 개발하여 판매하기도 하였다 그림 7-3 .

옷에 부가가치를 더하기 위해 다양한 색상과 광택, 촉감이 필요하고 이를 위해 염색 또는 가공의 공정이 행해진다. 하지만 이러한 염가공에는 많은

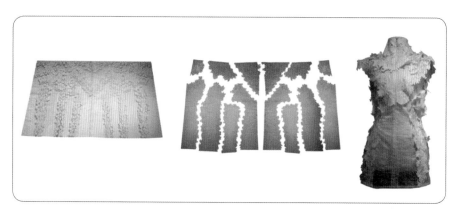

그림 7-2 마크 리우의 디자인

그림 7-3 코오롱 '래코드(RE;CODE)'의 업사이클링 옷

양의 화학물질이 사용되며 이들의 독성은 다양하다고 할 수 있으며, 그렇기 때문에 염가공을 통해 배출되는 오염물질이 생산 과정의 주요 오염원으로 이야기되는 경우가 많다. 예를 들어, 염색 공정에서 사용되는 염료나 안료, 매염제 등의 화학물질은 실제 염색 과정에서 100% 사용되지 않고, 염색이 끝난 염액에 남아 있는 경우가 많으며, 회수되지 못하고 폐수로 버려지게 되는 경우 수질오염을 유발하게 된다. 이러한 문제를 해결하기 위한 노력 또한 많이 나타나고 있으며, DTPDigital Textile Printing가 대표적이라 할 수 있다. 종이에 원하는 대상을 출력하듯, 사전처리된 옷감에 원하는 대상을 출력함으로써 버려지는 화학물질이 없도록 하는 것이다.

유해물질이 인체에 미치는 관점에서, 기존에는 최종제품에서 인체에 유해한 물질이 발견되지 않도록 하는 것이 목표였다면, 이제는 최종제품output에서 뿐 아니라 제조에 사용되는 원료input와 제조 공정process에서도 유해한 물질의 사용을 줄이고자 하는 노력이 나타나고 있다. 유해 화학물질의 배출을 제로상태까지 줄이겠다는 의미를 갖는 기관인 ZDHCZero Discharge of Hazardous Chemicals Foundation에서는 최종제품에서의 유해물질Restricted Substances List for Finished Products, RSL뿐 아니라 원재료와 제조 과정에서의 유해물질Manufacturing Restricted Substances List, MRSL까지의 관리를 요구하고 있다. 따라서 앞으로의 공정 개발에서는 MRSL과 같은 부분까지 고려한 친환경 염가공 공정 개발이 필요하다.

3 의류소재의 사용 과정과 지속가능성

의류제품의 생산-사용-폐기의 전 생애주기 중 사용단계에서 일어나는 제품의 세탁, 건조 등 관리에 따른 환경적 영향 또한 무시할 수 없다. 제품의 관리는 제품의 용도와 소재의 종류, 기능적 특성과도 연관이 있으므로 소비자의 제품 선택이, 사용 과정의 지속가능성에 영향을 미치게 된다.

3.1 세탁 · 관리에 따른 환경적 영향

의류제품이 사용되는 동안 세탁, 건조, 다림질 등이 여러 차례 반복되어 행해지게 되며, 이때 소요되는 에너지, 물, 세제, 그리고 세탁 폐수 등의 환경적 영향은 전 생애주기 중 큰 부분을 차지한다. 전 생애주기를 소재 생산, 제품 생산, 운송, 사용, 폐기의 5단계로 나누어 에너지 프로파일을 분석한 올우드Allwood 등의 연구에 따르면, 면 티셔츠 한 개의 전 생애 중 사용되는 에너지 프로파일 중 사용단계에서 소모되는 에너지가 65MJ을 차지하여 압도적으로 높은 비율을 차지했으며, 제품 생산production 24MJ, 소재 생산material 16MJ, 운송transportation 7MJ, 폐기disposal -3MJ 등의 순으로 에너지 소모량을 보였다. 폐기단계에서는 열에너지가 발생하므로 에너지의 소모는 음의 값으로 계산되었다. 이러한 시나리오 분석에서 중요한 점은, 의류제품의 관리에 어떤 조건을 대입하느냐이다. 위의 예시에서는 60℃의 고온 세

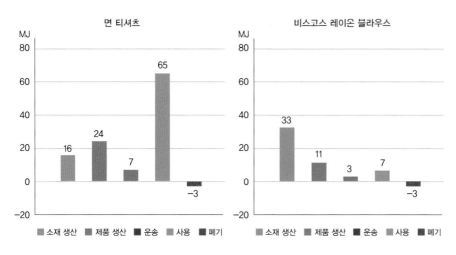

그림 7-4 면 티셔츠 전 생애 에너지 프로파일

탁, 건조기 건조, 다림질을 하는 조건으로 일생 동안 총 25회의 세탁을 하는 것으로 가정되었는데, 이때 전 생애 동안 사용 과정에서 소모하는 에너지량은 65MJ로 계산되었다 **그림 7-4** . 한편, 100% 비스코스레이온 블라우스에 대하여 40℃에서 세탁하고, 건조기를 사용하지 않고 자연건조하여 다림질을 하지 않는 경우를 가정하여 분석하였을 때, 사용단계에서 소요된 에너지는 7MJ로 낮아지는 것으로 보고되었다.

이처럼, 사용 과정에서 에너지 사용과 같은 환경적 영향은 관리의 조건에 따라 달라지는데 이러한 관리조건은 소재의 특성에 따라 달리하게 된다. 예를 들어, 흡습성이 큰 면 제품과 흡습성이 거의 없는 폴리에스터 제품의 경우, 세탁 후 건조를 위해 드는 시간과 에너지는 폴리에스터 제품의 경우 훨씬 적게 든다. 또한 흡습성이 큰 면 제품의 경우 친수성 오구의 세척성을 높이고 살균 등의 목적으로 고온에서 세탁하는 경우가 많아, 다른 섬유제품에 비해 세탁과 건조에 드는 에너지 소모가 큰 편이라고 할 수 있다.

또한 면 제품의 경우 구김이 잘 형성되므로 다림질을 필요한 경우가 많아 관리를 위한 에너지의 총 소모량이 더욱 커지게 된다. 면과 폴리에스터의 혼방 제품에서는 흡습성이 면과 폴리에스터의 중간 정도가 되므로 건조 시에 드는 에너지 사용량을 줄일 수 있게 되고, 100% 면 제품에 비해서는 구김이 덜 가서 다림질에 드는 에너지도 어느 정도 절감할 수 있게 된다.

이처럼, 섬유제품의 특성과 관리 조건에 따라 사용 중 환경적 영향은 크게 좌우되며, 지속가능한 소비를 위해서는 제품의 구매 시부터 이러한 점을 고려하여 선택할 필요가 있다.

3.2 기능성 향상에 따른 환경적 영향

소재에 기능성이 부여되면서 이에 따른 관리의 편리성이 증진되기도 한다. 흡한속건 소재는 흡습성이 작고 젖은 후 수분의 증발이 빠르기 때문에, 건조기를 사용할 필요가 없거나 사용하더라도 빠른 시간에 건조가 되어, 이에 따른 에너지의 절약을 예상할 수 있다.

직물의 주름방지가공, 또는 방추가공은 셀룰로오스 섬유제품의 구김성을 완화시켜 세탁 건조 후 다림질의 필요성이 적어져 에너지 절감을 유도하게 된다.

초발수·초발유 가공에 따른 직물의 자가세정 효과는, 직물 표면에 오구의 단단한 결합을 방해하여 표면의 오염을 어느 정도 방지하게 되며, 흐르는 물에 쉽게 오구가 탈락되기도 한다. 이러한 효과로 인해, 자가세정의 기능이 유지되는 동안은 세탁의 횟수를 줄일 수 있으며, 이로써 물과 에너지를 절약할 수 있게 된다.

하지만, 사용 중 관리와는 별도로, 가공 중 발생하는 환경적 영향을 고려하여야 하며, 환경적 영향은 통합적으로 평가되어야 한다. 또한, 이러한 기능적 효과에 따른 긍정적 영향을 이끌어 내기 위해서는, 사용자의 제품과 환경적 영향에 대한 이해를 기반으로 올바른 관리 행동이 뒷받침되어야 할 것이다.

4 의류소재의 폐기 과정과 지속가능성

기존의 의류제품은 낡거나 닳아서, 즉 물리적 또는 기능적 수명을 다하여 폐기되는 경우가 많았다. 하지만 매체의 발달로 정보전달의 속도와 함께 유행의 확산 속도가 빨라짐에 따라, 유행에 뒤쳐진다고 판단되어 의류를 폐기하는 경우가 많아졌으며, 이를 심리적 또는 디자인적 수명이라 한다. 물리적 수명 또는 디자인 수명이 다한 제품의 경우 폐기 과정에서 매립·소각되거나, 재사용·재활용되는데 이에 대해 살펴보도록 하자.

4.1 매립 및 소각

의류제품은 사용 후 매립 또는 소각되는데, 이러한 방식은 토양과 대기에 환경적 부담을 줄 수 있다. 소각은 폐기되는 의류에서 에너지를 회수할 수 있다는 측면에서 매립보다는 바람직한 방법이라고 할 수 있지만, 소각 시 발생하는 유해가스로 인해 대기오염 문제를 유발한다. 섬유의 조성이나 염가공에 사용된 물질에 대한 분석을 통해, 소각 과정에서 유해가스를 배출하는 경우 이를 소각이 아닌 다른 방식으로 폐기처분하는 접근이 필요하다.

옷을 매립하는 경우 생분해성이 가장 큰 영향을 준다고 할 수 있는데, 이는 옷을 구성하는 섬유와 가공에 영향을 받게 된다. 면이나 양모와 같은 천연섬유의 경우 매립 후 토양의 미생물에 의해 분해되어 다시 자연으로 돌아갈 수 있지만, 합성섬유의 경우 미생물에 의한 분해가 쉽지 않아 거의 분해되지 않는 것으로 알려져 있다. 또한 천연섬유라고 하더라도 가공제를 사용한 경우, 가공제의 성분에 따라 생분해가 잘 되지 않는 경우도 있다. 이와 같은 문제를 해결하기 위한 방안으로 친환경적 가공제의 개발이 소개되기

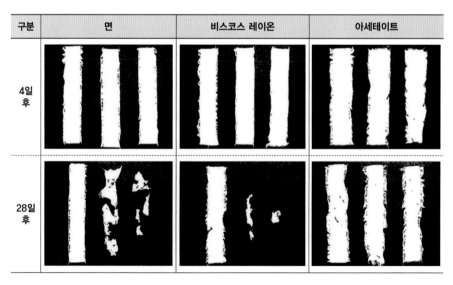

그림 7-5 셀룰로오스계 섬유의 생분해성

의류소재

도 하고, PLApolylactic acid처럼 생분해가 가능한 합성섬유가 개발되고 있다. 3D 프린팅의 재료로 사용되고 있는 PLA는 옥수수 전분을 발효시켜 만든 친환경 재료이기도 하면서 미생물에 의해 분해되어 다시 옥수수 재배에 사용되기도 하는 선순환 구조를 갖는 친환경 소재라 할 수 있다.

그림 7-5 는 면, 비스코스 레이온, 아세테이트를 땅에 묻었을 때 시간의 경과에 따른 분해 정도를 보여 주는 것으로, 같은 셀룰로오스계 섬유라도 수분에 대한 특성 및 결정성에 따라 생분해의 정도가 달라짐을 알 수 있다.

4.2 재사용 및 재활용

환경부 자원재활용법에 따르면 '재사용'이란 '재활용가능자원을 그대로 또는 고쳐서 다시 쓰거나 생산활동에 다시 사용할 수 있도록 하는 것'을 지칭하는 것이고, '재활용'은 '폐기물을 재사용·재생이용하거나 재사용·재생이용할 수 있는 상태로 만드는 활동' 또는 '폐기물로부터 에너지를 회수하거나 회수할 수 있는 상태로 만들거나 폐기물을 연료로 사용하는 활동'을 지칭한다. 이러한 정의에 따르면 소각 또한 재활용의 한 활동으로 받아들일 수 있다. 하지만 여기에서는 좁은 의미에서의 재활용과 재사용에 대해 살펴보고자 한다.

재사용의 관점은 제품이 사용할 수 있는 내구연한 동안은 지속적으로 사용될 수 있도록 하는 것이다. 따라서 유행이 지났거나 치수가 맞지 않은 옷을 리폼하는 것, 간단한 손상에 대해서는 수선하여 입는 것 또한 방법이 될 수 있다. 그리고 중고등학교의 교복 물려 입기처럼 타인이 재사용하게 하는 방법, 기존의 옷에 새로운 디자인적 요소를 가미하여 새로운 가치를 불어넣어 수명을 연장할 수 있는 업사이클링과 같은 방법도 있다. 하지만 이와 같은 리폼, 수선, 물려주기, 업사이클링 등의 방법이 쉽지 않은 경우, 재활용

의류수거함에 넣거나 '아름다운 가게'와 같은 단체에 기부하여 본인에게는 가치가 없던 옷이 전문기관에 의해 세탁·수선 후 재판매되도록 하는 방법도 있다.

재활용은 버려지는 PET 병이나 옷을 회수하여 다시 섬유로 재생하거나 다른 목적으로 사용할 수 있도록 하는 것을 의미한다. 옷을 물리적으로 재활용하는 방법은, 수거한 옷을 작게 분쇄한 다음 부직포와 같은 형태로 만들어 자동차나 건물의 흡음재나 단열재로 사용하거나 운동장 트랙의 바닥 소재로 사용하는 경우가 있다. 버려지는 옷과 섬유를 화학적 방법으로 재활용하는 방법도 가능하지만, 실제 옷을 만드는 데 사용된 섬유의 경우 염색이나 가공 공정에서 다른 화학물질이 들어가게 되고, 하나의 섬유조성으로 만들어지기보다는 혼섬이나 혼방을 통해 다른 섬유와 섞이는 경우가 많기 때문에 실제 옷을 이용한 화학적 재활용은 쉽지 않다. 최근 생산되고 있는 재활용 폴리에스터 섬유의 경우, 버려지는 PET 병을 이용하여 만들어지는게 일반적이며 그 물성 또한 석유로부터 만들어지는 폴리에스터 섬유와 거의 흡사한 것으로 알려져 있다. **그림 7-6** 은 효성티앤씨에서 만든 재활용 폴리에스터 섬유인 리젠regen의 리사이클링 과정이다.

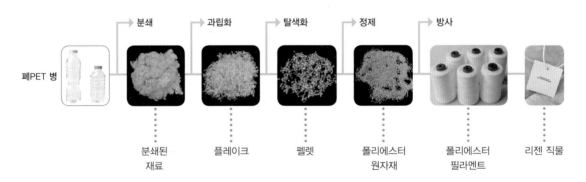

그림 7-6 효성티앤씨 리젠의 리사이클링 과정

5 환경 및 지속가능성 관련 인증

환경 및 지속가능성에 대한 소비자의 관심이 지속적으로 증대되고 있지만, 소비자 개개인이 제품의 환경친화성과 지속가능성에 대한 자료를 찾아 평가하는 것은 거의 불가능하다. 따라서 환경 및 지속가능성 관련 라벨이나 인증 시스템을 통해 소비자는 해당 제품에 관한 정보를 전달받아 지속가능한 소비를 할 수 있게 된다. 생산자 또한 각국의 규제와 소비환경의 변화로 인해 지속가능한 제품 생산을 위한 개선 노력을 하고, 자사의 제품이 환경친화적이고 지속가능한 제품임을 홍보하는 것이 가능해진다. 따라서, 환경 및 지속가능성 관련 라벨과 인증은 소비자와 생산자로 하여금 지속가능한 활동을 하도록 유도하는 정책수단으로 활용될 수 있다.

환경 관련 인증제도는 1979년 독일에서 블루엔젤Blue Angel로 처음 시행되었으며, 현재 47개국이 모여 만든 협의기구인 국제환경라벨링네트워크Global Ecolabelling Network, GEN를 통해 친환경인증과 관련된 교류활동을 이어가고 있다. 각국의 환경마크인증제도는 ISO 14024 type IEnvironmental labels and declarations–Type I environmental labelling–Principles and procedures을 기반으로 운영되고 있으며, 대표적으로 북유럽 5개국의 노르딕스완Nordic Swan, EU의 플라워Flower, 일본의 에코마크, 미국의 그린실Green Seal, 우리나라의 환경마크 등이 있다.

추가적으로 운영주체가 국가기관은 아니지만, 블루사인bluesign, 오코텍스OEKO-TEX, ZDHCZero Discharge of Hazardous Chemicals 등도 각각의 특징적인 환경 인증 시스템을 가지고 있다.

SACSustainable Apparel Coalition에 의해 개발된 Higg Index는 모든 단계에서의 지속가능성 영역에 적용할 수 있는 모듈의 조합을 통해 화학물질 관리 및 환경, 안전, 보건, 근로환경 등에 대한 자가 평가가 가능한 도구를 제공하고 있다. 이 중 Higg MSIMaterials Sustaiability Index는 의류소재의 지속

| 블루엔젤 | 노르딕 스완 | 플라워 |
| (독일) | (북유럽 5개국) | (유럽연합) |

| 에코마크 | 그린실 | 환경마크 |
| (일본) | (미국) | (대한민국) |

그림 7-7 각국의 환경마크(2015년 기준)

가능성에 있어, 환경적 영향을 측정할 수 있는 도구로 받아들여지고 있다. Higg MSI에서는 80가지 소재에 대한 기본 점수를 바탕으로 소재별 원료, 실 제작 방법, 제직 형태, 염색, 각종 후처리 시 어떤 방법을 하느냐 등에 따라 점수가 달라진다. 개별적으로 설정한 소재별 데이터를 라이브러리 형식으로 보관 또한 가능하며, 지구온난화, 부영양화, 물부족, 자원고갈, 화석연료, 화학물질 등의 영역으로 세분화하여 각 영역에서 미치는 영향에 대한 확인도 가능하다.

지속가능성과 관련한 지수로는 미국 S&P Dow Jones Indices와 SAM이 공동 개발한 DJSIDow Jones Sustainability Indexes가 대표적이며, 이외에도 회사들의 환경순위를 매년 발표하는 Newsweek Green Rankings가 있다. 우리나라에도 ISO 26000(사회적 책임에 관한 가이드라인: Guidance on Social Responsibility)을 기반으로 한 대한민국지속가능성지수Korean Sustainability Index가 있다. 대한민국지속가능성지수는 한국표준협회와 한국개발연구원이 협업하여 개발한 지수로 일곱 가지 측정요인(조직 거버넌스, 인권, 노동관행, 공공운영관행, 소비자 이슈, 지역사회 참여와 발전, 환경)을

의류소재

통해 지속가능성을 측정할 수 있는 지수이다.

패션 및 섬유산업의 지속가능한 발전을 위해 지속가능성 관련 인증은 필수적이라 할 수 있다. 하지만 의류소재와 관련된 모든 영역에서의 지속가능성을 반영하고, 또한 모든 영역에서 수긍할 수 있는 보편적인 평가 방법에 대한 개발은 여전히 시작단계라고 할 수 있다. 산업 특성상 공급망에서의 데이터가 불투명한 경우가 많고, 지속가능성 관련 평가 및 감사에 대한 거부감을 나타내는 기업 또한 여전히 많다. 따라서 추적가능한 데이터의 확보를 통해 생산, 유통, 사용, 폐기의 전 과정을 아우를 수 있는 통합적인 평가시스템이 필요하다. 또한 데이터베이스 및 평가시스템에 대한 접근성 개선을 위해 인증 시스템에 대한 디지털화가 필수적으로 이루어져야 할 것이다.

6 산업계의 동향

환경적 측면에서 지속가능성이 향상된 소재를 개발하려는 노력은 고분자의 재사용, 리사이클 소재, 생분해성의 향상 등 여러 각도에서 진행되고 있다. 합성 바이오폴리머 기술의 발전으로 천연섬유와 같이 생분해성이 좋으면서 내구성이나 기타 기능적 장점이 부각된 바이오 소재가 개발되고 있다.

생분해성을 증진시키는 방식으로의 섬유 개발 사례로, 독일 AMSilk 사가 개발한 거미줄 실크인 Biosteel®이 있다. 이 섬유는 100% 생분해가 가능하면서도 물리적 성능이 우수하고 가볍고 유연한 섬유로 주목을 받았다. 다른 예로, 이탈리아 Fulgar 사는 피마자유 추출 단량체 기반 폴리아마이드계 EVO®를 개발하고 환경 친화적 우수성을 인증하는 EU Ecolabel을 획득하였다. Solvay와 Fulgar에서 개발한 Amni Soul Eco® 또한 박테리아의 침투성과 생분해성이 가속화된 폴리아마이드로, 일반 나일론에 비해 생분해 기간을 1/10 정도로 단축하였다.

생분해성을 증진시키는 소재 원료의 개발과 함께, 폐기물로부터 재활용하는 방식으로 지속가능한 소재의 개발 또한 많이 이루어지고 있다. 그 예로, 미국 PrimaLoft 사는 플라스틱 병을 재활용하여 폴리에스터계 Primaloft® BIO™섬유를 개발하였다. 이 섬유는 일상 환경에서는 수명 주기 동안 내구성을 유지하나, 매립지나 해양과 같은 특정 환경에서 쉽게 분해되는 특성을 가진다고 알려져 있다. Aquafil 사에서 개발된 Econyl®은 나일론 폐기물에서 재활용된 100% 재생 나일론 원사로, 폐기된 나일론을 회수, 분류, 정제하여 버진 나일론과 비슷한 수준의 성능을 갖는 원사로 재활용되었다. Renewcell 사는 셀룰로오스 함량이 높은 중고 의류를 수거하여 파쇄, 탈색 과정을 거쳐 슬러리로 용해시켜 Circulose®라는 재생펄프를 생산하였다.

섬유 원료의 친환경성과 함께, 생산방식의 친환경성에 대한 관심이 이루어지고 있다. 많은 제조사에서 염색 공정에 사용되는 물과 에너지를 절약하고, 염색폐수 방출을 줄이기 위해 용액염색(섬유나 실을 제조할 때 염료나 안료를 혼합하여 용융 고분자를 사출하는 방식)을 적용하거나 디지털 프린팅 방식을 사용하여 zero wastewater를 위한 노력을 기울이고 있다. 미국 Saitex 사의 데님 제조시설은 98%의 물을 재활용하여 청바지 한 벌당 1.5 리터의 물만을 사용하여 생산하는데, 일반 제조업체가 청바지 한 벌당 80 리터 정도의 물을 사용하는 것에 비하여 연간 약 4억 2,600만 리터의 물이 절약된다고 한다. 데님 공정 후 생산되는 슬러지 또한 버리지 않고 콘크리트와 혼합하여 벽돌을 만드는 데 사용하며, 생산 공정을 효율화하기 위한 스마트 팩토리를 구현하여 공정의 혁신을 주도하고 있다고 한다.

오스트리아의 Lenzing 사는 목재 펄프로부터 셀룰로오스 섬유를 제조하며, 환경을 해치지 않는 방법으로 재배한 나무 원료를 사용함으로써 숲의 황폐화를 막으려는 노력을 기울이고 있다. 생산 공정에서 사용, 방출되는 화학물질을 회수하거나 변환시켜 다시 생산 공정으로 돌려보냄으로써 닫힌 순환 시스템에 의한 섬유 생산 방식으로 제조한다. 특히, 환경친화적인 라이오셀 생산 공정은 펄프를 용해하기 위해 상대적으로 덜 해로운 유기용매 NMMO를 사용하며, 이 용매의 회수율은 90% 이상으로 지속가능한 생산 방식으로 제조되고 있다. 2020년에는 섬유제품의 이력을 추적하기 위해 블록체인 기반 공급망 관리시스템을 도입하였으며, 이로써 제품의 원부자재와 공급자에 대한 정보를 투명하게 추적할 수 있게 하였다.

그 밖에 여러 의류업체에서 cut-and-sew 방식의 의존도를 낮추고 세밀한 패터닝을 통해 낭비되는 자투리 폐기물을 줄이고 있다. 또한, 실제 제작 샘플을 만드는 대신 3D 프로그램을 활용하여 신발류의 스타일과 색상을 가상현실화시켜 샘플 제작에 드는 재료와 폐기물을 절감하고, 개발 시간을 단축시키고 있다.

Patagonia(파타고니아)는 친환경을 기업의 중요한 철학으로 표방하는 대표적인 기업으로, 지구를 보호하기 위해 새로운 옷을 자꾸 사지 말고, 갖고

그림 7-8 파타고니아의 "Don't buy this jacket" 마케팅

있는 물건을 수선하여 더 오래 사용하자고 얘기한다. 이러한 친환경적 기업 가치의 진정성은 여러 면에서 드러나고 있다. 그 예로, 파타고니아는 수선업체인 iFixit과 협업하여 소비자들이 제품을 더 오래 사용하기 위한 취급사항을 안내해 주고 있으며, 매년 3만 벌 가량의 망가진 옷을 수선해주고 있다. 또한, 수명이 다한 옷은 파타고니아에서 수거하고 협업사인 Yerdle은 수거한 폐의류를 유용하게 되살려 파타고니아 일부 매장에서 중고 파타고니아 의류를 판매한다고 한다. 이 밖에도 재활용 면, 재활용 양모, 100% 리사이클 다운 등 재활용 소재를 적용한 제품을 생산하는 등 여러 측면에서 친환경적인 가치를 실천하고 있다.

이와 같이 기업의 친환경적 생산 방식에 대한 노력이 여러 각도에서 이루어지고 있으며, 기업의 ESGenvironmental, social, governance 경영에 대한 시대적 요구와 함께 의류제품의 지속가능한 개발에 대한 관심과 논의는 앞으로 계속될 것으로 보인다.

참고문헌

- 법제처(2021). 자원의 절약과 재활용촉진에 관한 법률.

- 법제처(2021). 폐기물관리법.

- 이유리, 김선우, 신주영, 윤창상, 이성지, 장세윤, 정선영, 최윤정(2009). 패션산업 윤리의 이해. 교문사.

- 환경부(2015). 환경마크제도와 환경마크제품.

- Julian M.(2006). Allwood. Well dressed? The present and future sustainability of clothing and textiles in the United Kingdom. Cambridge, UK: University of Cambridge Institute for Manufacturing.

- Kate Fletcher(2008). Sustainable fashion & textiles : Design journeys. Earthscan.

- Rajkishore Nayak(2019). Sustainable technologies for fashion and textiles. Woodhead publishing.

- https://www.amsilk.com

- https://www.fulgar.com/eng/products/evo

- https://www.fulgar.com/eng/products/amni-soul-eco

- https://www.primaloft.com/bio

- https://www.aquafil.com/sustainability/econyl

- https://www.renewcell.com/en/circulose

- https://www.sai-tex.com

- https://www.lenzing.com/de

- https://www.patagonia.com

- https://www.wehatetowaste.com/patagonia-worn-wear

자료 출처

그림 7-1   https://www.planeta.com/aral-sea/

그림 7-2   http://www.drmarkliu.com/zerowaste-fashion-1

그림 7-3   https://www.kolonfnc.com/24_RECODE_about

그림 7-4   Allwood(2003). Well Dressed?

그림 7-5   강연경, 박정희(2005). 환경 조건에 따른 셀룰로스계 섬유의 생분해성-토양 수분
율을 중심으로. 한국의류학회지, 29(7), 1027-1036.

그림 7-6   http://www.hyosungtnc.com/kr/fiber/polyester.do

그림 7-8   https://www.wehatetowaste.com

MEMO

찾아보기

저자 소개

박정희 서울대학교 생활과학대학 의류학과 교수

윤창상 이화여자대학교 신산업융합대학 의류산업학과 교수

김주연 서울대학교 생활과학대학 의류학과 교수

박소현 한국방송통신대학교 자연과학대학 생활과학부 교수

이수현 전북대학교 생활과학대학 의류학과 교수

의류소재

초판 발행 2022년 3월 11일

지은이 박정희 · 윤창상 · 김주연 · 박소현 · 이수현
펴낸이 류원식
펴낸곳 교문사

편집팀장 김경수 | **책임진행** 성혜진 | **디자인** 신나리 | **본문편집** 우은영

주소 10881, 경기도 파주시 문발로 116
대표전화 031-955-6111 | **팩스** 031-955-0955
홈페이지 www.gyomoon.com | **이메일** genie@gyomoon.com
등록번호 1968.10.28. 제406-2006-000035호

ISBN 978-89-363-2297-7(93590)
정가 26,000원